黑龙江省精品工程专项资金资助出版

核工程概论

阎昌琪　丁　铭　编著

U0285408

哈尔滨工程大学出版社
Harbin Engineering University Press

内容简介

本书全面介绍了核工程的基本知识,主要内容以核反应堆及核动力为主线,同时也包括核物理基础知识、核裂变、核聚变及核武器的介绍。涉及核反应堆方面的内容有:各种类型反应堆的介绍、反应堆结构与材料、反应堆物理和热工基础知识;核动力方面主要介绍了核动力装置的基本组成、核动力安全等。

本书覆盖的核工程领域的专业面较宽,内容由基础到专业,但不包含复杂的理论和计算。本书适合涉核专业本科低年级学生作教材使用,也可作为与核工程有关专业技术人员自学和培训教材。

图书在版编目(CIP)数据

核工程概论/阎昌琪,丁铭编著. —哈尔滨:哈
尔滨工程大学出版社,2018.12(2024.6 重印)
ISBN 978 - 7 - 5661 - 2141 - 7

Ⅰ.①核… Ⅱ.①阎… ②丁… Ⅲ.①核工程
Ⅳ.①TL

中国版本图书馆 CIP 数据核字(2018)第 265927 号

选题策划 石 岭
责任编辑 石 岭
封面设计 张 骏

出版发行 哈尔滨工程大学出版社
社 址 哈尔滨市南岗区南通大街 145 号
邮政编码 150001
发行电话 0451 - 82519328
传 真 0451 - 82519699
经 销 新华书店
印 刷 哈尔滨午阳印刷有限公司
开 本 787 mm×1 092 mm 1/16
印 张 15.5
字 数 409 千字
版 次 2018 年 12 月第 1 版
印 次 2024 年 6 月第 2 次印刷
定 价 48.00 元
http://www.hrbeupress.com
E - mail:heupress@ hrbeu. edu. cn

前　言

随着我国国民经济和工业技术的快速发展,核工程技术近年来有了长足进步,核电、核供热、海上浮动核电站、核动力破冰船等民用核工程逐渐融入百姓的生活;在大国竞争越来越激烈的背景下,核武器、核动力舰船等也越来越受到人们的关注。为了使人们对民用核工程与军用核工程有概括的了解,需要一本比较通俗和全面介绍核工程的书籍。另外,随着核工程技术人员需求量的大幅度增加,培养核工程专业技术人员的专业数量和大学招生人数也在快速增长。在核工程专业的本科学习阶段,深入学习专业课之前需要一本全面介绍核工程专业的教材,使学生对核工程专业有全面的了解。

核工程领域范围很宽,但是目前与国民经济和人民生活密切相关的主要是核反应堆及核动力工程,因此本书以核反应堆及核动力工程相关的内容为主。为了使内容涵盖面宽、知识结构完整,书中也包括一些核物理的基础知识、核聚变的知识及核武器的基础知识等。本书注重核工程的基础理论和基本概念介绍,不包含复杂的理论和计算推导,内容由浅入深,由基础到专业,充分体现内容的全面性。本书从核工程最基本的概念和专业知识讲起,内容通俗易懂。通过阅读和学习本书学生对核工程知识会有概括的了解,可建立正确的基本概念。本书可以作为核工程专业低年级学生了解专业的初步教材,也可作为核化工、核技术等相关专业的学生掌握核工程知识的教科书,使学生在短时间内对核工程专业有较全面的了解。

本书共分8章,其中1~4章由阎昌琪教授编撰;5~8章由丁铭教授编撰。本书的初稿已经过两轮教学使用,已对教学实践中发现的问题进行了修订,但由于作者水平有限,书中难免存在缺点和不足,敬请读者提出宝贵意见。

编著者

2018年10月

目　　录

第1章 原子核物理基础

1.1 原 子 核

早在20世纪初科学家就提出了原子的核式模型,即原子是由原子核和核外电子所组成的。从此以后,原子的研究就被分成两部分来处理:原子核是原子核物理学的主要研究对象;而核外电子的运动构成了原子物理学的主要内容。原子和原子核是物质结构的两个层次,但也是互相关联又完全不同的两个层次。

原子由原子核和核外电子组成,原子核带正电,核外被束缚的电子带负电,两者所带的电荷数相等,符号相反,因此原子本身是电中性。原子核由质子和中子构成,质子和中子统称为核子,质子和中子是核子的两种不同形态。原子核中的质子数用 Z 表示,它等于原子序数和电荷数,中子数用 N 表示,则原子核的质量数 $A = Z + N$。原子核的基本性质通常是指原子核作为整体所具有的性质,它与原子核的结构及其变化有密切关系。

质子、中子和电子是所有原子的三个主要组成部分。各种原子的质量之所以不同,就是它们所包含的以上三种粒子的数目变化的结果。质子数相同的原子和原子核具有相似的化学性质和物理性质,差别主要在它们的质量上,它们称为同位素,例如氕和氘就是氢的同位素。

原子的大小是由核外运动的电子所占的空间范围来表征的,可以设想为电子在以原子核为中心、距核非常远的若干轨道上运行。原子的半径约为 10^{-8} cm 的量级,50万个原子排列在一起相当于一根头发丝的直径。

原子核的质量远远超过核外电子的总质量,因此原子的质量中心和原子核的质量中心非常接近。原子核的线度只有几十飞米（1 fm = 10^{-15} m = 10^{-13} cm），而密度高达 10^8 t · cm^{-3}。原子核的许多特性正是通过对原子或分子现象的观察来确定的。但也有许多性质仅仅取决于原子或原子核,例如物质的许多化学及物理性质基本上只与核外电子有关,而放射现象则主要归因于原子核。

1.1.1 原子核的特性

1. 原子核的组成

在发现中子之前,当时人们知道的"基本"粒子只有两种:电子和质子。因此,当时把原子核假定为由质子和电子组成。1932年查德威克发现中子,海森堡立刻提出原子核由质子和中子组成的假设,而且被一系列的实验所证实。

中子和质子的质量相差甚微,它们的质量分别为

$$m_n = 1.008\ 664\ 92\ u$$

$$m_p = 1.007\ 276\ 46\ u$$

这里,u 为原子质量单位,1960年国际上规定把 ^{12}C 原子质量的 1/12 定义为原子质量单位,

即 $1\ u = 1.660\ 538\ 73 \times 10^{-27}\ kg = 1.660\ 538\ 73 \times 10^{-24}\ g$。

中子为中性粒子,质子为带单位正电荷的粒子。在提出原子核由中子和质子组成之后,任何一个原子核都可用符号 $_Z^AX_N$ 来表示。右下标 N 表示核内中子数,左下标 Z 表示质子数或称电荷数,左上标 $A(A=N+Z)$ 为核内的核子数,又称质量数。元素符号 X 与质子数 Z 具有唯一确定的关系,例如 $_2^4He$,$_8^{16}O$,$_{92}^{238}U$ 等。实际上,简写 ^AX,已足以代表一个特定的核素,左下标 Z 往往省略。Z 在原子核中为质子数,在原子中则为原子序数。只要元素符号 X 相同,不同质量数的元素在周期表中的位置相同,就具有基本相同的化学性质。例如,^{235}U 和 ^{238}U 都是铀元素,两者只相差三个中子,它们的化学性质完全相同;但是,它们是两个完全不同的核素,它们的核性质完全不同。

2. 描述原子核的术语

在研究原子核特性中常用到一些术语,现给出它们的定义如下:

(1)核素

核素是指在其核内具有一定数目的中子和质子,以及特定能态的一种原子核或原子。例如 $_{81}^{208}Tl$ 和 $_{82}^{208}Pb$ 是独立的两种核素,它们有相同的质量数,而原子核内含有不同的质子数;$_{38}^{90}Sr_{52}$ 和 $_{39}^{91}Y_{52}$ 是原子核内含有不同的质子数和相同的中子数的独立的两种核素;^{60m}Co 和 ^{60}Co 也应该看成独立的两种核素,它们的原子核内含有相同的质子数和中子数,但所处的能态是不同的。

(2)同位素和同位素丰度

我们把具有相同质子数,但质量数(即核子数)不同的核所对应的原子称为某元素的同位素。同位是指该同位素的各种原子在元素周期表中处于同一个位置,它们具有基本相同的化学性质。例如,氢的同位素有三种核素:^1H,^2H,^3H,分别取名为氕、氘、氚。某元素中各同位素原子数的天然含量称为同位素丰度。例如天然存在的氧的同位素有三种核素:^{16}O,^{17}O,^{18}O,它们的同位素丰度分别为 99.756%,0.039% 和 0.205%。

(3)同质异能素

半衰期较长的激发态原子核称为基态原子核的同质异能素或同核异能素,它们的 A 和 Z 均相同,只是能量状态不同,一般在元素符号的左上角质量数 A 后加上字母 m。这种核素的原子核一般处于较高能态,例如 $_{38}^{87m}Sr$ 称为 $_{38}^{87}Sr$ 的同质异能素,其半衰期为 2.81 h。同质异能素所处的能态,又称同质异能态,它与一般的激发态在本质上并无区别,只是半衰期即寿命较长而已,上面所说的 ^{60m}Co 就是 ^{60}Co 的同质异能素。

3. 核素图和放射性

根据原子核的稳定性,可以把核素分为稳定的核素和不稳定的放射性核素。原子核的稳定性与核内质子数和中子数之间的比例存在密切关系。

正如在化学和原子物理学中把元素按原子序数 Z 排成元素周期表一样,我们可以把核素排在一张核素图上。核素图与元素周期表的不同在于,除了电荷数(即核内质子数)Z 外,还必须考虑中子数 N。这样,核素图就必须是 N 和 Z 的二维图。图 1.1 中是核素图(部分),以 N 为横坐标、Z 为纵坐标,然后让每一个核素对号入座。图中每一格代表一个特定的核素。带有斜线条和加黑的核素为稳定核素,格中百分数为该核素的丰度。白底的核素为不稳定的放射性核素,格中 α,β^-,β^+ 表示该核素的衰变方式,箭头指向为衰变后的子核,时间表示半衰期的长短。

在现代的核素图上,既包括了天然存在的 332 个核素(其中 280 多个是稳定核素),也包括了自 1934 年以来人工制造的 1 600 多个放射性核素,一共约 2 000 个核素。

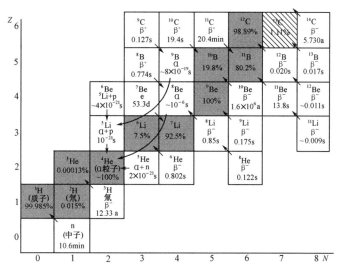

图 1.1　核素图(部分)

为了从核素图中得到更多的有关核稳定性的认识,有人绘制了 β 核素分布图,如图 1.2 所示,图中横坐标为质子数 Z,纵坐标为中子数 N。在图 1.2 中,在同一垂直线上(即 Z 相同)的所有核素是同位素;在同一水平线上(即 N 相同)的所有核素是同中子异荷素;在 N 和 Z 轴截距相等的直线上(即 A 相等)的所有核素称为同量异位素。由图 1.2 可以发现,稳定核素几乎全落在一条光滑曲线上或紧靠曲线的两侧,我们把这条曲线称为 β 稳定曲线。由图 1.2 可见,对于轻核,稳定曲线与直线 $N=Z$ 相重合;当 N,Z 增大到一定数值之后,稳定线逐渐向 $N>Z$ 的方向偏离。相对于稳定曲线而言,中子数偏多或偏少的核素都是不稳定的。位于稳定曲线上方的核素为丰中子核素,易发生 β^- 衰变;位于稳定曲线下方的核素为缺中子核素,易发生 β^+ 衰变。

由于库仑力是长程相互作用力,它能作用于原子核内的所有质子,正比于 $A(A-1)$;而核力是短程力,只作用于相邻的核子,正比于 A。随着 Z 的增加,A 也增加,库仑相互作用的影响增长得比核力快,要使原子核保持稳定,必须靠中子数的较大增长来减弱库仑力的排斥作用,因此随着 $Z(A)$ 的增长,稳定核素的中子数比质子数越来越多、越来越大地偏离 $Z=N$ 直线,最终稳定核素不复存在,当 Z 大到一定程度时,连长寿命放射性核素也不复存在,这样核素在目前的已知核素区慢慢终止了。

在 1966 年左右,理论预测在远离 β 稳定曲线的 $Z=114$ 附近,存在一个超重稳定元素"岛"。近十年来,由于重离子加速器的大量建造,重离子核反应得以广泛实现,为实现和验证这一理论提供了有效的工具。

原子核的稳定性还与核内质子和中子数的奇偶性有关,自然界存在的稳定核素共 270 多种,若包括半衰期 10^9 年以上的核素则为 284 种,其中偶偶(e-e)核 166 种;偶奇(e-o)核 56 种;奇偶(o-e)核 53 种;奇奇(o-o)核 9 种。

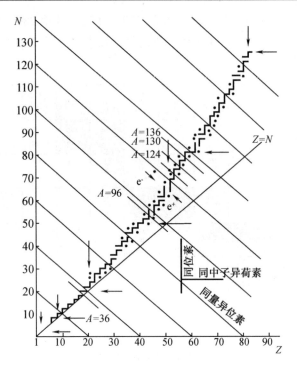

图 1.2 β 稳定核素分布图

根据核内质子和中子数的奇偶性可以看出:偶偶核是最稳定的,稳定核素最多;其次是奇偶核和偶奇核;而奇奇核最不稳定,稳定核素最少。

事实表明,当原子核的中子数或质子数为 2,8,20,28,50,82 和中子数为 126 时,原子核特别稳定,我们把上述数目称为"幻数"。

放射性是指放射性同位素连续经受自发的衰变,这个过程通常包括从母核发射出一个或多个若干种更小的粒子,此后的母核变为另一种核,即子核,这就是所谓的母核衰变为子核,这个子核本身也可能是不稳定的,因而在形成稳定同位素以前,可能要发生好几级连续的衰变。放射性总是伴随母核质量的减少,即总是释放能量。这种释放的能量往往以发射粒子动能的形式或电磁辐射的形式出现。轻粒子在高速下发射出来,同时重粒子以慢得多的速度向相反的方向运动。

1.1.2 原子核的大小

一个原子的线度约为 10^{-8} m,根据卢瑟福用 α 粒子轰击原子的实验得知原子核的线度远小于原子的线度。若想象原子近似于球形,则就有原子核半径的概念。由于原子核的半径很小,需要通过各种间接的方法进行测量。由于所用方法不同,测出的原子核半径的意义也不相同,产生了核力半径和电荷分布半径的概念。但无论如何,用各种方法得出的结果是相近的。

在历史上,最早研究原子核大小的是卢瑟福和查德威克。他们用质子或 α 粒子去轰击各种原子核,根据这一方法,发现原子核半径 $r_0 = 1.20$ fm,原子核的密度为 $\rho_N = 2.84 \times 10^8$ t/cm^3。这就意味着在每立方厘米体积中竟有近 3 亿吨的物质。

1.1.3　原子核的结合能

1. 质能联系定律

根据爱因斯坦的质量和能量转换原理,质量和能量都是物质同时具有的两个属性,任何具有一定质量的物体必定与一定的能量相联系。如果物体(粒子)的能量 E 以 J(焦耳)表示,物体(粒子)的质量 m 以 kg(千克)表示,则质量和能量的相互关系为

$$E = mc^2 \tag{1.1}$$

式中,c 为在真空中的光速,$c = 2.997\ 924\ 58 \times 10^8$ m/s $\approx 3 \times 10^8$ m/s。(1.1)式称为质能联系定律。

$E = mc^2$ 中的能量包括两部分,一部分为物体的静止能量 $E_0 = m_0 c^2$,另一部分为物体的动能 T,在通常情况下(即非相对论情况),$v \ll c$,则

$$T \approx m_0 c^2 \left\{ \left[1 + \frac{1}{2} \left(\frac{v}{c} \right)^2 + \frac{3}{8} \left(\frac{v}{c} \right)^4 + \cdots \right] - 1 \right\} \approx \frac{1}{2} m_0 v^2 \tag{1.2}$$

这与经典力学所推出的结果是一致的。

2. 原子核的质量亏损

原子核既然是由中子和质子所组成,那么,原子核的质量应该等于核内中子和质子的质量之和,实际情况并非如此。举一个最简单的例子——氘核,氘是氢的同位素,氘(^{2}H)由一个中子和一个质子组成。中子的质量 $m_n = 1.008\ 665$ u,质子的质量 $m_p = 1.007\ 276$ u,则 $m_n + m_p = 2.015\ 941$ u;而氘核的质量 $m(Z=1, A=2) = 2.014\ 102$ u。可见,氘核的质量小于组成它的质子和中子质量之和,两者之差为

$$\Delta m(1,2) = m_p + m_n - m(1,2) = 0.001\ 839 \text{ u} \tag{1.3}$$

推而广之,定义原子核的质量亏损为组成原子核的 Z 个质子和 $A - Z$ 个中子的质量与该原子核的质量之差,记作 $\Delta m(Z, A)$,即

$$\Delta m(Z,A) = Z \cdot m_p + (A - Z) \cdot m_n - m(Z,A) \tag{1.4}$$

式中,$m(Z, A)$ 是电荷数为 Z、质量数为 A 的原子核的质量。从原子核质量亏损的定义可以明确看出,所有的原子核都存在质量亏损,即 $\Delta m(Z, A) > 0$。

3. 原子核的结合能

既然原子核的质量亏损 $\Delta m > 0$,由质能关系式,相应能量的减少就是 $\Delta E = \Delta m c^2$。这表明核子结合成原子核时,会释放出能量,这个能量称为结合能。由此,Z 个质子和 $(A - Z)$ 个中子结合成原子核时的结合能 $B(Z, A)$ 为

$$B(Z,A) \equiv \Delta m(Z,A)\, c^2 \tag{1.5}$$

一个中子和一个质子组成氘核时,会释放 2.225 MeV 的能量,这就是氘的结合能,它已被精确的实验测量所证明。实验还证实了它的逆过程:当有能量为 2.225 MeV 的光子照射氘核时,氘核将一分为二,飞出质子和中子。

其实,一个体系的质量小于组成体的个体质量之和这一现象,在化学和原子物理学中同样也存在。分子的质量并不等于原子质量之和,原子的质量也不等于原子核的质量与电子质量之和。结合能的概念在原子核物理中要比原子、分子物理中重要得多,而在高能物理中更有其特别的意义。

4. 比结合能曲线

原子核的结合能 $B(Z,A)$ 除以质量数 A 所得的商,称为平均结合能或比结合能 ε,即

$$\varepsilon(Z,A) = B(Z,A)/A$$

比结合能 ε 的单位是 MeV。

比结合能的物理意义是原子核拆散成自由核子时,外界对每个核子所做的最小的平均功。或者说,它表示核子结合成原子核时,平均一个核子所释放的能量。因此,ε 表征了原子核结合的松紧程度。ε 大,核结合紧,稳定性高;ε 小,核结合松,稳定性差。

图 1.3 是核素的比结合能对质量数作图得到的比结合能曲线。它与核素图一起,是原子核物理学中十分重要的两张图。由图 1.3 可见,比结合能曲线在开始时有些起伏,逐渐光滑地达到极大值,然后又缓慢地变小。

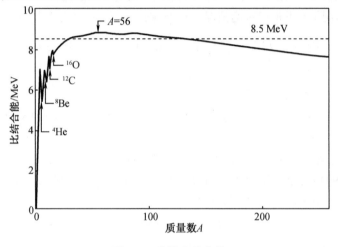

图 1.3　比结合能曲线

当结合能小的核变成结合能大的核,即当结合得比较松的核变成结合得紧的核,就会释放能量。从图 1.3 可以看出,有两个途径可以获得能量:一个是重核裂变,即一个重核分裂成两个中等质量的核;另一个是轻核聚变。人们依靠重核裂变的原理制造出了核反应堆与原子弹;依靠轻核聚变的原理制造出氢弹,目前人们正在探索可控的聚变反应。由此可见,所谓原子能,主要是指原子核结合能发生变化时释放的能量。

由图 1.3 还可见,当 $A < 30$ 时,曲线是上升的,同时有明显的起伏。在 A 为 4 的整数倍时,曲线有周期性的峰值,如 ⁴He,¹²C,¹⁶O 和 ²⁴Mg 等偶偶核,并且 $N = Z$。这表明对于轻核可能存在 α 粒子的集团结构。

1.2　放射性衰变和衰变规律

目前已经发现的天然存在的和人工生产的核素约有 2 000 多种,其中已知的天然存在的核素有 332 种,其余皆为人工制造的。天然存在的核素可分为两大类:一类是稳定的核素,一类是不稳定的核素,$^{40}_{20}\mathrm{Ca}$,$^{209}_{83}\mathrm{Bi}$ 等核素属于前者。如前所述,自然存在的稳定核素约有 270 多种。不稳定核素是指会自发地蜕变成另一种原子核的核素,在蜕变过程中往往伴随一些粒子或碎片的发射,例如 $^{210}_{80}\mathrm{Po}$(发射 α 粒子),$^{222}_{88}\mathrm{Ra}$(发射 α,β 粒子),$^{198}_{79}\mathrm{Au}$(发射 β 粒

子）。在无外界影响下，原子核自发地发生蜕变的现象称为原子核的衰变，例如 U 系的衰变，母核 ^{238}U，半衰期 $T_{1/2}=4.468 \times 10^{9}$ a，经 8 次 α 衰变和 6 次 β 衰变到稳定核素 ^{206}Pb，全系列共有 20 个核素，见图1.4。

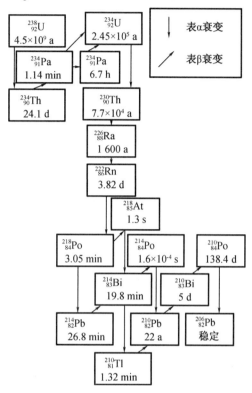

图1.4　铀系衰变图

核衰变有多种形式，如 α 衰变、β 衰变、γ 衰变，还有自发裂变及发射中子、质子等过程。重核（$A>140$）都具有 α 放射性，其衰变方式可以表示为

$$_{Z}^{A}\mathrm{X} \rightarrow _{Z-2}^{A-4}\mathrm{Y} + \alpha$$

其中 X 为母核，Y 为子核。

放射性核素是否发生 β 衰变，如1.1.1 小节中所述，主要由核内中子与质子数之间的比例确定。β 衰变包含 β^{-} 衰变、β^{+} 衰变和轨道电子俘获（EC）三种过程。对丰中子核而言，核内中子数过多而处于不稳定的状态，核内一个中子就会蜕变为质子，同时放出一个电子 e^{-} 和一个反中微子 $\tilde{\nu}_{e}$，其衰变方式表示为

$$_{Z}^{A}\mathrm{X} \rightarrow _{Z+1}^{A}\mathrm{Y} + \mathrm{e}^{-} + \tilde{\nu}_{e}$$

对欠中子核（或称丰质子核），则发生 β^{+} 衰变和轨道电子俘获（EC），分别表示为

$$_{Z}^{A}\mathrm{X} \rightarrow _{Z-1}^{A}\mathrm{Y} + \mathrm{e}^{+} + \nu_{e}$$

和

$$_{Z}^{A}\mathrm{X} + \mathrm{e}^{-} \rightarrow _{Z-1}^{A}\mathrm{Y} + \nu_{e}$$

式中 e^{+}，ν_{e} 分别为正电子和中微子，$\tilde{\nu}_{e}$ 是反中微子。

常用衰变纲图来表示原子核各种衰变的初始过程。一个完整的衰变纲图包括核素

的所有衰变方式、它们的分支比、辐射能量、放出射线的测序,以及任何一个中间态可测的半衰期等,如图 1.5 所示。

α 衰变,β 衰变过程中形成的子核往往处于激发态,原子核从激发态通过发射 γ 射线或内转换电子跃迁到较低能态的过程称为 γ 跃迁(或 γ 衰变)。

处于激发态的核若以放射出 γ 射线的形式退激,则 γ 射线能量等于退激前后核能级之差,而各能级之差等于相应的各 α 衰变能之差。

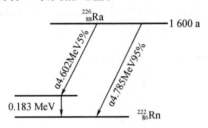

图 1.5　Ra 衰变量纲图

1.2.1　放射性衰变的基本规律

不稳定原子核会自发地发生衰变,放射出 α 粒子、β 粒子和 γ 光子等。本节仅讨论原子核放射性衰变的基本规律。

一个放射源包含同一种核素的大量原子核,它们不会同时发生衰变。我们不能预测某个原子核在某个时刻将发生衰变,但是我们可以发现,随着时间的流逝,放射源中的原子核数目按一定的规律减少,这是由微观世界粒子的全同性和统计性决定的。下面我们先讨论单一放射性的衰变规律,然后再讨论多代连续放射性的衰变规律。

1. 单一放射性的指数衰减规律

以 $^{222}_{86}\text{Rn}$(常称氡射气)的 α 衰变为例,把一定量的氡射气单独存放,实验发现,大约 4 天之后氡射气的数量减少一半,经过 8 天减少到原来的 1/4,经过 12 天减少到 1/8,一个月后就不到原来的百分之一了,衰变情况如图 1.6 所示。如果以氡射气数量的自然对数为纵坐标,以时间为横坐标作图,则可得到线性方程

$$\ln N(t) = -\lambda t + \ln N(0) \tag{1.6}$$

式中,$N(0)$ 和 $N(t)$ 是时间 0 和 t 时刻 $^{222}_{86}\text{Rn}$ 的核数;$-\lambda$ 为直线的斜率,λ 是一个常数,称为衰变常数。将(1.6)式化为指数形式,得

$$N(t) = N(0)e^{-\lambda t} \tag{1.7}$$

可见,$^{222}_{86}\text{Rn}$ 的衰变服从指数规律。实验表明,任何放射性物质在单独存在时都服从相同的规律,只是具有不同的衰变常数 λ 而已。不仅只有一种衰变方式的放射源适用指数衰减规律,对具有多种衰变方式,例如同时具有 α,β 衰变的放射源,指数衰减规律仍是适用的。

实验发现,用加压、加热、加电磁场、机械运动等物理或化学手段都不能改变指数衰减规律,也不能改变其衰变常数 λ。这表明,放射性衰变是由原子核内部运动规律所决定的。对各种不同的核素来说,它们衰变的快慢又各不相同,这反映它们的衰变常数 λ 各不相同,所以衰变常数又反映了它们的个性。

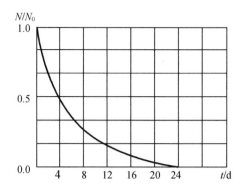

图 1.6　^{222}Rn 的衰变规律图

2. 衰变常数、半衰期和平均寿命

由(1.7)式微分可得到

$$-\mathrm{d}N(t) = \lambda N(t)\mathrm{d}t \tag{1.8}$$

式中 $-\mathrm{d}N(t)$ 为原子核在 t 到 $t + \mathrm{d}t$ 时间间隔内的衰变数。由此可见,此衰变数正比于时间间隔 $\mathrm{d}t$ 和 t 时刻的原子核数 $N(t)$,其比例系数正好是衰变常数 λ。因此 λ 可写为

$$\lambda = \frac{-\mathrm{d}N(t)/N(t)}{\mathrm{d}t} \tag{1.9}$$

式中的分子 $-\mathrm{d}N(t)/N(t)$ 表示一个原子核的衰变概率。可见,λ 为单位时间内一个原子核发生衰变的概率,其量纲为时间的倒数,如 s^{-1},min^{-1},h^{-1},d^{-1},a^{-1} 等。衰变常数表征该放射性核素衰变的快慢,λ 越大,衰变越快;λ 越小,衰变越慢。实验指出,每种放射性核素都有确定的衰变常数,衰变常数 λ 的大小与这种核素如何形成的或何时形成的都无关。

如果一种核素同时有几种衰变模式,如 ^{137}Cs 有两种 β^{-} 衰变,还有一些放射性同位素同时放射 α 和 β 粒子等,则这一核素的总衰变常数 λ 是各个分支衰变常数 λ_i 之和,即

$$\lambda = \sum_i \lambda_i \tag{1.10}$$

于是,可以定义分支比 R_i 为

$$R_i = \frac{\lambda_i}{\lambda} = \frac{\lambda_i}{\sum_i \lambda_i} \tag{1.11}$$

可以看出,R_i 是第 i 个分支衰变在总衰变中所占的比例。

除了 λ 外,还有其他一些物理量,比如半衰期 $T_{1/2}$,也可用于表征放射性衰变的快慢。放射性核素衰变掉一半所需要的时间,叫作该放射性核素的半衰期 $T_{1/2}$,单位可采用 s,min,h,d,a 等。根据定义

$$N(T_{1/2}) = N(0)/2 \tag{1.12}$$

将指数衰减律(1.7)式代入,可得

$$T_{1/2} = \ln 2/\lambda \approx 0.693/\lambda \tag{1.13}$$

由此可见,$T_{1/2}$ 与 λ 成反比,因此 $T_{1/2}$ 越大,衰变越慢,而 $T_{1/2}$ 越小,则衰变越快。(1.13)式也表示半衰期 $T_{1/2}$ 与何时作为时间起点无关,从任何时间开始算起这种原子核的数量减少一半的时间都一样。

还可以用平均寿命 τ 来度量衰变的快慢。平均寿命可以计算如下:若在 $t = 0$ 时放射性

核素的数目为 $N(0)$，t 时刻就减为 $N(t) = N(0)e^{-\lambda t}$，因此，在 $t \sim t + dt$ 这段很短的时间内，发生衰变的核数为 $-dN(t) = \lambda N(t)dt$，这些核的寿命为 t，它们的总寿命为 $t \cdot \lambda N(t)dt$。由于有的原子核在 $t \approx 0$ 时就衰变，有的要到 $t \rightarrow \infty$ 时才发生衰变，因此所有核素的总寿命为

$$\int_0^\infty t\lambda N(t)dt \tag{1.14}$$

于是，任一核的平均寿命 τ 为

$$\tau = \frac{\int_0^\infty t\lambda N(t)dt}{N(0)} = \frac{1}{\lambda}\int_0^\infty (\lambda t) \cdot e^{-\lambda t}d(\lambda t) = \frac{1}{\lambda} \tag{1.15}$$

所以，原子核的平均寿命为衰变常数的倒数。由于 $T_{1/2} = 0.693/\lambda$，故

$$\tau = \frac{T_{1/2}}{0.693} = 1.44T_{1/2} \tag{1.16}$$

因此，平均寿命比半衰期长一点，是 $T_{1/2}$ 的 1.44 倍。在 $t = \tau$ 时，有

$$N(t = \tau) = N_0 e^{-1} \approx 37\% N_0 \tag{1.17}$$

可见，平均寿命为 T 的放射性核素经过时间 τ 以后，剩下的核素数目约为原来的 37%。

3. 放射性活度及其单位

一个放射源的强弱不仅取决于放射性原子核的数量多少，还与这种核素的衰变常数有关。因此，放射源的强弱用单位时间内发生衰变的原子核数来衡量。一个放射源在单位时间内发生衰变的原子核数称为它的放射性活度，通常用符号 A 表示。

如果一个放射源在 t 时刻含有 $N(t)$ 个放射性核，放射源核素的衰变常数为 λ，则这个放射源的放射性活度为

$$A(t) = -\frac{dN(t)}{dt} = \lambda N(t) \tag{1.18}$$

代入 $N(t)$ 的指数规律，得到

$$A(t) = \lambda N(t) = \lambda N_0 e^{-\lambda t}$$

即

$$A(t) = A_0 e^{-\lambda t} \tag{1.19}$$

这里 $A_0 = \lambda N_0$ 是放射源的初始放射性活度。由(1.19)式可见，一个放射源的放射性活度也应随时间增加而呈指数衰减。

由于历史的原因，放射性活度最初采用居里(Ci)为单位。最初 1 Ci 定义为 1 g 镭每秒衰变的数目。为了统一起见，1950 年国际上统一规定：一个放射源每秒钟有 3.7×10^{10} 次核衰变定义为 1 居里，即

$$1 \text{ Ci} = 3.7 \times 10^{10} \text{ s}^{-1} \tag{1.20}$$

更小的单位有毫居里($1 \text{ mCi} = 10^{-3} \text{ Ci}$)和微居里($1 \text{ μCi} = 10^{-6} \text{ Ci}$)。

在 1975 年的国际计量大会上，规定了放射性活度的 SI 单位为 Bq(贝可[勒尔])，1 贝可定义为每秒有一次衰变，即

$$1 \text{ Bq} = 1 \text{ s}^{-1} \tag{1.21}$$

由(1.20)式有

$$1 \text{ Ci} = 3.7 \times 10^{10} \text{ Bq} \tag{1.22}$$

应该指出,放射性活度仅仅是指单位时间内原子核衰变的数目,而不是指在衰变过程中放出的粒子数目。有些原子核在发生一次衰变时可能放出多个粒子。例如放射源 $^{137}_{55}\mathrm{Cs}$,在某一个时间间隔内有 100 个原子核发生衰变,但放出的粒子数却不止 100 个。其中放出最大能量为 1.17 MeV 的电子有 6 个,放出最大能量为 0.512 MeV 的电子有 94 个,并伴随 94 个能量为 0.662 MeV 的光子,因此共总放出 194 个粒子。

在实际工作中除放射性活度外,还经常用到"比放射性活度"或"比活度"的概念。比放射性活度就是单位质量放射源的放射性活度,即

$$a = \frac{A}{m} \tag{1.23}$$

式中,m 为放射源的质量,比放射性活度的单位为 $\mathrm{Bq \cdot g^{-1}}$ 或 $\mathrm{Ci \cdot g^{-1}}$。

衡量一个放射源或放射性样品的放射性强弱的物理量,除放射性活度外,还常用"衰变率"这一概念。设 t 时刻放射样品中,某一放射性核素的原子核数为 $N(t)$,该放射性核素的衰变常数为 λ,我们把这个放射源在单位时间内发生衰变的核的数目称为衰变率 $J(t)$,则

$$J(t) = \lambda N(t) \tag{1.24}$$

可见,放射性活度和衰变率具有相同的物理意义和相同的单位,是同一物理量的两种表述。前者多用于给出放射源或放射性样品的放射性活度,而后者则常作为描述衰变过程的物理量。

4. 放射性同位素的特性

已知的放射性同位素的半衰期有很宽的分布范围,从零点几毫秒到几十亿年不等,没有两种放射性同位素具有完全相等的半衰期。因此可以把放射性同位素的半衰期看作是"指纹",根据它可以辨认出放射性同位素。做到这一点的办法是:测定放射性强度随时间的变化,算出衰变常数 λ,再由 λ 值算出半衰期 $T_{1/2}$,根据半衰期就能辨认出是哪一种同位素。

放射性同位素的衰变规律可以在很多领域得到应用,例如在考古工作中广泛采用的碳 -14 测年法。其原理是:宇宙射线与空气中氮 -14 作用,产生碳 -14。碳 -14 是放射性同位素,放出 β^- 射线,半衰期为 5 760 年。碳 -14 进入空气中的二氧化碳里,被植物所吸收,经过食物链进入动物或人体。碳 -14 以一定的速率产生和衰变着。因此,所有活着的生物体内碳 -14 与非放射性碳的比值,与大气中的比值相同。但是当生物死亡之后,碳 -14 只有衰变减少但是得不到补充。而碳 -14 按其固有的规律一直在衰减,因此,通过测定碳 -14 的量,就可以推算出古生物的年龄。该方法能对过去数万年时间范围内的物体做出精确的年龄测定。例如,意大利都灵大教堂的圣殿上,在一个有防弹玻璃护罩的精致银盒里供奉着一件"神圣之物",每 50 年才展示一次,这就是耶稣裹尸布。这块"裹尸布"经过碳 -14 测年法测定后,证明是公元 1200 年之后制的赝品,不是真正的耶稣裹尸布。这个神话也从此被揭穿了。

1.2.2　放射系

地球年龄约为 10 亿年(即 10^9 年)。经过了如此长的地质年代之后,半衰期比较短的核素都已衰变完了。目前还能存在于地球上的放射性核素只能维系在三个处于长期平衡状态的放射系中。这些放射系的第一个核素的半衰期都很长,和地球的年龄相近或更长。如钍系的 $^{232}_{90}\mathrm{Th}$,半衰期为 1.41×10^{10} 年;铀系的 $^{238}_{92}\mathrm{U}$,半衰期为 4.47×10^9 年;锕 $-$ 铀系的 $^{235}_{92}\mathrm{U}$,其

半衰期为 7.04×10^8 年。虽然在三个放射系中的其他核素单独存在时,衰变都较快,但它们维系在长期平衡体系内时,都按第一个核素的半衰期衰变,因此可保存至今。

这三个放射系中的核素,主要通过 α 衰变、β^- 衰变和 γ 衰变,经过一系列这些衰变后,最后得到稳定核素。α 衰变,质量数减少 4 和电荷数增加 2,在元素周期表中将向前移动两个位置;β^- 衰变,质量数不变,而电荷数增加 1,在元素周期表中向后移动一个位置;而 γ 衰变,质量数和电荷数都不变,因此在元素周期表中的位置不变。由此可见,通过 α,β^-,γ 衰变而形成的放射系,其中各个核素之间,质量数只能差 4 的整数倍。现在具体讨论三个天然存在的放射系。

1. 钍系($4n$ 系)

钍系从 $^{232}_{90}\mathrm{Th}$ 开始,经过 10 次连续衰变,到达稳定核素 $^{208}_{82}\mathrm{Pb}$。由于 $^{232}_{90}\mathrm{Th}$ 的质量数 $A = 232 = 4 \times 58$,是 4 整倍数,故称 $4n$ 系。

2. 铀系($4n+2$ 系)

铀系由 $^{238}_{92}\mathrm{U}$ 开始,经过 14 次连续衰变而到达稳定核素 $^{205}_{82}\mathrm{Pb}$。该系核素的质量数可表示为 $4n+2$,故称 $4n+2$ 系。

3. 锕 – 铀系($4n+3$)

锕 – 铀系是从 $^{235}_{92}\mathrm{U}$ 开始的,经过 11 次连续衰变,到达稳定核素 $^{207}_{82}\mathrm{Pb}$。该系核素的质量数可表示为 $4n+3$,故称 $4n+3$ 系。

在天然存在的放射系中,缺少了 $4n+1$ 系。后来,由人工方法才发现了这一放射系,以半衰期最长的 $^{237}_{93}\mathrm{Np}$(镎)命名,称为镎($4n+1$)系。$^{237}_{93}\mathrm{Np}$ 的半衰期为 2.14×10^6 年。

1.2.3　人工放射性核素

人工放射性核素的生产设施主要是反应堆和加速器,反应堆可提供不同能谱的中子和较大的辐照空间,因此反应堆辐照生产放射性核素具有可同时辐照多种样品、辐照的样品量大、靶材制备容易、辐照操作简便、成本低廉等优点。此外,从反应堆运行过程中核材料因发生裂变反应生成的产物中也可以提取大量的放射性核素。经证实,由热中子诱发的铀 – 235 裂变的产物约有 400 种。质量数在 95 和 139 左右的裂变产物具有较大的产额,可大量生产。因此,核反应堆生产的放射性核素已成为放射性核素的主要来源。

在加速器中利用高速带电粒子轰击各种靶材,能引起不同的核反应,生成多种反应堆所不能生产的放射性核素,因此也是放射性核素的重要来源之一。加速器生产的放射性核素品种较多,约占目前已知放射性核素总数的 60% 以上。它们多以轨道电子俘获或 β^- 衰变方式衰变,发射单纯的低能 γ 射线、X 射线或 β 射线。靶材经加速器辐照后,通过分离,可以得到无载体的放射性核素,但是它的产量远比反应堆生产的低。加速器生产的放射性核素在农业、工业、医疗卫生等方面都有广泛的应用,其用量不断地增加,加速器生产现已成为放射性核素生产不可缺少的方式,并形成了专门的领域。

人工放射性核素的衰变符合前面讲的核素衰变规律,这里我们仅举一些例子说明衰变规律的应用。

以单一放射源 $^{137}_{55}\mathrm{Cs}$ 为例。10 年前制备了质量 $W = 2 \times 10^{-5}$ g 的 $^{137}_{55}\mathrm{Cs}$ 源,计算一下现在它的活度是多少?

$^{137}_{55}$Cs 的原子量 $A = 136.907$，所以 10 年前制备出来的 $W = 2 \times 10^{-5}$ g 的 $^{137}_{55}$Cs 相应的核数为

$$N(0) = \frac{N_A}{A}W = 8.797 \times 10^{16}（个）$$

其中 $N_A \approx 6.022 \times 10^{23}$ mol^{-1}，为阿伏伽德罗常数。^{137}Cs 的半衰期 $T_{1/2} = 30.23$ a，则衰变常数应为

$$\lambda = \frac{0.693}{T_{1/2}} = 0.022\ 9\ \text{a}^{-1}$$

可以得到起始源活度为 $A(0) = \lambda N(0) = 6.39 \times 10^7$ Bq。根据（1.7）式，到 $t = 10$ a 时 ^{137}Cs 的数目为 $N(t) = N_0 e^{-\lambda t} = 8.797 \times 10^{16} \times e^{-0.022\ 9 \times 10} \approx 7.00 \times 10^{16}$（个）。放射性活度为 $A(t) = \lambda N(t) = 5.08 \times 10^7$ Bq。所以，经过 10 年其放射性活度只减弱了约 1/5。

1.3　核反应与核裂变

核反应过程是原子核与原子核，或者原子核与其他粒子（例如中子、γ 光子等）之间的相互作用所引起的各种变化，核裂变是核反应其中的一种。

一般情况下，核反应是由以一定能量的入射粒子轰击靶核的方式出现的。入射粒子可以是质子、中子、光子、电子、各种介子，以及原子核等。当入射粒子与核距离接近 fm 量级时，两者之间的相互作用就会引起原子核的各种变化，因而核反应是产生不稳定核的重要手段。

核反应实际上要研究两类问题：一是核反应运动学，它研究在能量、动量等守恒的前提下，核反应能否发生；二是核反应动力学，它研究参加反应的各粒子间的相互作用机制并进而研究核反应发生的概率。

1.3.1　核反应的概念及分类

1. 核反应与反应道

从上面的核反应定义可以看出，核反应可表示为

$$a + A \rightarrow b + B \tag{1.25}$$

也常写成 A(a,b)B。这里，我们分别用 a，A，b 和 B 代表入射粒子、靶核、出射轻粒子和剩余核。当入射粒子能量比较高时，出射粒子的数目可能是两个或两个以上，所以核反应的一般表达式为

$$A(a, b_1 b_2 b_3 \cdots) B \tag{1.26}$$

例如能量为 30 MeV 和 40 MeV 的质子轰击靶核 ^{63}Cu 时，分别发生以下核反应：

$$p + {}^{63}Cu \rightarrow {}^{62}Cu + p + n（质子能量为 T_p = 30 \text{ MeV}）$$
$$p + {}^{63}Cu \rightarrow {}^{61}Cu + p + 2n（质子能量为 T_p = 40 \text{ MeV}）$$

这两个过程可以分别写成 ^{63}Cu(p,pn)^{62}Cu，^{63}Cu(p,p2n)^{61}Cu，一个粒子与一个原子核的反应或两个原子核的反应往往不止一种，而可能有多种。其中每一种可能的反应过程称为一个反应道。反应前的过程称为入射道，反应后的过程称为出射道。一个入射道可以对应几个出射道，对于同一出射道，也可以有几个入射道。例如，用 2.5 MeV 的氘核轰击 ^{6}Li 靶时，

可产生下列反应：

$$d + {}^6\mathrm{Li} \rightarrow \begin{cases} {}^4\mathrm{He} + \alpha \\ {}^7\mathrm{Li} + p_1 & d + {}^6\mathrm{Li} \\ {}^7\mathrm{Li}^* + p_2 & p + {}^7\mathrm{Li} \\ {}^6\mathrm{Li} + d & n + {}^7\mathrm{Be} \\ \vdots \end{cases} \Biggr\} \rightarrow {}^4\mathrm{He} + \alpha \qquad (1.27)$$

2. 核反应分类

对核反应可以从各种不同的角度对其分类,如按入射粒子的能量、出射粒子和入射粒子的种类等进行分类。

(1)按出射粒子分类

①出射粒子和入射粒子相同的核反应,即 a = b,称为散射。它又可以分为弹性散射和非弹性散射。弹性散射可以表为

$$A(a,a)A \qquad (1.28)$$

在此过程中反应物与生成物相同,散射前后体系的总动能不变,只是动能分配发生变化,原子核的内部能量不变,散射前后核往往都处于基态。

非弹性散射可以表示为

$$A(a,a')A^* \qquad (1.29)$$

在此过程中反应物与生成物也相同,但散射前后体系的总动能不守恒,原子核的内部能量发生了变化,剩余核一般处于激发态。例如,质子被碳核散射,散射后的碳核仍处于基态时,这一反应就是弹性散射,表示为 ${}^{12}\mathrm{C}(p,p){}^{12}\mathrm{C}$;当散射后碳核处于激发态时,这一反应就是非弹性散射,表示为 ${}^{12}\mathrm{C}(p,p'){}^{12}\mathrm{C}^*$。

②出射粒子与入射粒子不同,即 b 不同于 a,这时剩余核不同于靶核,也就是一般意义上的核反应,这是我们讨论的重点。在这一类核反应中,当出射粒子为 γ 射线时,我们把这类核反应称为辐射俘获,例如 ${}^{59}\mathrm{Co}(n,\gamma){}^{60}\mathrm{Co}$,${}^{197}\mathrm{Au}(p,\gamma){}^{198}\mathrm{Hg}$ 等。

(2)按入射粒子分类

①中子核反应:中子与核作用时,由于不存在库仑势垒,能量很低的慢中子就能引起核反应,其中最重要的是热中子辐射俘获 (n,γ),很多重要的人工放射性核素使用 (n,γ) 反应制备,如实验室常用的 ${}^{60}\mathrm{Co}$ 源。再如,核反应堆中著名的裂变核素的增殖反应:

$${}^{238}\mathrm{U}(n,\gamma){}^{239}\mathrm{U} \xrightarrow{\beta^-} {}^{239}\mathrm{Np} \xrightarrow{\beta^-} {}^{239}\mathrm{Pu}$$

就属于热中子辐射俘获。此外,慢中子还能引起 (n,p),(n,α) 等反应,快中子引起的核反应主要有 (n,p),(n,α),$(n,2n)$ 等。

②荷电粒子核反应:属于这类反应的有质子引起的核反应,如 (p,n),(p,α),(p,d) 反应等,氘核引起的核反应,如 (d,n),(d,p),(d,α),$(d,2n)$,$(d,\alpha n)$ 反应等;α 粒子引起的核反应,如 (α,n),(α,p),(α,d),(α,pn),$(\alpha,2n)$,$(\alpha,2pn)$ 和 $(\alpha,p2n)$ 反应等。

③光核反应:由 γ 光子引起的反应,其中最常见的是 (γ,n) 反应,另外还有 (γ,np),$(\gamma,2n)$,$(\gamma,2p)$ 等反应。

也可以按入射粒子的能量来分类,入射粒子的能量可以低到 1 eV 以下,也可以高到几百 GeV。在 100 MeV 以下的,称为低能核反应;100 MeV ~ 1 GeV 的称为中能核反应;1 GeV

以上的,称为高能核反应。一般的原子核物理只涉及低能核反应。

1.3.2　核反应特性参数

在描述核反应时需要引入核反应过程的一些特性参数,例如核反应截面、反应率和产额等。当一定能量的入射粒子 a 轰击靶核 A 时,在满足守恒定则的条件下,都有可能按一定的概率发生各种核反应。对核反应发生概率的研究,是核反应的动力学问题。为了描述核反应发生的概率,需引入核反应截面的概念。

1. 核反应截面

如果某种物质受到中子的作用,则发生特定核反应的速率取决于中子的数目和速度,以及这种物质中核的数目和性质。对于任一特定反应的靶核,"截面"是中子与核相互作用概率的一种量度,它又是原子核和入射中子能量的一种特性。

假设在 1 cm³ 的物质中,有 N 个原子核,在这个物质的一个面上射入一个中子,我们把每一个原子核与一个入射的中子发生核反应的概率定义为微观截面 σ,单位是 b(靶),是面积单位,1 b = 10^{-24} cm²。由于中子与物质的相互作用有裂变、散射、吸收之分,所以微观截面相应地也分为微观裂变截面(σ_f)、微观俘获界面(σ_r)、微观散射截面(σ_s)和微观吸收截面(σ_a)等。其中微观吸收截面 σ_a 等于微观裂变截面 σ_f 和微观俘获界面 σ_r 之和。各微观截面值的大小不但与同位素种类及中子能量大小有关,而且同一种原子核和中子发生不同核反应时,其微观截面值也有很大差别。所以,尽管微观截面是以面积为单位来表示,但微观截面并不是原子核的几何面积。有时截面比几何面积小,有时截面要比几何面积大得多。例如,碳核的吸收截面约为它的几何面积的千分之一,而氙核的吸收截面却比它的几何面积大一百万倍左右。

2. 宏观截面

如果每立方米的物质中含有 N 个核,则乘积 σN 等于每立方米靶核的总截面,称为宏观截面,用符号 Σ 表示,它的量纲是长度的倒数,即

$$\Sigma = \sigma N \quad \text{m}^{-1} \tag{1.30}$$

宏观截面的物理意义是:中子行走单位长度路程中与原子核发生核反应的概率。例如,宏观吸收截面 $\Sigma_a = \sigma_a N_a$ 表示中子行走单位长度路程被原子核吸收的概率。

3. 吸收截面随中子能量的变化规律

对于许多元素,特别是那些质量数较大的元素,考察其吸收截面随中子能量的变化,可以发现存在如下三个区域:

(1)低能区,也称 1/v 吸收区

在这一区吸收截面随中子能量增加而减小,这时吸收截面与中子能量的平方根(近似地)成反比,即

$$\sigma_a = C\left(\frac{1}{E_n}\right)^{0.5} \tag{1.31}$$

由于中子的能量基本上是动能,所以吸收截面与中子速度成反比

$$\sigma_a = C\left(\frac{1}{m_n v^2/2}\right)^{0.5} = C_1 \frac{1}{v} \tag{1.32}$$

所以这个区域称为 1/v 吸收区,这说明中子运动的速度越低,它在核附近消磨的时间越长,

则被吸收的概率就越大，$1/v$ 定律也可以表示成如下形式：

$$\frac{\sigma_{a1}}{\sigma_{a2}} = \frac{v_2}{v_1} = \frac{E_{n2}^{0.5}}{E_{n1}^{0.5}} \tag{1.33}$$

下角标 1 和 2 表示两个不同的中子能量，由（1.33）式，可根据一个已知的中子速度和截面求出另一个速度下的截面，以上的关系也适合于裂变截面。对于不同的核，该区的上限是不一样的，对于 ^{235}U，$1/v$ 区中子能量的上限是 0.2 eV。

（2）共振区

在中子的 $1/v$ 区之后，通常在大约 0.1 eV 到 1 000 eV 的中子能量范围内，会出现一个共振区。这个区域的特征是存在共振峰，那里吸收截面对一定的中子能量相当急剧地上升到很高的数值，然后下降。对于不同的核，其共振峰值的大小和出现的范围都不一样。

铀 - 235 和铀 - 238 的裂变截面作为中子能量的函数表示于图 1.7 中，由图可以看出铀 - 235 的吸收截面有明显的共振结构。

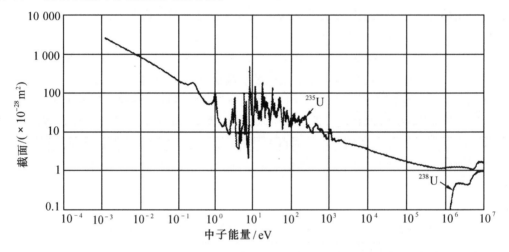

图 1.7　铀 - 235 和铀 - 238 的裂变截面

（3）快中子区

在清晰的共振区之后，还可能出现许多较小的共振峰，但这些共振峰是难于分辨的。核截面随中子能量增加而减小。在能量大约超过 10 keV 以后，出现快中子区，那里截面通常很小，对大于 0.1 MeV 量级的能量，其值更小。这时，吸收截面在数值上与核的几何截面相近。铀 - 238 的裂变截面在低中子能量下几乎为零，在中子能量大于 1 MeV 以后有明显的上升。

铀 - 235 核吸收中子后并不都发生裂变反应，有的发生辐射俘获反应而变成铀 - 236。辐射俘获截面与裂变截面之比通常用 α 表示，称为俘获 - 裂变比，即

$$\alpha = \frac{\sigma_r}{\sigma_f} \tag{1.34}$$

α 与裂变同位素的种类和中子能量有关，热中子（0.025 3 eV）与铀 - 235 作用下 α = 0.169。

3. 中子核反应率

每立方米内的中子数用 n 表示，称为中子密度。若中子速度用 v(m/s) 表示，并假设考虑的是一束单能均匀平行的中子，于是 nv 就是每秒钟投射在 $1~m^2$ 靶材料上的中子数，Σnv 就是每秒入射 nv 个中子在 $1~m^3$ 靶材料中（中子与靶核）相互作用的次数，称为中子反应率，即

$$\text{中子反应率}~R = \Sigma nv \tag{1.35}$$

上式中的 nv 称为中子通量，通常用 ϕ 表示。即

$$\phi = nv \tag{1.36}$$

中子通量的单位是：$m^{-2} \cdot s^{-1}$。单位体积的靶材料中单位时间内的核反应称为核反应率，由下式表示

$$R = \phi\Sigma \tag{1.37}$$

4. 核反应产额

已知截面即可求核反应的产额，入射粒子在靶体引起的核反应数与入射粒子数之比，称为核反应的产额。定义

$$Y = \frac{N'}{I_0} = \frac{\text{入射粒子在靶体上引起的核反应数}}{\text{入射粒子数}} \tag{1.38}$$

核反应产额与反应截面、靶的厚度、组成等有关。

以单能中子束为例，对单能中子而言，反应截面 σ 为常数，此时反应产额为

$$Y = \frac{N'}{I_0} = \frac{I_0 - I_D}{I_0} = 1 - e^{-\sigma ND} \tag{1.39}$$

D 为靶厚度，对薄靶，即 $D \ll 1/N\sigma$，由（1.39）式，得到

$$Y \approx \sigma ND = Ns\sigma \tag{1.40}$$

对厚靶，满足 $D \gg 1/N\sigma$，此时 $Y \to 1$。

1.3.3　自发裂变与诱发裂变

1. 自发裂变

在没有外来粒子轰击下，原子核自行发生裂变的现象叫作自发裂变，自发裂变的一般表达式为

$$_Z^A X \to {}_{Z_1}^{A_1} Y_1 + {}_{Z_2}^{A_2} Y_2$$

在自发裂变发生的瞬间满足 $A = A_1 + A_2$，$Z = Z_1 + Z_2$，即粒子数守恒。其中 A_1, A_2 和 Z_1, Z_2 分别为裂变产物的质量数和电荷数。

裂变碎片是很不稳定的原子核，一方面碎片处于较高的激发态，另一方面裂变碎片是远离 β 稳定线的丰中子核，中子严重过剩而很容易发射中子，所以自发裂变核又是一种很强的中子源。超钚元素的某些核素，如 ^{244}Cm，^{249}Bk，^{252}Cf，^{255}Fm 等具有自发裂变的性质，尤其以 ^{252}Cf 最为突出，$1~g$ 的 ^{252}Cf 体积小于 $1~cm^3$，而每秒可以发射 2.31×10^{13} 个中子，在反应堆中 ^{252}Cf 通常作中子源使用。

2. 诱发裂变

能发生自发裂变的核素不多，大量的裂变过程是诱发裂变，即当具有一定能量的某粒子 a 轰击靶核 A 时，形成的复合核发生裂变，其过程记为 A(a, f$_1$)f$_2$。其中 f$_1$, f$_2$ 代表二裂变的

裂变碎片。当形成复合核时,复合核一般处于激发态,当激发能 E^* 超过它的裂变势垒高度 E_b 时,核裂变就会立即发生。

诱发裂变中,中子诱发裂变是最主要的,也是研究最多的诱发裂变。能量很低的中子可以进入核内使其激发而发生裂变。裂变过程又有中子发射,可能形成链式反应,这也是中子诱发裂变受到关注的原因。以 $^{235}U(n,f_1)f_2$ 反应为例,热中子(即入射中子能量为 0.025 3 eV)可诱发裂变:

$$n + {}^{235}U \rightarrow {}^{236}U^* \rightarrow X + Y$$

这里,处于激发态的复合核 $^{236}U^*$ 是裂变核;X,Y 代表两个裂变碎片(例如 $^{139}_{56}Br$ 和 $^{97}_{36}Kr$),按其碎片质量的大小,称为重碎片和轻碎片。

诱发裂变的一般表达式为

$$n + {}^{A}_{Z}X \rightarrow {}^{A+1}_{Z}X^* \rightarrow {}^{A_1}_{Z_1}Y_1 + {}^{A_2}_{Z_2}Y_2$$

1.3.4 裂变后现象

裂变后现象是指裂变碎片的各种特性及其随后的衰变过程及产物,如碎片的质量、能量、释放的中子、γ 射线等。

原子核裂变后产生两个质量不同的碎片,它们受到库仑斥力而飞离出去,使得裂变释放的能量大部分转化成碎片的动能,这两个碎片称为初级碎片,例如上述的 $^{236}U^*$ 分裂为质量数分别为 $A \sim 140$ 和 $A \sim 99$ 的两个初级碎片。初级碎片直接发射中子(通常发射 1～3 个中子),发射中子后的碎片激发能小于核子的平均结合能(约 8 MeV)而不足以发射核子,主要以发射 γ 光子形式退激。在上述过程中发射的中子和 γ 光子是在裂变后小于 10^{-16} s 的短时间内完成的,所以称为瞬发裂变中子和瞬发 γ 光子。

发射 γ 光子后初级产物仍是丰中子核,经过多次 β 衰变,最后转变成稳定的核素。β 衰变的半衰期一般大于 10^{-2} s,相对于瞬发裂变中子和 γ 射线是慢过程。在连续 β 衰变过程中,有些核素可能具有较高的激发能,其激发能超过中子结合能,就有可能发射中子,这时发射的中子称为缓发中子。缓发裂变中子的产额约占裂变中子数的 1%。当然,连续 β 衰变过程中各核素也仍会继续发射 γ 射线。裂变后的过程如图 1.8 所示。

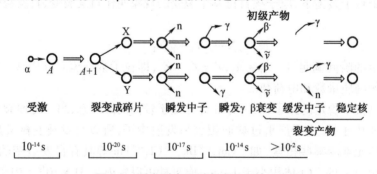

图 1.8　诱发裂变及裂变后过程的示意图

1. 裂变碎片的质量分布

裂变碎片的质量分布,又称为裂变碎片按质量分布的产额,具有一定的规律性。发射中子前和发射中子后的碎片的质量分布有些差异,但基本特征是相同的。在二裂变情况下,碎片 X,Y 的质量 A_X,A_Y 的分布有两种情况:对于 $Z \leqslant 84$(如 $_{84}$Po)和 $Z \geqslant 100$(如 $_{100}$Fm,$_{101}$Md)的核素,$A_X = A_Y$ 对称分布的概率最大,被称为对称裂变;对于 $90 \leqslant Z \leqslant 98$(即 $_{90}$Th $\sim$ $_{98}$Cf)的核素,其自发裂变和低激发能诱发裂变的碎片质量分布是非对称的,称为非对称裂变。随激发能的提高,非对称裂变向对称裂变过渡。图 1.9 给出了热中子诱发 ^{235}U 裂变产生的碎片质量分布,这是一个典型的非对称分布。重碎片的质量数的峰值 $A_H \approx 140$,而轻碎片峰值 $A_L \approx 96$,有 $A_H + A_L = 236$,即为裂变核 ^{236}U 的质量数。具有这种性质的 A_H,A_L,称它们是互补的。对质量数在 $228 \sim 255$ 的锕系元素(如 ^{233}U,^{239}Pu,^{252}Cf)的非对称裂变后的碎片质量在图中作了系统分析,均有 $A_H \approx 140$,而且 A_H,A_L 互补。这说明 $A_H \approx 140$ 的核特别容易形成,这是壳效应引起的。图 1.10 表示了轻、重两群碎片平均质量数随裂变核质量数的变化,图中显示了重碎片的质量平均数在 $A_H \approx 140$ 几乎不变,而轻碎片则随裂变核而改变。

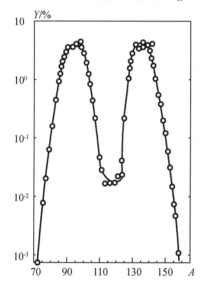

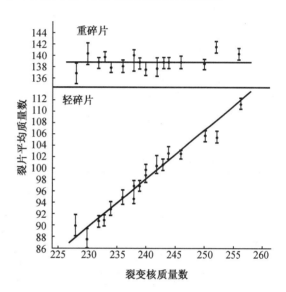

图 1.9　热中子诱发的 ^{235}U 的裂变产生的碎片的质量分布

图 1.10　轻、重两群碎片平均质量数随裂变核质量数的变化

2. 裂变能及其分配

根据能量守恒定律,重核发生二裂变的裂变能可以表示为

$$Q_f = \Delta M c^2 = \left[M^*(Z_0,A_0) - M(Z_1,A_1) - M(Z_2,A_2) - \nu m_n \right] c^2 \tag{1.41}$$

式中,$M^*(Z_0,A_0)$ 代表激发态复合核的原子质量;$M(Z_1,A_1)$,$M(Z_2,A_2)$ 为发射中子后的裂片经 β 衰变而形成的两个稳定核的原子质量;ν 为裂变中发射的中子数。

以 ^{235}U 热中子诱发裂变的一种裂变道为例,其裂变产物为两碎片 ^{140}Xe,^{94}Sr,和两个裂变中子。^{235}U 的热中子诱发裂变为

$$n + {}^{235}U \rightarrow {}^{236}U^* \rightarrow {}^{140}Xe + {}^{94}Sr + 2n$$

由核素表查得各核素的原子质量代入上述过程,裂变能 $Q_f = 207.8$ MeV。这些能量大部分由裂变碎片带走,表 1.1 中给出了热中子诱发的 ^{235}U 和 ^{239}Pu 的裂变能量分配表,表中的数值均为平均值。

表 1.1　热中子诱发裂变每次裂变的能量分配　　　　　　（单位：MeV）

靶核	^{235}U	^{239}Pu
轻碎片	99.8	101.8
重碎片	68.4	73.8
裂变中子	4.8	5.8
瞬发 γ	7.5	7
裂变产物 β	7.8	8
裂变产物 γ	6.8	6.2
中微子(测不到)	(12)	(12)
可探测总能量	195	202

3. 裂变中子

裂变中子包含瞬发中子和缓发中子两部分,如前所述,缓发中子约占裂变中子总数的1%。瞬发中子的能谱 $N(E)$ 和每次裂变放出的平均中子数 $\bar{\nu}$ 是重要的物理量。对于瞬发中子能谱 $N(E)$,实验测量结果可用麦克斯韦分布来表示:

$$N(E) \propto \sqrt{E}\exp(-E/T_{\mathrm{M}}) \tag{1.42}$$

式中,T_{M} 被称为麦克斯韦温度。由此可计算出裂变中平均能量为

$$\bar{E} = \frac{\int_0^\infty EN(E)\,\mathrm{d}E}{\int_0^\infty N(E)\,\mathrm{d}E} = \frac{3}{2}T_{\mathrm{M}} \tag{1.43}$$

图 1.11 表示热中子诱发 ^{235}U 裂变中子能谱的实验值,曲线是用麦克斯韦分布拟合的。^{252}Cf 自发裂变(SF)的裂变中子能谱和 ^{235}U 热中子诱发裂变中子能谱常作为标准的裂变中子能谱,它们的麦克斯韦温度和裂变中子平均能量分别为

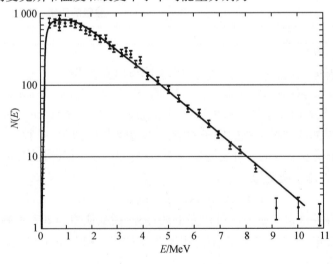

图 1.11　热中子诱发 ^{235}U 的裂变中子谱

$$^{252}\text{Cf}(\text{SF}): \quad T_{\text{M}} = 1.453 \pm 0.017 \text{ MeV}, \overline{E} = 2.179 \pm 0.025 \text{ MeV}$$

$$^{235}\text{U} + \text{n}: \quad T_{\text{M}} = 1.319 \pm 0.019 \text{ MeV}, \overline{E} = 1.979 \pm 0.029 \text{ MeV}$$

4. 缓发中子

裂变中子中还有不到 1% 的中子是在裂变碎片衰变过程中发射出来的,把这些中子叫作缓发中子。缓发中子产生于裂变碎片的某些 β 衰变链中,缓发中子的半衰期就是中子发射体的 β 衰变母核的 β 衰变半衰期。裂变碎片如 ^{87}Br 及 ^{137}I 等经 β^- 衰变后分别转化为 ^{87}Kr 及 ^{137}Xe,^{87}Kr 及 ^{137}Xe 形成后又立即衰变并放出中子,见图 1.12。

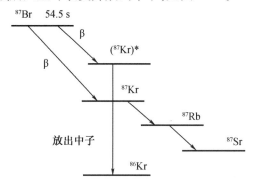

图 1.12 缓发中子先驱核溴 -87 的衰变

由于 ^{87}Br 及 ^{137}I 等的半衰期分别为 54.5 s 及 24.4 s,因此像这些由 ^{87}Kr 及 ^{137}Xe 放出的中子,就得在裂变后相当一段时间才发射出来,这就是缓发中子。^{87}Br 及 ^{137}I 称为缓发中子的先驱核,缓发中子就好像是由具有一定半衰期的各先驱核直接发射出来的。由 ^{235}U 热中子裂变生成的缓发中子先驱核,已知的有十多种,按半衰期的长短分为 6 组,各组的有关参数如表 1.2 所示。

表 1.2 ^{235}U 热中子裂变的缓发中子数据

组号	半衰期 $T_{1/2}/\text{s}$	衰变常数 λ_i/s^{-1}	平均寿命 τ_i/s	能量/keV	产额 y_i	份额 β_i
1	55.72	0.012 4	80.65	250	0.000 52	0.000 215
2	22.72	0.030 5	32.79	560	0.003 46	0.001 424
3	6.22	0.111	9.09	405	0.003 10	0.001 274
4	2.30	0.301	3.32	450	0.006 24	0.002 568
5	0.610	1.14	0.88	—	0.001 82	0.000 748
6	0.230	3.01	0.33	—	0.000 66	0.000 273

表 1.2 中产额 y_i 是指每次裂变所产生的第 i 组的中子数,份额 β_i 指第 i 组缓发中子占总裂变中子(包括瞬发中子在内)的百分比。每次裂变放出的中子数为 ν,故 $y_i = \nu\beta_i$。反应堆计算中常用 β_i 这个量,缓发中子总份额 $\beta = \sum\limits_{i=1}^{6} \beta_i$。

缓发中子的能谱不同于瞬发中子的能谱,缓发中子的平均能量要比瞬发中子的低。在核反应堆中,中子保持自由状态的时间约为 10^{-5} s,称为中子寿命。中子代时间 = 孕育时

间 + 寿命。瞬发中子是裂变瞬时产生的,孕育时间很短,为 10^{-14} s;而缓发中子是裂变产物的衰变产生的,孕育时间较长,缓发中子的平均孕育时间大约是 12 s。不论是瞬发中子还是缓发中子其寿命是一样的,因此在反应堆中由于缓发中子的存在使中子代时间大大加长,其估算值大约为 $T = (99.35 \times 10^{-5} + 0.65 \times 12)/100 = 0.08$ s,如果没有缓发中子,中子的代时间就是 10^{-5} s。由此可以看出,虽然缓发中子在裂变中子中所占的份额很小(小于 1%),但它对反应堆的动力学过程和反应堆控制却有非常重要的影响,如果没有缓发中子,全部由 10^{-5} s 的瞬发中子引起链式反应,靠现在的手段是无法控制的。

1.4 核 聚 变

1.4.1 核聚变反应的可行性

核聚变的理论依据是:两个轻核在一定的条件下聚合生成一个较重核,同时伴有质量亏损,根据爱因斯坦的质能方程,聚变过程将会释放出巨大的能量。聚变能燃料可取自海水中蕴藏量极高的氢同位素——氘,每立方米海水中约含有 30 克氘,1 克氘完全聚变可生产相当于 8 吨煤燃烧产生的能量。因此聚变能源是取之不尽、用之不竭的,符合国际环保标准的清洁能源,是人类解决未来能源问题的根本途径之一。

聚变反应发生的条件是相当苛刻的,能否发生聚变反应的三个基本条件是劳逊判据、能量得失相当判据和自持燃烧条件。由此三个基本条件可以归结出两方面的要求:第一,要求将氘氚等离子体的温度加热到 10^8 K 以上;第二,要求等离子体的粒子密度与能量约束时间乘积大于 $(2 \sim 4) \times 10^{14}$ cm^{-3}·s。科学家们围绕这些基本条件进行了数十年的研究。

20 世纪 30 年代,在英国剑桥的卡文迪什实验室进行了人类历史上第一次核聚变实验。1952 年 11 月 1 日,西太平洋埃尼威托克岛秘密爆炸了一颗氢弹,爆炸中释放的巨大能量宣告了人类终于成功地实现了核聚变。欣喜之余,科学家们开始设想能否将爆炸中瞬间释放的巨大能量缓慢地释放出来,以实现和平利用核能的目的。从此,世界上许多国家都开始秘密开展受控核聚变的相关研究,研究装置有磁约束装置仿星器、磁场箍缩装置、惯性约束装置和环形箍缩装置等。由于聚变反应的实现条件非常苛刻,不是一个国家的力量就能实现的,基于这样一个认识,在 1958 年日内瓦召开的国际原子能大会上通过了开展国际合作与交流的决定。1968 年,在苏联新西伯利亚召开的第三次国际等离子体物理和受控热核聚变会议上,苏联物理学家塔姆和萨哈罗夫报告在托卡马克装置 T - 3 上获得了非常好的等离子体参数。1969 年,在征得塔姆等人同意后,英国卡拉姆实验室主任亲自携带最先进的激光散射设备重新测量了 T - 3 上的电子温度,结果发现测得的温度比塔姆等人报告的温度还要高。自那以后,托卡马克在聚变研究中脱颖而出,成为磁约束聚变的主要研究平台,世界范围内也掀起了托卡马克研究热潮。这期间,世界上建造了许多托卡马克装置,这批装置一般称为第一代托卡马克。在此基础上,紧接着又建造了规模较大的第二代托卡马克装置。20 世纪 80 年代开始设计第三代托卡马克装置,其中美国的 TFTR、欧洲的 JET、日本的 JT - 60 和苏联的 T - 15 分别投入运行并取得了非常显著的成果,如 1991 年 11 月 9 日 JET 装置上首次获得了 17 MW 的受控聚变能,1993 年 TFTR 装置上通过氘氚等离子体燃烧获得了 10 MW 的聚变能。以上这些成果需要有一个实验堆来验证氘氚聚变等离子体的"科学可行性"以及一个聚变堆完整的系统工作,即验证部分的"工程现实性"。于是人们开始考虑"建堆",这就是建造国际热核聚变实验堆(ITER)的背景和主旨。

ITER 的目标是验证氘氚等离子体自持聚变的科学可行性及聚变反应堆建造的工程可行性。1986 年,美国总统里根和苏联的戈尔巴乔夫倡议在国际原子能机构(IAEA)框架下进行 ITER 的国际合作计划,当时决定只许可美国、苏联、日本和欧洲共同体四方参加。ITER 从 1987 年开始,经过 1987～1990 年三年概念设计阶段,基本上完成了 ITER 的工程设计。但是 ITER 造价太高,仅建造费就需 100 亿美元。1997～1999 年对 ITER 进行了修改设计,目标是降低一半造价,还能验证"点火",完成物理可行性与部分工程可行性。1999 年,美国宣布退出 ITER 计划。2000 年,欧洲、日本和俄罗斯继续进行修改设计和有关的 R&D 工作,并提出扩大参加伙伴,凡参加者均为独立成员,共同享有设计及 R&D 资料的知识产权。除东道主外,其他成员仅需付 10% 的建造费用。中国政府在 2002 年表示有兴趣参加 ITER 国际计划,受到 ITER 管理层的欢迎,于 2003 年成为正式成员。随即美国表示返回 ITER,而韩国也宣布参加,这样 ITER 国际合作计划就有 6 个成员国(欧盟、俄罗斯、日本、中国、美国和韩国),选址在法国。

1.4.2　氘的聚变反应

在所有的聚变反应中氘和氚之间的反应具有最快的反应率,并且需要的温度最低。它是用于聚变电站的第一选择。因此,不管是哪种类型的约束系统,磁约束还是惯性约束,氘和氚的充足来源是十分重要的。

1 g 的氘将产生 3 000 亿焦耳的能量,所以要提供当前世界上所有的能量消耗(相当于每年 3×10^{12} 亿焦耳)将需要每年 1 000 t 的氘。氘是很容易获得的,因为 6 700 份水中就有一份是氘,1 gal(1 gal =4.546 L)的水用作聚变燃料所产生的能量相当于 300 gal 汽油。如果考虑到所有的海水,则有总量超过 10^{15} t 的氘,可以无限地提供我们所需要的能量。氘可以采用电解的方法直接从水中提取,因此,与电能生产中的其他费用相比燃料的费用是可以忽略的。

两个氘核之间的聚变反应是将两个质子和两个中子放到一起进行重新排列。这种重新排列有两种不同的方式,一种是生成由两个质子和一个中子组成的原子核,这是一种稀有的氦,称之为氦 –3(见图 1.13),剩余一个中子;另外一种排列则产生由一个质子和两个中子组成的原子核,这就是被称之为氚的另外一种形式的氢。它具有大概 3 倍于普通氢的质量,在这种情况下剩余一个质子。图 1.13 给出了这些反应的示意图。像太阳中的核聚变一样,因为在以上的重新排列中核的总质量略小于两个氘核的质量,所以可以释放能量。

在这些反应中生成的氚和氦 –3 也可以与氘聚合,这时是五个核粒子重新排列——在氘和氚反应的情况下是两个质子和三个中子,或者在氘加氦 –3 反应的情况下是三个质子和两个中子。两种情况的结果都是形成具有两个质子和两个中子的核,这就是具有四个质量单位的普通形式的氦——氦 –4,它是一种惰性气体,可以用作给气球和飞艇充气。在这些反应中有一个自由中子或者一个自由质子剩余下来,它们被示意性地表示在图 1.14 中。

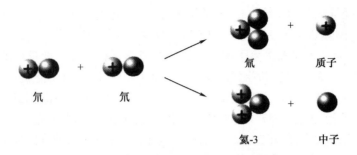

图 1.13　两个氘核聚变时两种可选择的分支

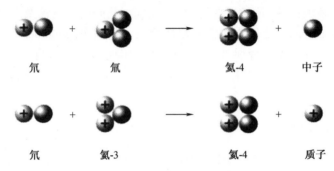

图 1.14　氘和氚之间的反应,或者氘和氦-3聚合形成氦-4的反应

以上所有反应都可以用在实验中研究聚变,但氘和氚之间的反应(通常缩写为 DT)需要的温度最低,因此它被认为是聚变电站最好的候选对象。在地球上氚并不天然存在,因为它是半衰期为 12.3 年的放射性物质,如果今天我们有一定数量的氚,那么经过 12.3 年的时间将只有一半剩余下来,24.6 年之后就只剩下 1/4,依此类推。作为一种燃料,氚不得不通过人工制造得到。锂在其原子核中有三个质子并以两种形式存在——一种是具有三个中子称之为锂-6,另一种是具有四个中子称之为锂-7。两种形式的锂与中子相互作用产生氚和氦。在第一个反应中释放能量,但是在第二个反应中必须输入能量。因此燃烧氘和氚的聚变电站的基本燃料就是普通的水和锂,相对来说这两种基本燃料都比较丰富而且容易获取。电站的废料将是惰性气体氦。全部反应图示见图 1.15。

最方便的产氚方式是中子和锂的反应,存在两个可能的反应,它们分别是与自然界中存在的两个锂的同位素(^{6}L1 和^{7}Li)之一的反应:

$$^6Li + n \rightarrow ^4He + T + 4.8 \ MeV$$

$$^7Li + n \rightarrow ^4He + T + n - 2.5 \ MeV$$

^{6}Li 最可能与热中子发生反应,这是一个可释放 4.8 MeV 能量的放热反应;而^{7}Li 反应是一个吸热反应,仅仅与快中子发生反应,它吸收 2.5 MeV 能量。天然的锂由 92.6% 的^{7}Li 和 6.4% 的^{6}Li 构成,每 1 000 克的锂可以产生 1×10^6 亿焦耳的能量。

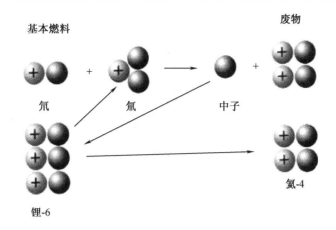

基本燃料　　　　　　　　　　　　　废物

氘　　　　　氚　　　　　　中子

锂-6　　　　　　　　　　　　　氦-4

图 1.15　聚变反应图示

基本燃料是氘和锂,废物是氦

1.4.3　原子核的聚合条件

为了开始聚变反应,两个核必须靠得非常近,以至于它们之间的距离与它们的直径差不多。原子核中包含质子,所以它们是带正电的。同性电荷相斥,这两个正电荷之间存在一个使它们分离的很强的静电力。只有当两个核靠得足够近时,它们之间的核力才会变得足够强,从而平衡试图将其分开的静电力。这一效应示于图 1.16 中——图中描绘了势能与两个核分离的距离之间的关系。势能可假设为把一个高尔夫球放在小山丘顶上时所具有的一种能量形式。将两个核聚拢到一起有点像试图使高尔夫球爬上小山丘并落到山顶上的球洞里,这就要求高尔夫球在入洞之前首先必须具有足够的能量爬上山顶。在核反应情况下,山丘非常陡而球洞又非常深且非常小,这与人们在高尔夫球场上所见到的任何情况是无法比拟的。幸运的是物理帮了我们的忙,确定相距很近的核的行为的量子力学定律允许"球"在途中打洞而不必一定要走完所有抵达山顶的路程。这就使得事情变得容易了一点,但即使这样,要使相斥者靠拢得足够近以发生聚变也是需要大量能量的。

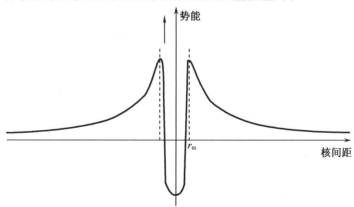

势能

r_m

核间距

图 1.16　两个原子核之间的势能随它们之间的距离的变化

当它们远远分离时,它们互相排斥——它们之间的静电斥力随着相互靠近而增加。当它们非常接近时,核力变得有效且势能下降

物理学工作者通常以加速到某一能量的电压来衡量原子粒子的能量。为了聚变需要用大约 100 000 V 的高压来加速原子核。聚变发生的概率以"截面"的形式给出,简单说来这是对一个被高尔夫球瞄准的球洞的大小的度量,三种最可能发生的核聚变的截面显示在图 1.17 中。在聚变高尔夫中,球洞的有效大小取决于碰撞原子核的能量。对于 DT 聚变,当用 100 000 V(相当于 100 keV 的能量)来加速氚核时其反应截面最大;在更高的能量情况下反应截面反而会减小。图 1.17 显示了为什么 DT 聚变反应是最有利的——它在低能情况下提供了最高的聚变概率(即最大的截面)。即使在这种情况下球洞仍然非常小——面积仅有大约 10^{-28} m^2。

与数百伏的通常的家用供电相比几十万伏的电压听起来相当高。但 1930 年工作在剑桥大学卢瑟福实验室的约翰·克罗夫特(John Cockroft)和欧内斯特·沃尔顿(Ernest Walton)设计并建造了能够产生这样高的电压的加速器,现在这类设备在各物理实验室已经是很普通的了。事实上那些研究中子内部结构的物理学家使用了可以加速粒子到千兆电子伏特能量范围的加速器,这就是数十亿伏的电压,而且还在计划建造更大的加速器。

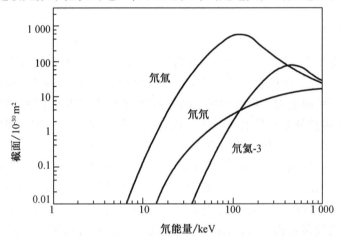

图 1.17   在一定的氘离子能量范围内的聚变反应发生的概率(截面)

在实验室中加速原子核到聚变所需的能量并非难事。通过用加速的氘核去轰击含氚的固体靶来研究聚变反应是相对容易的,1934 年英国剑桥的马库斯·奥利芬特(Marcus Oliphant)和保罗·哈特克(Paul Hartek)就是用这种方法测量了图 1.17 所示的截面。问题是"聚变洞"非常小,而且"山丘"非常陡,绝大部分加速的核被"山丘"弹落,失掉加速它们时所投入的能量,不能足够靠近靶核以引起聚变,实际上仅仅极其微小的碰撞(一亿分之一)就可导致聚变的产生。我们再回到与打高尔夫的类比上,现在的情况很像是高尔夫球落在山上后,我们击球希望自己有足够的运气,能够使球寻找到路线越过山顶入洞,当你冲着球洞击球 1 亿次时,真正成功的次数极少,绝大多数球都跌落山下而损失掉了。在聚变的情况下不仅是失掉大量的球,而且大量的能量也与球一起损失掉了。

现在不得不寻找更好的方法,很明显我们需要一种方法,把所有跌落山下的球收集起来并保证不让其能量损失掉,再让它们一次一次地重新爬坡,直到最终进入洞中。让我们离开高尔夫球场进入台球室或者弹子房来说明这一点是如何实现的,如果用力击打球,它就可能在台球桌上来回反弹,而不损失其能量(假定球和球台之间是无摩擦的)。如果是大量的运动着的球都如此,它们就会互相反复地碰撞分散开来而不损失能量,偶尔会有两个球有着合适的能量并精确地运行在正确的轨道上而允许它们碰撞时聚合到一起。然而,重要的是要记住这种聚合在 1 亿次碰撞中才发生 1 次。

这幅无规则运动着的球相互碰撞的图很像一种气体的行为——气体粒子,它们通常是分子或者因完全无规则地相互碰撞而反弹或者与容器壁碰撞而反弹,但其总能量不会损失。各个粒子碰撞时会不断地相互交换能量,这样总是有一些粒子具有高的能量,而另一些粒子具有低的能量,而平均能量维持不变,气体的温度就是对这一平均能量的度量。

氘核是带电的,由于库仑斥力,室温下的氘核绝不会聚合在一起。氘核为了聚合在一起(靠短程的核力),首先必须克服长程的库仑斥力。我们已经知道,核子之间的距离小于 10 fm 时才会有核力的作用,那时的库仑势垒的高度为 144 keV,两个氘核要聚合,首先必须要克服这一势垒,每个氘核至少要有 72 keV 的动能。假如我们把它看成是平均动能(3/2 kT),那么相应的温度为 5.6×10^8 K。进而考虑到粒子有一定的势垒贯穿概率,粒子的动能服从一定的分布,有不少粒子的动能比平均动能大,这样聚变的能量可降为 10 keV,即相当于 10^8 K。这仍然是一个非常高的温度,这时的物质处于等离子态,在这种情况下所有原子完全电离。

这些考虑提出了一个较好的实现聚变的方式,即将氘与氚的气体混合并将之加热到所需温度。之所以称之为热核聚变,就是要清楚地区别于加速单个原子核并使之相互碰撞或者与稳态的靶相碰撞的情况。必须达到大约 2 亿摄氏度的温度才能获得充分的能量以保证足够份额的原子核发生聚变,对于这样高的温度人们很难有一个感性认识。请记住冰在 0 ℃ 时熔化,水在 100 ℃ 时沸腾,铁在 1 000 ℃ 左右熔化,而在 3 000 ℃ 时任何东西都会蒸发掉,太阳芯部的温度大约是 1 400 万摄氏度。而对于聚变来说我们谈论的是数亿摄氏度的温度。如果把 2 亿摄氏度的温度用我们熟悉的刻度尺衡量,那么普通的室温计将有 400 km 长。

灼热气体中的碰撞将原子上的电子击打掉从而生成核和电子的混合物,我们说这些气体被电离了,并赋予它一个特别的名字——等离子体(见图 1.18)。等离子体是物质的第四态——即固体熔化形成液体,液体蒸发形成气体,而气体可以被电离形成等离子体。在许多日常条件下,气体会以这种电离状态存在,比如在荧光灯甚至是明火中,尽管在这些例子中仅仅是很小一部分气体被电离。在星际空间中,几乎所有的物质都是以完全电离的等离子体的状态存在的,但是粒子的密度非常低。因为等离子体是一种物质基本态,所以对它们的研究是一种基于像研究固体、气体和液体那样的纯科学论证。在聚变需要的高温条件下等离子体是完全电离的,因而是一种由负电子和正原子核组成的混合物。在这种混合物中必须存在相同数目的正负电荷,否则不平衡的静电力会引起等离子体迅速膨胀。正的原子核叫作离子,以下我们就使用这个术语。等离子体的一个重要性质是它由带电粒子组成,因此是导电的。在发生聚变的高温条件下,氢等离子体的电导率比常温条件下的铜高 10 倍。

不过,要实现自持的聚变反应并从中获得能量,仅靠高温还不够。除了把等离子体加热到所需温度外,还必须满足两个条件:等离子体的密度必须足够大;所要求的温度和密度必须维持足够长的时间。要使一定密度的等离子体在高温条件下维持一段时间是十分困难的,因为约束的“容器”不仅要承受 10^8 K 的高温,而且还必须热绝缘,不能因等离子体与容器碰撞而降温。

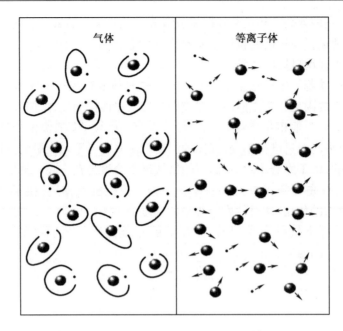

图1.18　气体被加热到很高温度时形成等离子体

离子的温度必然非常高,所以绝不可能把等离子体盛在一个普通的容器中,即使是最难熔的材料,如石墨、陶瓷或者钨,也会被等离子体的高温蒸发掉。有两种选择,一种是用磁场在热的燃料与器壁之间形成一个壁垒。离子和电子上的电荷阻止它们直接跨越磁场。当这些带电粒子试图跨越磁场运动时它们便简单地做绕圈运动,但可以沿磁场方向自由运动。所以总体运动是沿着磁场方向的盘旋线(螺旋线)。磁场可以以这种方式引导带电粒子,从而防止它们撞击周围的器壁,这种方式叫作磁约束。第二种选择是压缩聚变燃料并迅速加热,使之在向外扩展并接触器壁之前就发生核聚变,这叫作惯性约束,它就是氢弹的原理,也是试图使用激光产生聚变能的原理。

氢弹是一种人工实现的、不可控制的热核反应,也是迄今为止在地球上用人工方法大规模获取聚变能的唯一方法。它必须用裂变方式点火,因此它实质上是裂变加聚变的混合体,总能量中裂变能和聚变能大体相等。

氢弹是利用惯性力将高温等离子体进行动力性约束,简称惯性约束。有没有一种用人工可控制的方法实现惯性约束?多年来人们对此做了各种探索。激光惯性约束是其中一个方案:在一个直径约为 400 μm 的小球内充以 30 ~ 100 大气压的氘 – 氚混合气体,让强功率激光束均匀地从四面八方照射,使球内氘 – 氚混合体密度达到液体密度的 1 000 ~ 10 000 倍,温度达到 10^8 K,从而引起聚变反应。

为达到人工可控制的聚变反应所进行的磁约束研究已有 30 余年历史,它是最早研究可控聚变的一种途径,是目前国际上投入力量最大,也可能是最有希望的途径。

在磁约束实验中,带电粒子(等离子体)在磁场中受洛伦兹力的作用而绕着磁力线运动,因而在与磁力线相垂直的方向上受到约束。同时,等离子体也被电磁场加热。

磁约束装置的种类很多,其中最有希望的可能是环流器(环形电流器),又称托卡马克。环流器主机的环向场线圈会产生几万高斯的沿环形管轴线的环向磁场,由铁芯(或空芯)变压器在环形真空室内感生很强的等离子体电流。环形等离子体电流就是变压器的次级,只有一匝。由于感生的等离子体电流通过焦耳效应有欧姆加热作用,这个场又称为加热场。美国普林斯顿的托卡马克聚变试验堆(TFTR)于 1982 年 12 月 24 日开始运行,这是世界上四大新一代托卡马克装置之一。

思考题

1. 什么是丰中子核素,丰中子核素会发生什么衰变?
2. 什么是放射性,有什么特点?
3. 什么是原子核的比结合能?
4. 什么是衰变常数?
5. 什么是放射性核素的平均寿命? 平均寿命与衰变常数是什么关系?
6. 什么是放射性活度,表示活度的单位是什么?
7. 弹性散射与非弹性散射的区别是什么?
8. 什么是核反应的微观截面,什么是宏观截面?
9. 给出中子核反应率的表达式。
10. 什么是瞬发中子,什么是缓发中子?
11. 聚变反应有几种,参与聚变的核素是什么?
12. 核聚变需要什么样的高温条件,为什么?

第 2 章　核能的开发利用

2.1　核能发展历程

2.1.1　原子核中潜藏着巨大的能量

早在 19 世纪,德国人开采一种能闪烁的黑矿石来生产黄色玻璃和陶瓷产品,后来发现这就是铀矿石。1896 年法国的贝可勒尔发现这些铀矿石自发地放射出某种看不见的射线,定名为放射性。后来证明,射线是从原子核中放出的带电粒子或光子流。为了研究原子核结构,1919 年英国的卢瑟福用天然放射性元素放出的高速的带电粒子轰击原子核,实现了人为的核反应,使得一种元素的原子核转变为另一种元素的原子核。1932 年英国的查德威克在核反应实验中,发现了一种不带电的粒子——中子,从而建立了原子核是由质子和中子组成的学说。中子和原子核之间没有静电斥力,很容易同原子核发生作用。人们用中子代替带电粒子轰击原子核,在核反应中得到一系列的人工放射性核素。1938 年底德国的哈恩和斯特拉斯曼在用中子轰击铀原子核的实验中,本想得到超铀元素,结果发现产物中有中等质量的核素钡,经在瑞典的奥地利人迈特纳从理论上解释确定为核的裂变。接着,世界上有近 10 个实验室都来做这种实验,证明了核裂变及其释放出的巨大能量。1939 年春法国的约里奥·居里和在美国的意大利人费米先后证明,铀核在分裂过程中放出 2 ~ 3 个中子,从而确定了自行持续的链式反应的可能性,从而为人类利用核能奠定了基础。

地球上天然存在的元素中,第 92 号元素铀是唯一容易裂变的元素。我们称自然界中存在的铀为天然铀,它有三种同位素:一种是铀 – 238,占 99.274 %;一种是铀 – 235,占 0.720%;一种是铀 –234,占 0.006% 。这三种同位素的原子核,都含有 92 个质子,因此化学性质基本相同。但它们的中子数目不同:铀 –238 有 146 个中子,铀 –235 有 143 个中子,铀 –234 有 142 个中子。这三种同位素的核特性相差很大,只有铀 –235 的原子核才容易分裂成两个中等质量的原子核,我们一般把铀 –235 称为易裂变核素,其他两种同位素称为不易裂变核素。在地球上还存在一种元素钍 –232,它没有其他的同位素,这种元素只有在能量很高的中子轰击下才能裂变,但是它在反应堆内吸收中子后可以转换成铀 –233,这是一种很好的易裂变燃料。

地球上遍布的水中,包含着原子核仅有一个质子的氢元素。氢元素还有两种同位素:氘和氚,它们的原子核内除了一个质子之外,还分别包含一个和两个中子,因此总质量数分别为 2 和 3。比起铀等元素的质量数来,氢同位素的质量数显然小多了,因此称这类元素为轻元素。在一定的条件下,某些轻元素的原子核可以发生聚合反应,结合成一个较重元素的原子核,也就是我们所说的聚变。例如一个氘核和一个氚核就可以聚合成一个氦核。

原子核中潜藏着巨大的能量——核能,核能主要是指裂变能和聚变能,前者是铀等重元素的核分裂时释放出来的能量,后者是氘、氚等轻元素的核聚合时释放出来的能量。

1. 裂变能

一般来说,仅当中子与质子的数目之比($N:Z$)在一定范围内时,原子核才稳定。这一比值对于轻原子核接近于 1,它随着原子序数的增加而逐渐加大,对于最重的稳定核达到大约 1.5。凡质子或中子过多或过少的原子核,皆不稳定,即带有放射性。例如氧天然存在三种稳定同位素,它们是由 8 个质子同 8、9 或 10 个中子构成的 ^{16}O、^{17}O 和 ^{18}O,而人工合成的含有 6、7 或 11 个中子的 ^{14}O、^{15}O 和 ^{19}O,就都是不稳定同位素。它们经过放射性衰变,不断以射线的形式放出多余的能量而转变成别的稳定核。

原子序数 $Z > 83$ 的元素,由于核内质子的数目过多,静电斥力的影响太大,没有稳定的同位素。铀的常见同位素都是不稳定的,它们不断地衰变,只不过衰变率很低,半衰期分别为 7 亿年和 45 亿年,同地球的年龄约 46 亿年相比,不算短。比铀更重的元素称为超铀元素,它们没有这样长寿命的同位素,因此在地球上没有天然的存在。

核能起源于将核子保持在原子核中的很强的作用力,叫作核力,它能克服质子之间的静电斥力,把各核子凝聚在一起。当质子和中子组合成原子核时,也会放出能量。原子核的能量总是低于它所有质子和中子的能量之和。按照前一章爱因斯坦的能量 E 与质量 m 相互联系的公式(1.1),核反应中释放的能量,就参与反应的同等质量的物质而言,要比化学反应中释放的化学能大几百万倍。例如 1 kg 煤燃烧释放的能量约为 8 kW·h,而 1 kg 铀 - 235 裂变释放的能量达到 1.95×10^7 kW·h。

氘核、氚核和 ^{4}He 核的平均结合能分别约为 1.1,2.8 和 7.1 MeV,由氘核与氚核聚合成为一个氦 - 4 核的聚变过程,将释放出约 17.6 MeV 的能量。因此,有两种释放核能的方法——核裂变与核聚变。

裂变能来自某些重核的裂变。例如铀 - 235 的原子核吸收一个中子后可以分裂成两个中等质量数的原子核,同时放出大约 200 MeV 的能量。铀 - 235 核的分裂方式有许多种,下面的式子表示的只是其中一种:

$$^{235}_{92}U + ^1_0n \rightarrow ^{141}_{56}Ba + ^{92}_{36}Kr + 3^1_0n$$

在这个核反应中,铀 - 235 核的质量加上一个中子的质量是 236.052 6 u(原子质量单位),裂变后的钡核和氪核再加上三个中子的质量共为 235.837 3 u,质量亏损为 0.215 3 u。根据爱因斯坦的质 - 能关系式,这些亏损的质量将转化为能量释放出来:

$$\Delta E = \Delta m \cdot c^2 = 0.215\ 3 \times 931.5 \approx 200 \text{ MeV}$$

这就是裂变能的来源。如果我们注意到一个碳原子燃烧时仅能放出 4 eV 的能量,就可以知道核裂变是一个多么巨大的能源了。经简单计算可知,1 kg 铀 - 235 全部裂变时所放出的核能相当于约 2 700 t 标准煤完全燃烧时所放出的化学能。

2. 聚变能

聚变能来自某些轻元素的原子核的聚合。例如一个氘核和一个氚核结合成一个氦核时发生如下的反应:

$$D + T \rightarrow ^4_2He(3.52 \text{ MeV}) + ^1_0n(14.07 \text{ MeV})$$

在这个核反应中,产生的中子能量比裂变中子的能量高,而单次聚变反应所释放的能量比单次重核裂变反应释放的能量低。以上每次聚变反应总共能释放 17.6 MeV 的能量,平均每个核子要释放 17.6 ÷ 5 = 3.52 MeV 的能量,而在铀 - 235 核裂变时,平均每个核子放出的能量是 200 ÷ (235 + 1) = 0.85 MeV,平均每个核子释放的能量是铀 - 235 裂变时每个核子释放的平均能量的 4.14 倍。由此可见,核聚变比核裂变放出的能量更大。

现在人们已经知道,太阳能实际上是太阳中进行的核聚变的产物,本质上也是核能。我们现在利用的煤炭、石油、水力等能源,都是由太阳能转化而来,而太阳的能量就是聚变能。至于地热资源,也是地芯内放射性物质衰变所发出的能量。因此我们可以说,人类利用和赖以生存的一切能源,直接或间接都来自核能。

2.1.2 裂变能已成为大规模工业能源

1. 人工核反应堆的诞生

1934 年后,意大利物理学家费米用中子轰击铀,发现了一系列半衰期不同的同位素。费米走到了发现铀 -235 裂变的门口。1938 年德国化学家哈恩和斯特拉斯曼发现裂变现象后,费米等人认为,铀的裂变有可能形成一种链式反应而自行维持下去,并可能是一个巨大的能源。1941 年 3 月人们用加速中子照射硫酸铀酰,第一次制得了 0.005 g 的钚 -239。1941 年 7 月后,在先后建造的 30 座次临界试验装置上,在中子源的帮助下,测定了各种材料的核物理性能,研究了实现裂变链式反应并控制这种反应规模的条件。经过一年来的大量实验,到 1942 年 7 月,科学家们相信已经有能力设计一座可以实现裂变链式反应,并加以可靠控制的反应堆了。在美国芝加哥大学建造了世界上第一座人工核反应堆,1942 年 12 月 2 日下午 3 点 25 分,终于首次实现了人类自己制造并加以控制的裂变链式反应。世界上第一座人工反应堆的诞生,宣告了人类历史上一个新纪元的到来,表明了人类已经掌握了一种崭新的能源——核能。第一座人工反应堆的诞生,不仅在理论和实践上为裂变反应堆的发展奠定了基础,而且为核工业的兴盛开辟了道路。

2. 从军用到民用的必由之路

铀 -235 裂变现象发现后,科学家认识到这是一种巨大的能量来源,有可能制造成威力空前的核武器。自 1941 年 3 月用加速的中子轰击铀 -238 制得钚 -239 后,科学家很快认识到钚 -239 的裂变性能比铀 -235 更优越。因而科学家们沿着用天然铀建造反应堆后,以反应堆生产的中子轰击铀 -238 来得到钚 -239 的技术路线,加速投入了核武器的研制计划。到 1945 年秋,美国陆续制造出三颗原子弹。第一颗钚原子弹在美国国内沙漠里进行了核试验,另两颗原子弹分别投向了日本的广岛和长崎,两座城市均遭受巨大的破坏和人员伤亡。

第二次世界大战刚一结束,美国凭借其在大战后相对安宁的环境和来自世界各地的大批优秀科学家得天独厚的条件,迅速开始执行核潜艇的研制计划。美国第一艘核潜艇的陆上模式堆 1953 年 3 月建成,并于 1953 年 6 月成功运行。1954 年第一艘核潜艇下水,并于 1955 年服役。第一艘核潜艇一问世,就创造了许多海军史上的奇迹,改变了海上战场的局面。采用核动力,既不需要大量氧气,又不需要携带大量燃料,因此核潜艇在续航力、水面及水下航速、下潜时间等方面,把常规潜艇远远抛在后面,成为海军武库中的佼佼者。1958 年 8 月 3 日它又完成了人类史上第一次从冰下穿越北极的航行。经过六十多年的发展,今天的核潜艇已远远超过了第一代核潜艇。除了在潜艇上使用核动力有巨大的优越性外,水面舰艇使用核动力也具有续航力大、航速高的优点,还可以为舰队的其他常规动力舰艇携带燃料,所以美、法、俄等国家已建造了多艘核动力航空母舰等水面舰艇。

生产堆和核潜艇的研制,为民用核动力的发展准备了技术条件,奠定了工业基础。和平利用核能,从军用过渡到民用,是核能发展历史的必然趋势。

3. 裂变核能的逐渐成熟与发展

第一座核反应堆问世后,其研究和应用发展很快。1951 年 12 月 1 日,人类第一次用核能发出了 100 多千瓦的电能。1953 年 6 月,美国第一艘陆上模式堆发电。这是一种用水慢化和冷却的反应堆,这座堆的发电成功,为后来核电厂的大量发展奠定了技术基础。考虑到人类长期以来使用的煤、石油、天然气等化石能源有枯竭的可能,1954 年美国政府作出了发展民用核动力的重大决策。1950 年 5 月,苏联政府通过了建立原子能电厂的决议,并于1954 年 6 月 27 日利用石墨水冷生产堆的技术,在奥布宁斯克建成了世界上第一座向工业电网送电的核电厂。因为用加压的水慢化和冷却的反应堆技术比较成熟,又有发展核潜艇时打下的工业基础,所以美国在进行了多种堆型的比较后,决定首先发展这种类型的反应堆。1957 年 12 月建成的希平港核电厂与今天的核电厂差不多,它的建成,既为核动力航空母舰的研制打下了坚实的技术基础,也成为核电厂发展史上重要的里程碑。这种核电厂在投入商用以后,又不断更新换代,经济和技术指标都有提高,已成为现代核电站的主力堆型。

就全世界而言,70 多年来的核能发展经历了实验示范、高速推广、滞缓和成熟发展三个阶段。

(1)实验示范阶段(1946~1965 年)

核能动力的最初应用是在军事方面。美国在第二次世界大战后,立即集中力量研究和发展可远程(10 000 km 以上)飞行无须添加燃料的核动力轰炸机,当时采用的是熔盐堆的方案,由于动力系统体积庞大没有成功。同时研究不需氧气可一次于深水之下潜航数月的核潜艇,取得了成功,于 1955 年建成世界上第一艘核潜艇。当时,科技界对核能发电,特别是快中子增殖堆的开发都抱乐观态度。美国政府遂投资建造各种有希望作发电用堆的实验装置和原型装置。几乎所有可能的组合方式都试验过,如压水堆、沸水堆、钠冷堆、有机物慢化堆、重水均匀堆、熔盐堆、高温气冷堆、快中子增殖堆、热中子增殖堆等。1957 年底,美国首先在核潜艇压水堆和常规蒸汽技术的基础上建成了 60 MW 希平港原型压水堆核电厂,然后又于 1960 年在实验性沸水堆的基础上建成了 200 MW 德累斯登原型沸水堆核电厂,这两种轻水堆的实用优势比较明显,成为核电日后发展的主线。在此期间,苏联于 1959 年建成采用压水堆的核动力破冰船和核潜艇,1964 年建成了 100 MW 别洛雅斯克一号原型石墨沸水堆核电厂和 265 MW 新沃罗涅什一号原型压水堆核电厂,石墨沸水堆和压水堆这两种堆型成为苏联核电发展的主线,其中切尔诺贝利核电站的反应堆就是石墨慢化的沸水堆。

当时尚不能生产富集铀而又不接受美国控制的国家,只能选择天然铀堆型的路线。英国于 1956~1959 年在军用产钚堆基础上建成了产钚发电两用的 4×45 MW 考德霍尔原型天然铀石墨气冷堆核电厂,以后成批地建造和改进这种堆型;法国在产钚堆基础上,于 1962年建成单一发电的 60 MW 西农天然铀石墨气冷堆,以后每 18 个月建成一座,逐一改进,直到 1972 年建成 540 MW 布热一号;加拿大于 1962 年建成 25 MW 实验性天然铀重水堆核电厂,1967 年建成 200 MW 道格拉斯角原型重水堆核电厂,为 CANDU 型核电厂的发展奠定了基础。与此同时,西德、瑞典、捷克斯洛伐克等国都建造了不同的天然铀重水堆。

为了充分利用铀、钍资源和彻底解决核燃料资源问题,各国投入了大量人力、物力去开发核燃料增殖堆,也研究过多种堆型,最后认为最有发展前途的是钠冷快中子堆。在 20 世纪 50 年代便开始建造实验性装置;美国于 1951 年建成 200 kW 的实验增殖堆一号

（EBR - 1），1964 年建成 20 MW 的实验增殖堆二号（EBR - 2）；英国于 1962 年建成 14 MW 的唐累（Dounreay）实验快堆（DFR）；法国于 1966 年建成热功率为 20 MW 的狂想曲（Rapsodie）实验快堆；苏联于 1959 年建成 5 MW 的 BR - 5 实验快堆，1969 年建成 12 MW 的 BOR - 60 实验快堆。这一时期是一个"百花齐放"、各种堆型互相竞争的时期。

（2）高速推广阶段（1966~1980 年）

20 世纪五六十年代，美国、西欧和日本的经济飞速发展，一次能源和电力消费量的年增长率达到 6%~7%，石油在发达国家一次能源消费量中所占份额从 30% 猛增到 60% 左右。各国工业界一方面担心石油供应会跟不上需求，另一方面随着核电技术的发展，核电显示出优越的经济性，1967 年美国宣布牡蛎湾核电厂造价仅 140 美元/千瓦，引起大批订货。西欧一些人士提出：大规模采用核能是西欧摆脱过分依赖中东石油的唯一出路。在普遍看好核电的形势下，美、苏、日和西欧各国制定了庞大的核电规划。

美国于 1966~1973 年签约建造功率为 500~1 100 MW 压水堆或沸水堆核电厂合计约 170 GW。1973 年的第一次石油危机，石油价格在一夜之间猛涨四倍，引发了美国第二个核电厂订货高潮，1973~1974 年共订货 67 GW，约占核电加火电订货总容量的 50%。

大批国内订货给美国核电厂供应商带来扩大生产能力和改进技术、降低成本的良机。富集铀轻水堆的经济性已远超天然铀石墨堆。美国西屋电气公司和通用电气公司趁机大规模地向西欧和亚洲出口轻水堆设备和技术，同时美国政府承诺向订货国家供应富集铀。在此浪潮冲击下，法国、瑞典、日本、西德等国先后放弃了原先的天然铀路线，转向富集铀轻水堆。法国和日本借助于引进的美国技术，逐步建立起本国的轻水堆核电工业体系。西德和瑞典则独立地开发了各自的轻水堆技术，建立起核电工业体系，并开始向外国出口。

欧洲各国在选择轻水堆路线的同时，注意解决富集铀的自主供应问题。20 世纪 70 年代，法国联合意大利、比利时、西班牙等国兴建了欧洲铀浓缩厂，英国、德国和荷兰合资的铀富集公司兴建了离心机工厂，从而结束了美国三十多年来对富集铀的垄断。

苏联除了在国内成批建造 1 000 MW 石墨沸水堆以及 440 MW 和 1 000 MW 压水堆核电厂，还把 440 MW 压水堆核电厂附带富集铀燃料出口到东欧各国、古巴和芬兰。

同时，快中子增殖堆继续发展。英国于 1975 年建成 254 MW 的原型快堆（PFR）；法国于 1973 年建成 250 MW 的凤凰原型快堆，1986 年建成 1 200 MW 的超凤凰示范快堆；苏联于 1973 年建成 150 MW 的发电与海水淡化两用的 BN - 350 原型快堆，1980 年建成 560 MW BN - 600 示范快堆；西德于 1979 年在改装一座热中子堆的基础上建成 20 MW 的 KNK - 2 实验快堆；日本于 1983 年建成热功率为 100 MW 的常阳（JOYO）实验快堆，1985 年开始建造 260 MW 的文殊（MONJU）原型快堆；美国于 1980 年建成热功率为 400 MW 的 FFTF 快中子通量材料试验堆，1973 年拟建的 375 MW 克林奇河原型快堆因政府的防止核扩散政策和公众反核而于 1983 年被取消。

到 1980 年底，全世界约 300 座核电装置的总装机容量达到 180 GW，从 1966 年到 1980 年的装机容量年增长率达到 26%。

中国大陆的核电起步较晚，但在原子弹、氢弹相继爆炸成功和 1971 年建成第一艘核动力潜艇之后，也立即转入核电厂的研究和设计。1973 年决定兴建第一座 300 MW 压水堆原型核电厂，1983 年在秦山开始施工。随后于 1984 年决定建设大亚湾 2×900 MW 压水堆商用核电厂，引进了法、英两国厂商的成套核电设备，1994 年建成。正因为秦山核电厂是完全自主设计建造的,从头到尾走完了核电厂建设的全过程,所以后来我国有能力在 1992 年向巴基斯坦出口同样设计的核电厂并顺利地建成投产,它的核燃料组件全部由中国提供,设备中由中国生产供应的比例接近 80%。

(3)滞缓和成熟发展阶段(1981 年至今)

1979 年 3 月美国发生了三哩岛核电厂事故,虽未造成人员伤亡,却对世界核电发展产生了深远影响。三哩岛事故后,美国核安全监管委员会(USNRC)加强了对核电厂的安全管理,不但严格控制新许可证的发放,而且对原有核电厂的设备和规程提出许多修改要求。1986 年 4 月,苏联又发生了切尔诺贝利核电厂事故,造成严重的人员伤亡、大面积环境污染和人员迁移,这一事故格外加重了人们对核电安全性的担心。

20 世纪 90 年代在北美和西欧,经济因素和政治因素造成核电发展滞缓。但在经济欠发达的印度、韩国和中国等国,仍继续建造新的核电厂。就在核电复苏并在发展中国家加速发展的阶段,2011 年 3 月 11 日日本福岛核电站由于海啸造成严重事故。这一事故在某种程度上使核电发展滞缓,但是由于人类多年来对核电技术的不断认识,人们对这次事故的认识更加理性化。核能界也有了普遍的共识,这次福岛事故是极端的自然灾害加之核电站老化、技术老旧造成的,这类事故是可以通过技术的进步避免的。因此福岛事故后经过短期的滞缓和思考后,目前核电又有了较好的发展势头。从三哩岛核电事故与福岛核电事故比较来看,虽然福岛事故比三哩岛事故严重得多,造成的后果也更加深远,但是福岛事故对核电事业发展的影响程度远小于三哩岛事故。福岛事故后核电的发展在逐渐复苏,核电站的建设也在加速,这说明了人们对核电安全的认识更加成熟和理性了。值得注意的是,核电同其他新技术一样,需要经历一个不断反馈经验和完善提高的过程,包括技术的进步和公众认知的提高,这个过程至今尚未完成。

2.2　核能的和平利用

2.2.1　核反应堆的应用

在核反应堆内的裂变过程中,产生大量的中子、γ 射线与 β 射线、放射性裂变产物和能量,因此核反应堆在很多方面都能发挥作用。

1. 发电

电力是现代生活的物质基础,是衡量生活水平和工业化程度的重要标志。在核能对经济发展的贡献中,以利用反应堆的热能来发电最为重要。核电厂与常规火电厂相比的主要优点如下:

(1)能量高度集中,燃料费用低廉,使核电具有经济竞争力。在每 kW·h 的发电成本中,核电的燃料费仅占 25% 不到,而煤电的燃料费占 40% ~60%,气电的燃料费占 60% ~75%,因此核电的经济性不像火电那样易受燃料价格波动的影响。

(2)燃料数量小,不受燃料运输或贮存的限制。在一些地域广阔而煤炭分布不均匀的国家中远离煤田的地区,如俄罗斯西部和中国东南沿海,燃煤电厂的发展已受到铁路运输容量的严重限制,而核电厂无此问题。

(3)大气污染环境较轻。核电厂日常运行的放射性废气与废液的排放量很小,且处于严密的监督与控制之下,周围居民由此受到的辐射剂量小于来自天然本底的 1%;而大量释放出放射性物质的严重事故,则发生的概率极低,全世界 10 000 堆·年的运行历史中,只发生过两起波及厂外的切尔诺贝利和福岛核电厂事故。核能发电除了建造大型的中心电站以外,还可以建成放在浮动平台上的海上浮动电站,这种浮动电站可以根据需要移动到所需要的地点满足电力需求。随着经济发展和需求拉动,近年来这种浮动电站已在我国投入设计和建造,具有很好的发展前景。核电厂不向外排放 CO、SO_2、NO_x 等有害气体和固体尘粒,也不排放 CO_2 等温室气体,已成为当今国际关注的重点。

2. 推进动力

将反应堆的裂变能通过热能转变为机械能,可用作推进动力。舰船核动力推进的主要好处是续航力大,目前已成功地应用于核潜艇、核动力航空母舰、核动力破冰船和海上浮动核动力发电站。对于核潜艇,由于核动力不需要氧气使核潜艇能长期潜在水下航行,成为名副其实的潜水艇和隐蔽在水下的移动式导弹发射基地,有很大的军事价值。现在美、俄、英、法、中五个国家均拥有核潜艇。核动力作为航空母舰的推进动力,具有功率水平高、续航能力强、不需要携带备用燃料等优点,是大型航母首选的动力,是大国威慑力量的重要标志。

3. 供热

利用反应堆产生的能量直接供热,有十分广阔的市场,目前还未充分开发。核能供热的主要用户是民用热水暖气、海水淡化、造纸、制糖等。核能供热的优点类似于核能发电,具体如下:

(1)燃料运输量小;

(2)在一定条件下供热成本相对低;

(3)对环境污染小。

世界上苏联、加拿大、瑞典都为寒冷地区设计或建造过低温供热反应堆。热电联供的经济性优于单一供热。苏联建在现哈萨克斯坦境内的 BN-350 快中子堆核电厂,除了为日产 12 万吨淡水的海水淡化装置提供低温蒸汽外,同时还能发电 150 MW;建在西伯利亚边远地区比里宾诺 4×12 MW 发电供热两用装置,虽然容量小,却解决了柴油难以运到当地的困难。

4. 中子源

反应堆是极强的中子源,它产生的中子数量比用其他方法要多得多,而且代价低廉,使反应堆成为开展利用中子进行基础与应用研究工作的一种重要工具。可能研究的范围包括原子核物理、放射化学、凝聚态物理、材料科学、生物学、生命科学、反应堆物理和反应堆工程,特别是装有辐照回路的高通量工程试验堆,用来研究组成反应堆的各种燃料、材料、元件等在中子辐照下的结构与性能的变化,更是发展新堆型必不可少的工具。

反应堆作为中子源的另一重要用途是生产放射性同位素。在工农业、医学和科研中有着上千种用途的一百多种放射性同位素,如磷-32,碘-131,碘-125,钼-99,锡-112,铱-192,钴-60,钋-210,金-198 等,都是在反应堆的中子照射下生产出来的。由反应堆产生的大量中子,能够大量地生产放射性同位素。

利用反应堆的热中子辐照单晶硅,通过 $^{30}Si(n, \gamma)^{31}Si \rightarrow ^{31}P$ 核反应,可实现单晶硅掺杂,得到中子嬗变掺杂硅,它比用冶金扩散法生产的产品均匀性好,已广泛用于半导体工业。

中子被铀-238 俘获,会生成地球上不存在的超铀元素钚,即钚-239 放射性同位素,其半衰期为 24 000 年。它像铀 –235 一样容易吸收任何能量的中子而发生裂变,属易裂变核素,是重要的核燃料。专为生产核燃料而建造的反应堆称作生产堆,天然铀石墨(或重水)慢化反应堆就是很好的产钚堆,生成的钚可用化学方法同铀相分离,这比用物理方法分离同位素铀 –235 要容易和廉价得多。低富集铀动力反应堆每年也能提供一定数量的钚。在增殖反应堆中,生成的核燃料量超过所消耗的。

重要的聚变材料氚是用中子照射锂 –6 生产出来的。重水的中子吸收截面低,所以重水堆富余中子多,重水中的氘吸收中子后生成氚,因此重水堆是很好的产氚堆。研究试验堆提供的热中子又常被用来进行中子活化分析和中子照相。

5. γ 射线源

利用反应堆中的 γ 射线可进行辐射化学的研究,以及改善塑料性能、促进某些化学反应等辐射化工方面的应用。近些年来 γ 射线在医学方面的应用也有较大进展,利用 γ 射线治疗癌症的研究有很大突破。但是堆内 γ 射线的能量不单一,其中伴随中子,会使物质活化,产生感生放射性,在有些方面利用不如采用钴源、X 射线机或电子加速器作为 γ 辐射源。

6. 裂变产物

在反应堆中产生的裂变产物,是核工业中强放射性废物的来源,其处理相当复杂。但将裂变产物加以综合利用,可分离出多种有用的放射性同位素,作为辐射源或放射性同位素能源。有些广泛应用的放射性同位素如锶 –90 和铯 –137 等,全部来自裂变产物。

2.2.2　聚变堆的开发意义深远

当两个轻原子核结合成一个较重的原子核时会释放聚变能。人工控制下的聚变称为受控聚变,在受控聚变情况下释放能量的装置称为聚变反应堆或聚变堆。

轻原子核聚变时,每个核子释放的能量不仅比重原子核裂变时的多,更主要的是,地球上聚变燃料的储量比裂变燃料丰富得多。根据联合国的统计,地球上总的水量,包括海水、冰川、河水等,共计 138.598 亿亿立方米。水中氘的含量非常丰富,每升水含 0.03 g 氘,因此地球上水中约有 40 万亿吨氘。氘不仅储量丰富,而且提取方便。另一个聚变核氚可以用锂制造。地球上虽然锂的储量比氘少得多,但也有 2 000 多亿吨。

聚变能源不仅极其丰富,而且更加安全、清洁。聚变反应没有临界质量问题,燃料的装量少,即使失控也不会产生严重事故。氘 – 氚聚变反应中产生的氦是没有放射性的。聚变堆产生的放射性比裂变堆也会少得多。此外,聚变堆没有剩余发热的问题。所以聚变堆是一种比裂变堆更安全、清洁的能源。

在可以预见的地球上人类生存的时间内,水中的氘,足以满足人类未来几十亿年对能源的需求。从这个意义,地球上的聚变燃料对于满足未来能源需要来说是无限丰富的。聚变能源的开发,将“一劳永逸”地解决人类的能源需要。七十多年来科学家们不懈努力,已在这方面为人类展现出美好的前景。

1. 磁约束聚变研究进展

1946 年英国人乔治·汤姆孙注册了一份专利,这份专利描述了用磁场将高温等离子体约束在一个面包圈形状的真空室内。这一想法为如何实现聚变能开发提供了一个很好的思路。在此之前澳大利亚悉尼大学曾发现过称之为箍缩效应的现象,其特征是在闪电过程中,当大电流通过中空的电灯管时放电会长时间收缩。如果这种收缩效应可以使金属受到压缩,就有可能约束等离子体。它的基本原理是当电流通过导体或等离子体时,它将产生磁场,这些磁场围绕着电流,如果电流足够大,所产生的影响足够强,就可以将等离子体约束起来,也就是箍缩起来,并使其脱离器壁。但是这一过程在直线型放电管中等离子体会从管子的两头逃出。如果将直管子弯成环形,就可以产生一种自我约束的等离子体,并使其与材料表面脱离接触。这就是磁约束的基本原理,基于这一原理人们研究出了托卡马克装置。

1968 年对于聚变研究来说是意义重大的一年,最令人瞩目的是苏联库尔恰托夫研究所的 T-3 托卡马克上取得的实验结果,它给出的等离子体参数比其他任何装置都要好得多。这让欧美学者感到震惊,欧洲、美国和日本纷纷改建或者新建大量的托卡马克装置,从此磁约束聚变研究进入了以托卡马克为主的阶段。随后,大量基于托卡马克和高温等离子体的实验和理论研究开始开展,托卡马克实验装置也从小型放电装置发展到现在具有巨大磁体的大型装置。在 20 世纪 70 年代末开始建造的四个大装置:美国的 TFTR、日本的 JT-60、欧洲的 JET、苏联的 T-15,研制费用都在几亿美元量级。在这些装置上,积累了大量的等离子体物理和聚变工程的知识。

1984 年,在德国 ASDEX 装置上发现高约束模态,可以使未来的托卡马克聚变反应堆的尺寸缩小,造价大大降低,从而在工程和经济上具有竞争力。随后,一直到 20 世纪 90 年代,在托卡马克装置上,等离子体的温度达到几亿度,在秒的脉冲宽度下获得了 10 MW 量级的聚变功率输出,聚变性能因子也接近甚至大于 1,基本上证明了核聚变的科学可行性。

2. 惯性约束聚变研究进展

惯性约束核聚变的原理是由高能激光束烧蚀表面凝结氘、氚核素的靶丸,或射向装有靶丸的小靶套管内壁产生高能 X 光,再由产生的高能 X 光烧蚀靶丸。用这样的方法产生高温、高压的约束力,并在等离子体态约束氘、氚核,引发核聚变。核聚变释放的热又进一步在等离子体状态使氘、氚核保持约束和产生有效的氘-氚聚变。

1960 年激光问世不久,很快就有了利用激光作聚变驱动源的设想。在 1968 年的第三届等离子体物理与聚变国际会议上,首次发表了关于激光聚变的文章。随后在 1971 年第四届国际会议上出现了用电子束产生等离子体方面的论文。在 1974 年第五届国际会议上新增了惯性聚变分会,讨论了激光压缩加热和相对论电子压缩。

自 20 世纪 80 年代中期以来,美国在 NOVA 装置上成功地进行了一系列靶物理实验,旨在证明激光聚变的科学可行性,力图实现点火和低增益燃烧。由于激光能量的限制,点火温度还没有达到。但是在 1988 年,美国利用地下核试验时核爆产生的部分射线转化为惯性约束所需的辐射能,校验了间接驱动的原理,证明了高增益激光聚变的科学可行性。另外,美国还一直利用强大的计算能力对激光聚变进行模拟实验。实验研究、计算模拟,加上理论研究使得美国在惯性约束领域已经基本掌握了各个环节的主要规律。

除美国外,其他发达国家比如日本、法国、英国等,在激光聚变上也取得了很大的进步。由于激光聚变事实上类似于氢弹的爆炸过程,X 辐射场又类似于核武器爆炸的效果,同时激光本身就是一种武器,因此激光聚变研究一直受到各国特别是发达国家的强有力支持。尤其是《全面禁止核试验条约》的生效,使得各国对惯性约束可控聚变的投入力度增加,例如美国从 1997 年起惯性约束聚变经费首次超过磁约束聚变研究经费。在强有力的支持下,各国都积极进行各种激光驱动器的新建和升级。

除了改进激光器外,近年来人们利用超短、超强激光技术,提出了快点火的概念,力图在较低的驱动能量下实现点火。2001 年和 2002 年,日本和英国科学家利用超短脉冲激光对"快点火"物理做了原理可行性演示。实验研究的成功,使得建造廉价的驱动装置在较低的能量上实现聚变"点火"的希望大增。

从近年来的发展势头看,在下一代惯性约束聚变装置上实现点火和燃烧,赶上磁约束聚变的步伐还是很有可能的,尽管其间还有大量的理论和实验工作要做。

2.2.3　核能的优点与存在的问题

与常规能源相比,核能的优越性非常明显。核能的第一个优点是能量密度大,消耗少量的核燃料就可以产生巨大的能量。为了使大家对这一点有深刻的印象,我们将核电厂和燃煤电厂在燃料消耗上做一对比。一座电功率为 100 万千瓦的燃煤电厂每年要烧掉约 300 万吨煤,而同样的核电厂每年只需更换约 30 吨核燃料,真正烧掉的铀 - 235 不足 1 吨。因此利用核能不仅可以节省大量的煤炭、石油,而且极大地减小了运输量。

核能的第二个主要优点是清洁,有利于保护环境。众所周知,燃烧石油、煤炭等化石燃料必须消耗氧气,生成二氧化碳。人类大量燃烧化石燃料,已经使得大气中 CO_2 显著增加,导致所谓的"温室效应"。其后果是地球表面温度升高,干旱、沙漠化、两极冰层融化和海平面升高等,这一切都会使人类的生存条件恶化。核能与化石能源不同,裂变能和聚变能都不消耗氧气,不会产生 CO_2。因此在西方发达国家,虽然目前能源和电力供应都比较充足,但有识之士仍在呼吁发展核能以减少 CO_2 的排放量。除 CO_2 外,燃煤电厂还要排放大量的二氧化硫等,它们造成的酸雨使土壤酸化、水源酸度上升,对农作物、森林造成危害,燃煤电厂排出大量粉尘、灰渣也对环境造成污染。更值得注意的是,燃烧 1 t 煤平均会产生 0.3 g 苯并芘,这是一种强致癌物质。每 1 000 m^3 空气中苯并芘含量增加 1 μg,肺癌发生率就增加 5% ~10%。燃烧化石燃料使空气中 PM2.5 含量增加,这也是近年来影响人们生活质量和健康的重要因素。相比之下核电厂向环境排放的废物要少得多,大约是燃煤电厂的几万分之一。它不排放二氧化硫、苯并芘,也不产生粉尘、灰渣。一座电功率 100 万千瓦的压水堆核电厂每年卸出的乏燃料仅 25 ~30 t,经后处理就只剩下 10 t 了,现已有多种方法将它们安全地放置在合适的地方,不会对环境造成危害。需要指出的是,煤渣和粉尘中含有铀、钍、镭、氡等天然放射性同位素,从这个意义上讲,燃煤电厂排放到环境中的放射性也是可观的。

核能(主要指裂变核能)也有缺点。主要是因为裂变生成的裂变产物都是放射性核素,因此核能的释放过程也是放射性物质的产生过程。计算结果表明,一座电功率为 110 万千瓦的压水堆核电厂,经过 300 天的运行后,燃料元件中累积的放射性活度高达 6.4×10^{20} Bq,这是一个十分巨大的数字。除了裂变产物的放射性外,反应堆内的大量中子会使堆内的各种材料"活化"而转变成放射性物质。现代核工程设计技术可以把所有这些放射性物质禁锢起来,使其不会危害核电厂工作人员和对环境造成污染。但是核电厂毕竟有潜在的危险,一旦发生重大核事故,就可能使放射性物质释放到环境中去。为了做到万无一失,核电厂的设计、建造和运行必须采用很高的安全标准,这就使得核电厂的造价高。

与放射性相关的还有核废物的处置问题。虽然核电厂每年产生的核废料很少,但其中有些放射性核素的半衰期极长,需要几万年甚至更长时间才能衰变完。如何妥善地存放这些核废料,使它们在漫长的岁月中不至于释放到环境中去,是科学家和公众非常关心的问题。

核电的发展给人们的生活带来很多好处,但是核电发展的过程中也出现一些事故,通过事故的分析和反省,人们可对核能利用有更深人的了解,也会使核能应用技术更加成熟。

2.2.4 典型核事故介绍

1. 三哩岛事故

三哩岛核电厂二号机组(TMI-2)是由美国巴布科克和威尔科克斯(Babcock & Wilcox)公司设计的961 MW电功率(880 MW净电功率)压水反应堆。1978年3月28日达到临界,刚好在其后一年,1979年3月28日发生了美国商用核电厂历史上最严重的事故。这次事故由给水丧失引起瞬变开始,经过一系列事件造成了堆芯部分熔化,大量裂变产物释放到安全壳内。尽管对环境的放射性释放以及对运行人员和公众造成的辐射是很微小的,但该事故对世界核能利用的发展产生了深远的影响。

(1)事故过程

1979年3月28日凌晨4时,反应堆运行在97%额定功率下。事故是由凝结水流量丧失触发给水总量的丧失而开始的。几乎与此同时,凌晨4时零分37秒主汽轮机跳闸。此时,所有辅助给水泵全部按设计要求启动,但因隔离阀关闭而流量受阻,给水没有加入。这时反应堆继续在满功率下运行,反应堆一回路温度和压力上升。根据该动力装置的设计,这时蒸汽释放阀应打开将蒸汽排放至冷凝器,同时辅助给水泵启动。但由于蒸汽发生器的给水没有及时供应,造成了反应堆冷剂系统的对外热量输出减少。反应堆冷却剂系统压力不断升高,3秒后达到稳压器电动泄压阀整定值15.55 MPa,稳压器上的蒸汽释放阀起跳。由于系统压力升高较快,释放阀打开后不能马上使系统降压,系统的压力继续上升。事故发生8秒钟后,系统压力达到16.2 MPa。在这个压力点上,由自动控制信号使控制棒插入堆芯,从而使裂变反应停止。早期阶段装置的所有自动运行功能都按设计运行,此时反应堆已停堆,但仍有衰变热产生。

随着反应堆的紧急停闭,反应堆冷却剂系统经历预期的冷却剂收缩、水装量损失,一回路系统压力下降。大约在13秒时,压力达到稳压器泄压阀关闭的整定值,它本应关闭,但这时释放阀没回座,这是造成事故后来不断扩大的最重要原因。控制室内没有该阀状态的直接指示,操纵员误以为该阀门已被关闭。这样,一回路冷却剂就以大约45 m³/h的初始速率向外漏水。二回路系统中三台给水泵全部投入运行,但蒸汽发生器的水位还在继续下降,最后蒸汽发生器干锅。这是由于辅助给水泵与蒸汽发生器之间的阀门没有打开,因此实际上没有水打入蒸汽发生器。这个阀门是在事故前某时被关闭的,可能是例行检查时疏忽所致。

在这一关键过程中反应堆冷却剂系统失去了热量排出的热阱。在事故后1分钟,反应堆冷却剂系统中冷、热管段的温差降为零,这表明蒸汽发生器已经干涸了。这时反应堆内的压力在不断降低,稳压器内的水位开始迅速上升。在2分40秒时,反应堆冷却剂系统压力降至11 MPa,应急堆芯冷却系统自动投入,将加硼水注入堆芯。这时稳压器的水位在继续升高。当时认为是高压注射系统增加了反应堆冷却剂系统的水装量,但后来的分析表明这一现象是由于反应堆冷却剂中产生了沸腾,使水膨胀进入稳压器,造成稳压器水位增加。由于运行人员认为高压安注系统将反应堆冷却剂系统注满了水,因此在4分38秒时将一台高压注射泵关闭,另一台泵继续运行。

在事故后6分钟时,稳压器全部充满水,反应堆的卸放水箱开始迅速升压。在7分43

秒时,安全壳大厅内的排水泵启动,将水从地坑排往辅助厂房的各废水箱,这样使得带有放射性的水传出安全壳进入辅助厂房。在事故后 8 分钟时,运行人员发现蒸汽发生器已经干锅,检查发现辅助给水泵仍在运行,但阀门没有打开。运行人员这时才打开了阀门,使给水进入蒸汽发生器,从而使反应堆冷却剂系统的温度开始降低,此时听到了蒸汽发生器内的"噼啪"响声,从而确定辅助给水泵已将水注入了蒸汽发生器。

在 10 分 24 秒时,另一台高压安注泵跳闸,重新启动后又跳闸,最后在 11 分 24 秒时启动,但处于节流状态。这时安全注入的水流量小于反应堆冷却剂系统从释放阀排出的流量。在大约 11 分钟时,稳压器水位开始回落,在大约 15 分钟时,泄放水箱上的爆破膜破裂,热水流入安全壳大厅,使大厅内压力升高。此时冷却剂从系统排放进入安全壳,通过地坑排水泵,将水排往辅助厂房。

在 18 分钟时,通风系统监测器监测到放射性明显增加。在事故后 20 分钟至 1 小时之间,反应堆冷却剂系统处于稳定的饱和状态,系统压力 7 MPa,在 1 小时 14 分钟时,B 回路中的主冷却剂泵关闭,因为此时发现泵有很大的振动,系统压力较低,流量也较低。运行人员采取这样的处理是担心泵产生严重事故,并可能危害主管路。然而泵关闭后,使该回路的汽和水产生分离,阻碍了回路中循环的建立。

在 1 小时 40 分钟时,由于同样的原因,另一回路的主泵也被关闭。运行人员期望系统会建立起自然循环,但由于系统中产生了汽 - 水分离,因此没有建立起自然循环。后来的分析表明这时系统中约 2/3 的水已经漏掉了。反应堆内的水位在堆芯上部 30 cm 处。堆芯的衰变热使水继续蒸发,使水位降至堆芯顶部以下,活性区开始升温,从而威胁到了堆芯的安全。

在 2 小时 18 分钟后,稳压器上的释放阀(图 2.1 中ⓐ)被运行人员关闭,控制台上没有这一阀门位置的直接显示,是较长时间没能发现这个阀门没有回座的主要原因。直到这时高压安注系统才使主冷却剂的压力重新回升。

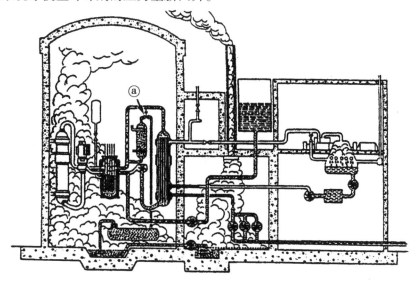

图 2.1　事故后 20 分钟~6 小时

在 2 小时 55 分钟时,主冷却剂系统连接到净化系统的管路上有高放射性的报警。这时堆芯的一部分已经开始裸露,堆芯维持在高温状态下,这种情况威胁到了燃料的完整性,裂变产物泄漏出包壳,锆合金包壳与水蒸气反应后生成氢气。

这时运行人员又开始试图启动冷却剂泵,B 回路上的一个泵被启动,但由于气蚀和振动又被关闭。在事故后 3 小时,燃料达到峰值温度(大约 2 000 ℃)。在 3 小时 20 分钟,高压安注系统重新投入,有效地终止了燃料温度的继续上升,使燃料再湿和堆芯再淹没。

在 3 小时 30 分时,报警系统显示,在安全壳大厅、辅助厂房放射性水平迅速增加。安全壳内的监视系统显示出非常高的放射性。在随后的 4 小时 30 分至 7 小时,运行人员维持高压安注系统运行增加系统压力,以便消除反应堆冷却剂系统中的空泡,试图通过蒸汽发生器将热量输出,但没能成功。由于消除气泡的过程需要使用释放阀,而释放阀不能正常工作,因此,这些方法没有成功,最后被放弃。

随后运行人员使反应堆冷却剂系统压力降低试图启动安注箱和应急冷却系统的低压补偿。这一操作从事故后 7 小时 38 分开始,运行人员打开了释放阀。在 8 小时 41 分,反应堆冷却剂系统的压力降到 4.1 MPa,安注箱启动,然而只有少量的水注入堆芯。

在减压过程中,大量的氢气从反应堆冷却剂系统释放至安全壳内。在 9 小时 50 分时,安全壳内产生巨大的压力脉冲,随后大厅的喷淋系统启动,6 分钟后关闭。这一压力脉冲是由于安全壳内氢和空气混合物爆燃造成的,但是安全壳没有破坏。

压力最后降至 3 MPa,操纵员随后试图进一步降压没有成功,这时反应堆冷却剂系统维持在低压安注系统的注入压力。

由于运行人员不能使反应堆冷却剂系统的压力进一步降低,因此在 11 小时 8 分钟时释放阀被关闭。在随后的两小时内,没能施行有效的方法输出衰变热。这时释放阀有时打开,有时关闭,这时高压安注系统在低速下工作,其流量差不多与从净化系统流出的水相平衡,这时两台蒸汽发生器没有热量输出。

在 13 小时 30 分时,释放阀被重新关闭,高压安注系统使反应堆冷却剂压力重新回升,并重新启动主循环泵。在 15 小时 51 分时回路 A 的主循环泵启动,冷却剂开始流动,通过蒸汽发生器建立起了热量输出。

(2)事故的后果

在事故开始 100 分钟左右的时间里,反应堆冷却剂泵还在运行,虽然回路里是两相流动,但堆芯还是被较好地冷却了。第一次将泵关闭,使蒸汽和水产生了分离,这妨碍了回路中的流体循环。后来反应堆容器内的水不断被蒸干,使燃料裸露,被蒸汽带走的衰变热通过开启的释放阀排走。大约在 140 分钟时,运行人员关闭了释放阀,终止了这一冷却。活性区温度很快升高至 1 800 K,这时燃料包壳开始氧化,当温度进一步升高,锆合金与蒸汽反应形成氢气。锆合金与蒸汽之间的放热反应进一步使温度增加,使温度达到 2 400 K。在这个温度下,锆合金熔化,开始与 UO_2 燃料相互作用。在 174 分钟时,B 回路上的一个反应堆冷却剂泵启动并短期运行。大量的水进入反应堆容器,使原来很热的包壳和燃料破裂成碎片,然后塌落使堆芯上部形成空腔,水使堆芯上部冷却,但底部的温度仍然在升高。这些再凝固的金属形成了一个金属壳,使熔化的燃料粘在一起。

在 200 分钟时,高压安注系统启动,使堆芯再淹没,使水充满反应堆容器。大约在 224 分钟时,大部分燃料材料产生了再分布。上部熔化的燃料出现了塌落,一部分熔化的燃料落入堆芯的下封头。高压安注系统的连续运行使堆芯冷却下来。燃料材料的坍塌增加了通过堆芯的流动阻力,毁坏后的堆芯流动阻力是正常值的 200 至 400 倍,有 70% 的燃料毁坏,有 30% ~40% 的燃料熔化。

事故后安全壳内比较高的放射性水平,主要是氪和氙。除氪 – 85(半衰期 10 年)外,大部分氪和氙的放射性同位素半衰期都很短。除了大约 10 000 Ci 的氪 – 85 是 1 年后从安全壳内排出的,其他所有的放射性气体在几天后就释放到大气中,因此在电站的周围测量出比本底高很多的放射性水平。很少量的碘(只有 6 Ci)从安全壳释放到大气中去。事故后两天,周围的居民搬离电站周围,涉及大约 50 000 居民搬迁。然而电站周围受到放射性的危害并不大。

从上述的分析可知,在三个不同的时期里,堆芯曾有一部分或全部裸露过。第一时期开始于事故发生后约 100 分钟,堆芯至少有 1.5 m 裸露大约 1 h。这是堆芯受到损坏的主要时期,此时发生强烈的锆 – 水蒸气反应,产生大量氢气,同时有大量气体裂变产物从燃料释放到反应堆冷却剂系统中。堆芯裸露的第二个时期出现在事故发生后约 7.5 小时,堆芯大约有 1.5 m 裸露了很短一段时间,与第一时期相比,燃料温度可能低得多。第三个时期大约是在事故发生后 11 小时,此时堆芯水位降低到 2.1 ~2.3 m 之间,此段时间长约 1 ~3 小时,在此期间,燃料温度再次达到很高的数值。

事故中运行人员受到了较强的辐射,但总剂量仍十分有限。对主冷却剂取样的人员可能受到 30 ~40 mSv 辐照,事故中无人受伤和死亡。厂外 80 km 半径内 200 万人群集体剂量估计为 33 人·Sv,平均的个体剂量为 0.015 mSv。

三哩岛事故中释放出的放射性物质如此之少,说明安全壳十分重要。虽然安全壳并不能保证绝对不泄漏,但泄漏量很有限。由于安全壳喷淋液中添加了 NaOH,绝大多数碘和铯被捕集在安全壳内。从安全壳泄漏出的气体经过辅助厂房,大部分放射性物质被过滤器所捕集。

2. 切尔诺贝利事故

切尔诺贝利核电站位于乌克兰境内基辅市以北 130 km,离普里皮亚特(Pripyat)小镇 3 km。1986 年 4 月 26 日星期六的凌晨,切尔诺贝利 4 号机组发生了核电历史上最严重的核事故。该事故是在反应堆安全系统试验过程中发生功率瞬变引起瞬发临界而造成的。反应堆堆芯、反应堆厂房和汽轮机厂房被摧毁,大量放射性物质释放到大气中,其扩散范围波及大部分欧洲国家。

(1)反应堆描述

事故时,当地共有 4 台 1 000 MW 的 RBMK 型反应堆在运行,附近还有 2 座反应堆正在建造。出事的 4 号机组于 1983 年 12 月投入运行。

RBMK 是一种石墨慢化、轻水冷却的压力管式沸水反应堆。反应堆堆芯由石墨块 (7 m×0.25 m×0.25 m) 组成直径 12 m,高 7 m 的圆柱体,共有 1 700 根竖直管道装有燃料,在反应堆运行时能够实现不停堆装卸料。反应堆燃料是二氧化铀,燃料的富集度为 2.0%,用锆合金做包壳,每一组件内含有 18 根燃料棒。采用沸腾轻水作冷却剂,堆芯产生的蒸汽通过强迫循环直接供给汽轮机。切尔诺贝利核电站反应堆及系统见图 2.2。

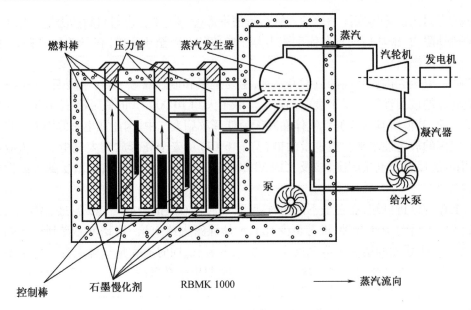

图 2.2　切尔诺贝利核电站系统示意图

RBMK 1000 反应堆输出热功率为 3 200 MW,主冷却剂系统有两个环路,每个环路上有四台主循环泵(3 台运行,1 台备用)和两个蒸汽汽鼓/分离器。冷却剂在压力管内被加热到沸腾并产生蒸汽,平均质量含汽量 14%,汽水混合物在汽鼓内分离后送到两台 500 MW 电功率的汽轮机。

上述设计决定了该反应堆的特性和核电站的优缺点。它的优点是没有笨重的压力容器,没有既复杂又昂贵的蒸汽发生器,又可实现连续装卸料,有良好的中子平衡等。但在物理上也存在着明显的缺陷,在冷却剂出现相变时,特别是在低功率下具有正的反应性系数。另一方面高 7 m,直径 12 m 的大型堆芯可能会出现氙空间振荡而使堆的控制变得复杂。

(2)事故过程

事故是在进行 8 号汽轮发电机组试验时引发的。试验的目的是探讨厂内外全部断电情况下汽轮机中断蒸汽供应时,利用转子惰转动能来满足该机组本身电力需要的可能性。

4 月 25 日凌晨 1 时,反应堆功率开始从满功率下降。13 时 5 分时,热功率水平降至 1 600 MW,按计划关闭了 7 号汽轮机。根据试验大纲,14 时把反应堆应急堆芯冷却系统与强迫循环回路断开,以防止试验过程中应急堆芯冷却系统动作。23 时 10 分,继续降功率,按试验大纲,试验应在堆热功率 700～1 000 MW 下进行。在 26 日零点 28 分,操纵 12 根控制棒的局部自动控制系统被解除。这时运行人员没能及时设定自动调节系统的设定点,此时反应堆不能采用手动和整个自动控制系统相结合的控制方式控制反应堆。在功率下降过程中出现了过调,结果使功率降到 30 MW 以下。

自 24 小时前反应堆功率开始下降时起,就开始出现氙中毒效应,裂变过程产生的 Xe-135 具有很高的中子俘获截面,开始时它俘获大约所有中子的 2%,当反应堆功率降低时氙的浓度会相对升高。图 2.3 表示了反应堆功率变化和氙中毒效应的影响。从图中可以看出,氙的峰值出现在停堆后大约 12～24 小时之间。但是当功率不可控地降低到 30 MW 时导致了氙毒份额的迅速升高。由于氙毒效应的影响,运行人员很难将反应堆的功率提高。

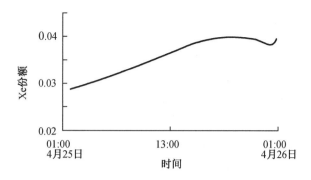

图 2.3　事故后 Xe−135 份额的变化

4 月 26 日 1 时,操作人员将反应堆热功率稳定在 200 MW。由于在功率骤减期间氙毒的积累增加,这已是他们能够得到的最大功率。这时操纵人员将大部分手动控制棒提出,所提升的控制棒数已经超出了运行规程的限制。堆芯中心区域的中子通量分布已被氙严重毒化。尽管如此,操作人员仍决定继续做试验。为了保证试验后能足够冷却,所有 8 台主循环水泵都投入了运行。为了抑制沸腾的程度,堆芯流速很高,堆芯冷却剂入口温度接近饱和温度。这时反应堆的功率大约只有总功率的 7%,而通过堆芯的冷却剂流量是正常值的 115% ~120%,堆芯的焓升只有 6%,温升大约是 4℃。整个冷却剂系统接近饱和温度,堆芯产生的蒸汽量很少。这时堆芯内的空泡份额大大减少,水吸收了较多的中子,因此控制棒相应进一步提升才能保持功率。随着蒸汽压力下降,蒸汽分离器内的水位也下降到紧急状态标志以下。此时运行人员试图采用手动控制蒸汽压力和汽鼓内的水位,但没有成功。在这种情况下,为了避免停堆,操纵人员切除了与这些参数有关的事故保护系统。

在 26 日 1 时 19 分,为了恢复蒸汽分离器汽鼓内的水位,运行人员打开主给水阀,给水补量增加到 400%,30 秒后汽鼓内的水位达到了期望值,然而运行人员继续往汽鼓内加水,但冷水从汽鼓进入堆芯时,这时蒸发量几乎降为零,堆芯内空泡份额也进一步减少,为了补偿,12 根自动控制棒全部提出堆芯。为了使反应堆功率维持在 200 MW,运行人员还将三组手动控制棒向上提出。冷水增加和蒸汽量的减少导致系统压力降低,在 1 时 19 分 58 秒,蒸汽至冷凝器的旁通管路关闭,但在随后的几分钟时间里蒸汽压力继续降低。在 1 时 21 分 50 秒,运行人员突然减少了给水流量,这样一来堆芯的进口水温度升高。

1 时 22 分 30 秒,运行人员看到反应堆参数的指示,显示出运行反应性裕度已经跌到要求立即停堆的水平。但是他们为了继续进行试验,没有停堆。这时堆内测量仪器显示径向中子通量分布处于正常状态,但在轴向出现双倍的中子峰值,其最高值在堆芯偏上部位。这是中间部位氙水平高和上部空泡份额高所致。

1 时 23 分 04 秒,为了试验而关闭了汽轮机入口截止阀,同时解除了当汽轮发电机脱扣而触发反应堆停堆的自动控制,使反应堆继续运行。这并不是原来的试验计划安排,这样做的目的是为了第一次试验不成功时可以重复试验。随着汽轮机的隔离,8 号汽轮发电机组、4 台循环水泵和两台给水泵开始惰转。随着主蒸汽阀和旁通阀的关闭,蒸汽压力有所升高,堆芯内产生的蒸汽相应减少。然而主冷却剂流量减少和给水流量减少造成堆芯入口温度升高,从而使蒸汽产量升高。试验开始后不久,反应堆功率开始急剧上升。冷却剂的大部分已经非常接近闪蒸成蒸汽的饱和点。具有正空泡系数的 RBMK 反应堆对此类蒸汽形成的响应是,当反应性与功率增长时,温度与蒸汽产量进一步增大,从而产生一种失控的状态。当时试图用 12 根自动控制棒来补偿反应性,但没有效果。1 时 23 分 40 秒,操纵员按下紧急停堆按钮,要把所有控制棒和紧急停堆棒全部插入堆芯。但由于控制棒处于全部抽出的位置,使反应堆停堆延迟了大约 10 秒钟。

由于这时主循环泵的转数在不断降低,堆芯冷却剂流量不断减少,蒸汽的产量不断增加,在很强的正空泡系数的影响下,堆芯内中子通量暴涨。随后控制室感觉到了若干次震动,操纵员看到了控制棒已经不能达到其较低的位置。于是手动切除了控制棒的电源,使其靠自重下降。然而,在此期间,反应堆功率在 4 秒后就大约增大到满功率的 100 倍。在这一阶段,估计堆芯已经达到了瞬发临界,堆芯内大量的空泡使中子增殖系数增加了大约 3%,大于缓发中子份额。功率的突然暴涨,使得燃料碎裂成热的颗粒,这些热的颗粒使冷却剂急剧地蒸发,从而引起了蒸汽爆炸。

大约在凌晨 1 时 24 分,接连听到两次爆炸声,燃烧的石墨块和燃料向反应堆厂房的上空直喷,一部分落到汽轮机大厅的房顶上,并引发了火灾。大约有 25% 的石墨块和燃料管道中的材料被抛出堆外,其中大约 3% ~ 4% 的燃料以碎片或以 1 ~ 10 μm 直径的颗粒形式抛出。两次爆炸发生后,浓烟烈火直冲天空,高达 1 000 多米。火花溅落在反应堆厂房、发电机厂房等建筑物屋顶,引起屋顶起火。同时由于油管损坏、电缆短路,以及来自反应堆的强烈热辐射,反应堆厂房内、7 号汽轮机房内及其临近区域多处起火,总共有 30 多处大火。1 时 30 分,值勤消防人员从附近城镇赶往事故现场,经过消防人员、现场值班运行和检修人员及附近 5 号、6 号机组施工人员的共同努力,于 5 时左右,大火全部扑灭。

(3)事故后果处理及对环境的影响

事故时反应堆虽停止了链式反应,但仍有大量余热释放,加上锆水反应热、石墨燃烧热,核能和化学能同时释放。为防止事故扩大,工程师们考虑如何灭火,如何降低堆芯温度,并限制裂变产物释放。他们首先试图用应急和辅助给水泵为堆芯供水,但没有成功。然后决定用硼化物、黏土、白云石、石灰石、砂子和铅等覆盖反应堆。硼用来抑制反应性,白云石加热后产生 CO_2 可起灭火作用,铅融化后可进入堆的缝隙内起屏蔽作用,而砂子是作为过滤器用的。4 月 27 日至 5 月 10 日之间有 5 000 多吨的材料用军用直升机投下,使反应堆被上述材料覆盖,堆芯逸出的气溶胶裂变产物得到了很好的过滤。大约在 5 月 1 日左右,裂变产物衰变热使燃料的温度开始升高,为了降温,采取了向堆底强制注入液氮或氮气冷却。这一过程燃料温度保持 2 000℃大约 4 ~ 5 天,最后温度降低。

事故后在核电站周围修筑了带冷却装置的混凝土壳,以便最终掩埋反应堆。离堆165 m 处开挖隧洞,在堆下部构筑带有冷却系统的厚混凝土层,防止放射性从地下泄漏,周围打防渗墙至基岩为止,据报道,这些工作于 7 月底完成。

电厂 30 km 内居民全部被临时迁移到外地,事故后 16 小时开始撤离,先后共撤出 135 000 人。

从切尔诺贝利事故释放出的放射性物质可以分为几个阶段。在事故当天,爆炸能量和大火产生的气体和可挥发裂变产物的烟云有 1 000 ~ 2 000 m 高,其释放量占总释放量的 25%。

核电厂周围 30 km 以外地区所受的影响主要是放射性沉降而产生的地面外照射和饮食的内照射,估计欧洲各国的积累总剂量为 5.8×10^5 人·Sv。苏联国内所受的相应剂量为

6.0×10^5 人·Sv。

参加事故抢险工作的电站和事故处理的部分人员受到了大剂量照射,一些人在参加扑灭火灾时被烧伤,计计大约有 500 人住进了医院,事故共造成了 31 人死亡。

3. 福岛核事故

日本福岛一号核电厂 1 号机组于 1971 年 3 月投入商业运行,一号核电厂共有六台机组。福岛核电厂的核反应堆都是单循环沸水堆,只有一条冷却回路,蒸汽直接从堆芯中产生,然后推动汽轮机做功。沸水堆系统如图 2.4 所示,这种堆型的核电厂没有压水堆那种大型的安全壳,反应堆由干阱(drywell)作为安全屏蔽,干阱要比安全壳小得多,不具有完全封闭和容纳反应堆系统冷却剂泄露的能力。福岛核电厂一号机组已经服役 40 年,已经出现许多老化的迹象,包括反应堆压力容器的材料脆化,压力抑制室出现腐蚀,热交换区气体废弃物处理系统出现腐蚀。这一机组按原设计已经服役到期,但是计划延寿 20 年,按修订后的计划正式退役需要到 2031 年。

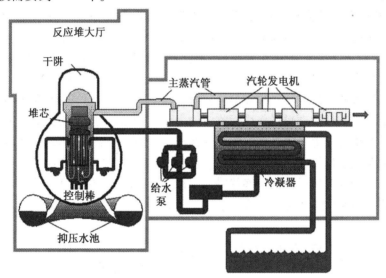

图 2.4 福岛核电厂沸水堆示意图

在日本标准时间 2011 年 3 月 11 日 14 时 46 分,日本发生了 9.0 级大地震,震源深度约 25 km,震中位于仙台以东 130 km 的海域,在东京东南约 372 km。这次地震造成东北海岸四个核电厂的共 11 个反应堆自动停堆。地震引发了海啸,海啸浪高超过福岛第一核电厂的厂址标高 14 m。此次地震和海啸对整个日本东北部造成了重创,约 20 000 人死亡或失踪,并对日本东北部沿海地区的基础设施和工业造成了巨大的破坏。

(1)事故进程

地震发生之前,福岛第一核电厂 6 台机组中的 1、2、3 号处于功率运行状态,4、5、6 号机组在停堆检修。地震导致福岛第一核电厂所有的厂外供电丧失,三个正在运行的反应堆自动停堆,应急柴油发电机按设计自动启动并处于运转状态。地震引起的第一波海啸浪潮在地震发生后 46 分钟抵达福岛第一核电厂。海啸冲破了福岛第一核电厂的防御设施,这些防御设施的原始设计能够抵御浪高 5.7 m 的海啸,而当天袭击电厂的最大浪潮约达到 14 m。海啸浪潮深入到电厂内部,造成除一台应急柴油发电机之外的其他应急柴油发电机电源丧失,核电厂的直流供电系统也由于受水淹而遭受严重损坏,仅存的一些蓄电池最终也由于充电接口损坏而导致电力耗尽。第一核电厂所有交、直流电丧失。

全厂失电后,由汽轮机驱动的堆芯隔离冷却系统很快投入运行,但是事故后该系统失去了冷源,回路温度持续上升,冷却系统很快失去了作用,反应堆压力容器内冷却水持续蒸发,压力容器内的水得不到补充,压力容器内水位持续下降,在 50% 堆芯裸露后,包壳温度开始急剧上升;在 2/3 堆芯裸露后,包壳开始明显变形破损,伴随放射性产物释放;在 3/4 堆芯裸露时,包壳温度超过 1 200 ℃后,堆芯燃料包壳合金中的锆在高温下与水发生化学反应,放出大量氢气,锆水反应是放热反应,进一步升高了堆芯温度。氢气随蒸汽经安全壳排气释放到反应堆厂房,并直接向上累积在反应堆厂房顶部,随着氢气浓度的升高,引发了氢气爆炸,从而使反应堆厂房结构受损,大量放射性物质释放到大气中。事故 13 小时后移动式发电机到达,但因底层配电设备被水淹,移动式发电机无法为水泵供电,需临时新接电源线为水泵供电。待恢复供电供水,1 号机组已 27 小时失去冷却,2 号与 3 号机组也有 7 小时失去冷却,错过了事故应急的最重要的时段,燃料已经发生了严重的损毁。另外,福岛核电站 4 号机组由于强震引起乏燃料水池渗漏,致使水池水位缓慢下降,加上因全厂失电,乏燃料水池失去了冷却,导致乏燃料水池中燃料组件逐渐裸露,燃料元件高温损毁和放射性释放,最终只得引入海水浸泡 4 号机组乏燃料储存水池。

海啸及其夹带的大量废物对福岛第一核电厂现场的厂房、门、道路、储存罐和其他厂内基础设施造成重大破坏。现场操作员面临着电力供应中断、反应堆仪控系统失灵、厂内外的通信系统受到严重影响等未预计到的灾难性情况,只能在黑暗中工作,局部位置变得人员不可到达。事故影响超出了电厂设计的范围,也超出了电厂严重事故管理指南所针对的工况。

由于丧失了把堆芯热量排到最终热阱的手段,福岛第一核电厂 1、2、3 号机组在堆芯余热的作用下迅速升温,锆金属包壳在高温下与水作用产生了大量氢气,随后引发了一系列爆炸。

2011 年 3 月 12 日 15:36,1 号机组燃料厂房发生氢气爆炸;2011 年 3 月 14 日 11:01,3 号机组燃料厂房发生氢气爆炸;2011 年 3 月 15 日 6:00,4 号机组燃料厂房发生氢气爆炸。

爆炸对电厂造成进一步破坏,使操作员面临的情况更加严峻和危险,现场的抢险救灾工作愈加困难。现场操纵员采取的干预措施主要包括利用汽车电瓶、小型发电机和消防泵等,尝试部分恢复电源和供水,以读取电厂关键安全参数、实施反应堆冷却剂系统卸压、实施压力容器卸压、冷却反应堆堆芯和乏燃料水池。由于现场工作环境非常恶劣,许多抢险救灾工作往往以失败告终。现场淡水资源用尽后,东京电力公司分别于 3 月 12 日 20:20、3 月 13 日 13:12 和 3 月 14 日 16:34 陆续向 1、3、2 号机组堆芯注入海水,以阻止事态的进一步恶化。3 月 25 日,福岛第一核电厂建立了淡水供应渠道,开始向所有反应堆和乏燃料池注入淡水。

(2)事故特点

福岛核事故对福岛核电厂以及周边的环境造成严重影响,事故的发展超过了电站各方考虑的范围,事故主要表现出来的特点如下:

①极端外部自然灾害导致事故发生。

②地震及其引发的海啸造成福岛第一核电厂多机组、长时间的全厂完全断电和丧失最终热阱,超出了核电厂设计考虑的范围。

③地震、海啸对核电厂及其周围基础设施造成了严重破坏,外部救援不能及时抵达,抢

险救灾活动不能有效展开,导致事故不断升级。

④主控室没有操控手段、没有电厂状态指示、核电厂局部位置不可到达,核电系统损伤状态超出了严重事故管理指南的覆盖范围。

⑤在未预计的位置发生氢气爆炸现象,造成最后一道安全屏障的破坏。

⑥大量放射性废水处理问题。在福岛核事故初期,为缓解事故后果,向其4台机组的反应堆、安全壳和乏燃料水池内注入了大量海水和淡水,虽控制了反应性、对燃料进行了有效冷却,但随着放射性废液的泄漏,大量放射性废液的处理问题逐渐显现。

⑦应急撤离区域问题。福岛核事故的应急撤离范围是周围 20 km,超出预期。

(3)事故后果

在核事故发生以后,由于福岛核电厂1、2、3 号机组压力容器失效,放射性气体向大气环境释放。直至 2011 年 4 月 12 日,日本原子能安全委员会估计从 2011 年 3 月 11 日至 4 月 5 日期间福岛第一核电厂总的大气释放量:碘 – 131 为 1.5×10 Bq,铯 – 137 为 1.5×10 Bq。2012 年 5 月 24 日,福岛核电站所有者东京电力集团公布的福岛核事故所释出的辐射量为:从 2011 年 3 月 12 日至 31 日估计总共有 50 Bq 碘 – 131、10 Bq 铯 – 134 与 10 Bq 铯 – 137 释入大气层;从 2011 年 4 月到 2011 年年底所释出的辐射剂量是 3 月份的 1%。从 2011 年 3 月 26 日至 9 月 30 日,共有 180 Bq 的辐射剂量释入大海,共有 1.1×10 Bq 碘 – 131、3.5×10 Bq 铯 – 134、3.6×10 Bq 铯 – 137 释入大海。根据事故发生后向环境释放的放射剂量,2011 年 8 月 24 日本原子力安全保安院将福岛核事故最终确定为核事故最高等级 7 级(特大事故),与 1986 年切尔诺贝利核电站事故同等级。

在事故发生当日,日本官方要求核电厂周围半径 3 km 范围内的居民进行撤离。2011 年 3 月 20 日当地核事故应急市局指挥中心总干事要求撤离距离福岛第一核电厂 20 km 半径范围内的居民。事故后,日本政府官员宣布,在东京与其他 5 个县府境内的 18 所净水厂监测到碘 – 131 超过婴孩安全限度。2011 年 7 月,在 320 km 范围内,包括菠菜、茶叶、牛奶、鱼虾、牛肉在内,很多食物都监测到放射性污染。

2013 年 2 月,世界卫生组织发表报告显示福岛核事故造成的周边人口总癌症发病率预期不会出现显而易见的增加,但是某些特定族群可能会出现较高癌症发病率。例如,居住在浪江町与饭馆村的婴儿在核事故发生后第一年大约受到 12 ~ 25 mSv 有效剂量。因此,女婴得乳癌、甲状腺癌的相对概率分别会增加 6%、70%,男婴得白血病的相对概率会增加 7%。但由于这些疾病在当地绝对发病率很低,因此虽然相对发病率增加较大,但绝对发病率增加并不显著,例如,由于甲状腺癌的基线发病率很低(约 0.75%),绝对发病率增加很少(约 0.5%)。另外,参与核事故救难的紧急员工中,1/3 的员工罹患癌症的概率会增加。

2.3 核能的军事利用

核能具有极大的能量密度,即单位体积或单位质量产生的能量大,核裂变链式反应会瞬时释放出巨大能量,因此核能问世伊始,首先应用于军事方面,用来制造原子弹这种破坏力极大的武器,其后又发展了氢弹、中子弹等大规模杀伤性武器。核能的军事应用除了制造这些核武器以外,还可以通过核反应堆将核能转换成热能,作为核动力潜艇和核动力航母的动力源。

核武器是利用核裂变链式反应或核聚变反应,在瞬间释放出巨大能量,产生爆炸,从而制造出大规模杀伤破坏性的武器。现在所谓的核武器一般都是把核爆炸装置与运载工具(在当前主要是导弹)结合起来,才具有核武器的功能,但习惯上通常把核爆炸装置称为核武器。

迄今核武器已经发展了四代。第一代是原子弹,第二代是氢弹,第三代是中子弹、电磁脉冲弹、定向能核武器等特殊性能核武器,第四代是粒子束武器。原子弹是利用链式核裂变反应,在瞬时不可控地释放出能量,从而产生冲击波、光辐射、贯穿辐射、放射性污染和电磁脉冲等;而第二、三代核武器都是利用核聚变反应。目前在美国、法国、俄罗斯等国已经提出了第四代核武器的概念,并开展了初步研究。

核武器的威力以"TNT 当量"(简称"当量")表示,即其爆炸的破坏力相当于装多少量的 TNT(三硝基甲苯)炸药的常规炸弹的威力。一般分为百吨级、千吨级、万吨级、十万吨级、百万吨和千万吨级。原子弹的当量一般在几十万吨以下,氢弹的当量在几十万吨以上。当量在万吨以下的主要用来袭击战术目标,当量为万吨级、十万吨级、百万吨级的核武器主要用来袭击战役目标,当量在百万吨级以上的核武器主要用来袭击战略目标。

核武器可以制成弹头,由导弹、火箭运载,可在陆上和飞机上发射,或在舰艇上从水面或水下发射;也可以制成炸弹,由飞机投掷;还可以制成炮弹由大炮发射,或制成鱼雷、地雷等,这些是战术核武器。

2.3.1 原子弹的基本原理

铀、钚等裂变材料在一定的条件下,在一瞬间可以进行许多代的链式裂变反应,原子弹就是利用这个特性制造出的有巨大破坏力的武器。核裂变材料在核武器中应用一般叫作核材料,有时也叫核燃料。对原子弹的基本要求如下:

①能产生迅速的链式裂变反应,为此要求核材料要达到和超过临界质量;

②准确控制起爆的时机,能在指定的时间爆炸;

③所使用的核材料应尽可能地发挥作用;

④体积小,质量轻。

原子弹分为铀原子弹和钚原子弹两种。为满足对原子弹的基本要求,应使核材料的纯度尽可能高,铀 -235 的纯度要求在 90% 以上,钚 -239 的纯度要求在 93% 以上,同时尽量使核材料在弹体内保留一定的时间,并使中子在这一期间内尽量不要逃逸出去。

原子弹主要包括核材料、中子源、引爆装置、中子反射层和外壳体。原子弹的研制由物理设计和工程设计两个主要部分组成。物理设计是从原理上解决核爆炸的合理性和可行性,并完成原型设计。工程设计是使核装置能够满足战场上各种使用要求。

由核物理的知识我们知道,一个铀 -235 核吸收一个中子发生裂变可以产生 2 个或 3 个中子。引起下一代核裂变的中子数与引起本代核裂变的中子数之比叫作增殖系数 k。如果 k 等于 1,那么核燃料就达到临界,链式裂变反应可以持续进行。如果 k 小于 1,即损失的中子数超过产生的中子数,那么核燃料处于次临界(也叫亚临界)状态,链式裂变反应不能维持进行。如果 k 大于 1,那么核燃料处于超临界状态,链式裂变反应快速持续进行,强大的核能在一瞬间就释放出来,这就是原子弹的原理。假定 k 等于 2,那么每代裂变次数的比例就是 $1,2,4,8,16,\cdots$。如果 1 kg 铀 -235 的原子核以 $k=2$ 的增殖系数完全裂变,那么完成整个过程需要约 80 代,这 80 代反应在一百万分之一秒(1 μs)内完成,产生相当于 2 万吨 TNT 炸药爆炸的能量。

原子弹在使用前必须避免核材料达到临界,而在使用时又必须确保核材料超临界。就是说,原子弹在使用前,弹中的核材料应处于次临界状态,一旦使用,就要使弹中的核材料迅速转变成超临界状态。这个原子弹储存和使用中的问题是通过特殊的结构设计来解决的。

核材料的临界质量与其几何形状和物理密度有关。把超过临界质量的核材料分成几块互相离开,使每块都比临界质量小得多,就是处于次临界状态。或者使核材料的密度低一些,也可以处于次临界状态。每块裂变材料分开放在原子弹的不同位置,引爆时用化学炸药把这些分开的裂变材料压拢在一起,加上中子源,就可以产生核爆炸了。

为了将尽可能多的中子用于产生链式裂变反应,使逃逸出去损失掉的中子数量尽量少,应在核材料的周围设置中子反射层。同时,要在核爆炸时尽量充分利用核材料,避免其未发生链式裂变反应就散失掉,应设置尽量坚固、有一定厚度的外壳体(弹壳)。

原子弹分为枪式和内爆炸式两种。枪式原子弹比内爆式原子弹简单,内爆式原子弹比枪式原子弹先进。

2.3.2　枪式原子弹

枪式原子弹又叫压拢型原子弹,它是将一小块核材料用炸药推进到两块处于次临界状态的核材料之间,使整个核材料系统变为超临界,从而引起核爆炸。这就像用枪把一小块核材料打进去一样,用这个办法进行"现场快速装配"叫作枪法,所以这种原子弹叫作"枪式原子弹"。这种方法的实质是使几块核材料压拢在一起,所以又叫"压拢型原子弹"。

枪式原子弹有多种方式实现核材料的压拢拼合,图 2.5 为其中一种的原理图。推进剂(炸药)与雷管组成引爆装置,核爆炸发生前,两块半球状的核材料和一小块棒状核材料均处于次临界状态,雷管点火引起推进剂爆炸,推动小块的棒状核材料与两块半球状核材料合拢,三块合起来超过了临界体积,从而引起核爆炸。图 2.6 为枪式原子弹的一种结构原理图。它包括核材料(三块)、中子源、中子反射层、引爆装置(雷管)、炸药、导向槽、定时机构和弹壳等。原子弹未发生核爆炸时,中子源不启动,不产生中子。产生核爆炸时,定时机构触发引爆装置,点燃炸药发生爆炸,将圆柱形核材料块经过导向槽射向两块半球状次临界核材料,使核材料的总质量大大超过临界质量。与此同时启动中子源产生中子,从而发生核爆炸。中子反射层阻止中子外逃以便充分利用中子,反射层和坚固的弹壳可以延缓核材料未产生链式裂变反应而散失掉的过程,以提高原子弹的爆炸威力。

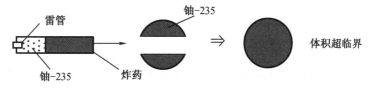

图 2.5　枪法原理图

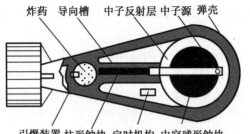

炸药　导向槽　中子反射层　中子源　弹壳

引爆装置　柱形铀块　定时机构　中空球形铀块

图 2.6　枪式原子弹结构原理图

枪式原子弹制造技术简单,易于制造,利用较为成熟的发射炮弹的内弹道技术就可以实现核爆炸,无须经过核试验就可能制造出比较可靠的原子弹。美国投在广岛的"小男孩"原子弹就是未经过试验的枪式原子弹。"小男孩"原子弹长 3.2 m,直径 0.71 m,质量 4 t。由火药推动作为"射弹"的裂变材料是一个圆柱体浓缩铀块,长 16 cm,直径 10 cm,质量 25.6 kg,占总裂变材料装量的 40%。裂变装料的"靶"块为一个中空圆柱体浓缩铀块,直径和长度均为 16 cm,质量 38.4 kg。在"射弹"与"靶"相距 25 cm 时,系统就达到了临界状态,合拢速度为 300 m/s,总合拢时间为 1.35 ms。中子点火器采用钋 – 铍中子源。钋 – 210 与铍 – 9 也是分别放在"靶"与"射弹"上,当它们合拢时,钋和铍就混合在一起放出点火中子,引发裂变链式反应,产生核爆炸。

但是枪式原子弹也存在着一些缺点。一是被推动的铀"射弹"需要一段的加速距离,使原子弹必须做得很长。二是其核材料装量多,利用率低。将次临界状态的核材料压拢成超临界状态需要较长的时间,而且由于核材料是处于通常状态的密度,其临界状态的表面积大,链式裂变反应进行得也不够快(这里的"快"和"慢"是相对而言,实际上只有一瞬间),因此其效率太低,很大一部分核材料未参与链式裂变反应损失掉。总之这种原子弹造价很高,很不经济,其核材料的用量大,TNT 当量受到限制,一般 20 000 t TNT 当量的原子弹需要铀 – 235 高达 25 kg,而其利用率只有 4%。1945 年 8 月 6 日,美国投在日本广岛的第一颗枪式原子弹内装 64 kg 铀 – 235,爆炸 TNT 当量为 1.5 万吨,其利用率仅为 1.2%。三是几块裂变的合拢时间长,过早点火问题比较严重,可能导致武器爆炸威力更低。枪式原子弹只能使用铀 – 235 而不能使用钚 – 239,因为钚 – 239 的自发裂变率高,在压拢过程中可能过早产生中子而导致核爆炸失败。枪式原子弹也有一个优点,就是它的直径可以做得较小,很适合做成核大炮的炮弹。美国和俄罗斯的核大炮炮弹大多数是枪式原子弹。

2.3.3　内爆式原子弹

核材料的临界质量与其密度有关,密度越高,临界质量越小,定量地说是球形核材料的临界质量与核材料密度的平方根成反比,如果密度增加 1 倍,则临界质量就减少为原来的 1/4。原子弹的核材料都是金属型的,金属铀 – 235 或金属钚 – 239 在很高压力下都是可以压缩的,压缩后密度增高,单位体积内的原子核数增加,中子引起的核裂变数增加;压缩后表面积减小,中子泄漏的可能性减小。如果把核材料压成高密度的球形,则临界质量可以大大减小,从而既可以节省核材料的用量,又可以增加原子弹的威力。

为了取得良好的压缩效果,需要采用产生强大向心力的内爆技术。所谓"内爆"是指与一般爆炸方向相反的技术。一般爆炸是从里向外爆炸而飞散,而内爆是从外向里爆炸而压缩。内爆式原子弹是采用内爆技术,用炸药产生的巨大向心力将处于次临界状态的核材料压紧变成高密度的超临界核材料而产生核爆炸的原子弹。内爆式原子弹又称向心聚爆式原子弹。

内爆式原子弹的技术要求比枪式原子弹高得多。它是通过多点起爆,造成一个向内汇聚到一个中心的球面压力波,以提高对核材料的压缩效果。为此,要求将起爆点围成一个球面,而且各点必须同时起爆,以保证爆轰波传播能够同步发展,时时都保持球面的压力波形向内压缩传播。原子弹内爆的同步性要求很高,同步性相差一微秒都是不允许的。起爆点数不够密、雷管起爆不同时、炸药纯度不够高、炸药装药密度不均匀、结构部件有加工误差等,都会影响同步性。为了避免由于多用雷管而引起的危险性,要专门设计制造球面波起爆器,即用一个雷管起爆后可以起爆一大片炸药,并保证形成一个球面汇聚的爆轰波。炸药推体的形状不是一个实心球体,而是由一系列精细模块加工而成的楔形(透镜状)模块。图2.7为内爆压缩的原理图。为了充分利用炸药的能量,产生尽可能高的内压力,把核材料压缩更密实,可以在炸药的前端加一个推体,在推体和核材料之间留一段空腔,还需要解决一系列内爆动力学和结构问题,并使压缩的材料界面尽量保持稳定。

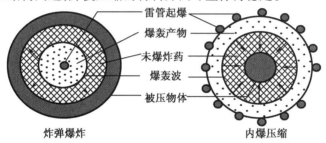

图 2.7　炸弹爆炸与内爆压缩

图2.8为内爆式原子弹的结构示意图。其中,核材料制成分离开的处于次临界状态的两个半球,中子反射层是用金属铀-238做的。内爆式原子弹由于把核材料压缩成高密度,从而可以减小核材料的质量,有利于降低核武器的成本,并且可以使核材料以更快的速度达到超临界,此时钚的自发裂变的中子过早点燃的可能性已经很小,因此既可以避免原子弹产生核爆炸的失败,又可以提高核材料的利用率,并可以用这种技术制造钚原子弹。

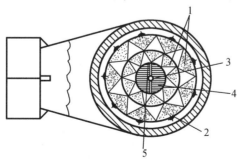

图 2.8　内爆式原子弹结构示意图

1—楔形烈性炸药;2—雷管;3—中子源;4—两个钚半球;5—铀-238反射层

但是内爆式原子弹的技术难度比枪式原子弹高得多,其储存难度也比枪式弹要大得多。此外,炸药占了内爆式原子弹的大部分质量,炸药密度低,又占了弹头的大部分体积。使用的核材料量越少,要求其压缩成的密度越高,需要使用的炸药量越大,所以核材料一般不能少于1 kg。美国于1945年8月9日投放在日本长崎的原子弹"胖子"就是内爆式钚原子弹,"胖子"仅用了6.2 kg的钚材料,其爆炸当量为22 000 t TNT,裂变材料利用率达20%,约为"小男孩"的16倍。

内爆式原子弹的效率虽然比枪式原子弹高很多,但是内爆式结构需要庞大的炸药系统,使得武器相当笨重。如果减少炸药用量,裂变材料的压缩不理想,裂变材料的利用率必然降低,影响武器的威力。因此后来的原子弹主要是在武器的小型化方面开展研究工作。

2.3.4 核武器的小型化

最初原子弹是制成炸弹,由飞机投掷。其后将原子弹制成弹头,由导弹运输,可以在陆上发射,也可在空中(飞机上)发射,或从水下(潜艇上)发射。

早期的原子弹体积大且重,用飞机携带很困难。例如,美国投在日本广岛的原子弹"小男孩",炸弹直径约为0.7 m,长约3 m,质量4.4 t,当时美国空军最强大的B-29型轰炸机携带这颗原子弹起飞都很困难,飞机从跑道上摇摇晃晃地勉强升空。

在一般情况下,制造原子弹的金属铀-235的临界质量为15 kg左右,金属钚-239的临界质量为9 kg左右。从第一颗原子弹研制成功之后,各国研制核武器的科学家们向着两个方向努力,一是研制威力强大的战略核武器,二是研制灵活轻便的小型战术核武器。但总的方向都是提高单位质量核武器的爆炸威力。经过科学家和工程师们的不懈努力,现代的核弹头单位质量的爆炸威力比第一颗原子弹提高了上千倍。小型化的原子弹可以成为多种形式的战术核武器,它们的威力只有几百吨、几千吨TNT当量,但机动性很强,可以制成核炮弹、核地雷、核深水炸弹、核穿地弹等。

为了实现核武器的小型化,要采取两个技术措施。一个是通过内爆法来提高核材料的密度,通常密度的金属钚临界质量是9 kg,超高密度的钚临界质量只有几百克甚至几十克。采用高能炸药加上精心设计的内爆结构,就可以将金属钚压缩到超高密度。美国的小型钚原子弹只需450 g钚。另一个是采用高效的反射层,铍是最好的反射层,一个高能中子打到铍原子核上,产生一个以上的中子,这就是铍的增殖中子效应。在有的情况下,设置铍反射层可以使核材料的临界质量减少为原来的1/4,这是核武器小型化的重要措施之一。

2.3.5 原子弹爆炸的破坏力及防护

原子弹爆炸有五种杀伤破坏作用,即冲击波、光辐射(也称热辐射)、瞬时核辐射、剩余核辐射(也称放射性沾染)和核电磁脉冲。其中主要的杀伤破坏作用是冲击波和光辐射。在一般原子弹空爆的情况下,这五种杀伤破坏作用的能量分配比例见图2.9。

1. 光辐射

由于原子弹爆炸时光辐射所占的能量高达35%,因而光辐射是核爆炸的主要杀伤破坏作用之一。原子弹在空中爆炸时产生大量的热量,其周围的空气温度高达几十万摄氏度,在约百分之几秒至十分之几秒的很短时间内形成一个直径约为100 m的大火球,其表面的温度比太阳表面温度(6 000 ℃)还高,其亮度比一千个太阳还亮。火球表面辐射的光和热就是这里所说的光辐射。光辐射能向四周传播到很远的地方。光辐射在爆炸后 3 秒至十几秒的时间内起作用,其主要作用是着火燃烧。2 万吨 TNT 当量的核爆炸产生的光辐射对人的伤害半径为 5.6 km,其中重度和极重度伤害半径为 3.6 km。50 万吨 TNT 当量的核爆炸产生的光辐射对人的伤害半径为 10 km,其中重度和极重度伤害半径为 5.5 km。人眼最容易受光辐射伤害,即便是 1 万吨 TNT 当量的核爆炸,视网膜不受损的安全距离也要大于 50 km,闪光盲安全距离大于 100 km。在对人员起烧伤作用的范围内,光辐射会引起房屋、庄稼等着火燃烧。

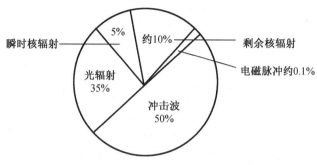

图 2.9　原子弹爆炸能量分配

对光辐射的主要防护措施是披遮白色反光物,或躲入碉堡、地下工事中,曝露的人首先要闭眼。

2. 冲击波

核爆炸中心温度高达几百万甚至几千万摄氏度,压强高达十几亿甚至数百亿大气压。这样高的温度和压强下的蒸气迅速向四周膨胀,强烈地压缩空气层而形成冲击波。冲击波以超音速从核爆中心向四周扩散。冲击波摧毁建筑物和工程设施,摧毁和破坏坦克等武器,抛出人体,损伤器官而造成人员伤亡。2 万吨 TNT 当量核爆炸的冲击波可引起半径为 2 km 内的人员伤亡,其中引起重度和极重度伤亡的半径为 0.5 km。50 万吨 TNT 当量核爆炸的冲击波可引起半径为 6.5 km 内的人员伤亡,其中引起重度和极重度人员伤亡的半径为 3.2 km。

对冲击波进行防护的主要办法是修筑工事。一般的人防工事都可以防冲击波。距离爆炸中心 0.2 km 的地方,砖瓦建筑会受到相当大的破坏,但钢筋混凝土构成掩蔽部即使离爆炸点很近,也不致受破坏。2 km 以外的楼房对一般原子弹爆炸也是比较安全的。

3. 瞬时核辐射

核爆炸后一分钟内释放的核辐射叫作瞬时核辐射,也称早期核辐射。瞬时核辐射主要是核爆炸瞬时放出的中子和 γ 射线,它对建筑物不造成破坏作用,但对人、畜有明显的杀伤作用,引起放射病,并可破坏电子系统,使电子系统致盲或失灵。人员被瞬时辐射伤害的程度取决于其吸收剂量及其健康状况。所谓"吸收剂量"是指人或其他物体吸收核辐射后产生的电离能。吸收剂量的单位是"戈瑞(Gy)",射线在 1 kg 物质中产生 1 J 电离能的剂量为 1 Gy。人在短期间受到照射超过 1 Gy 会引起急性放射病。急性放射病分为轻度、中度、重度、极重度 4 级。引起不同程度急性放射病的吸收剂量和症状列于表 2.1 中。2 万吨 TNT 当量的核爆炸可能引起急性放射病的范围为半径 1.9 km,其中引起重度和极重度急性放射病的范围为半径 1.4 km。50 万吨 TNT 当量的核爆炸引起急性放射病的范围为半径 2.7 km,其中引起重度和极重度急性放射病的范围为半径 2.3 km。战时军用允许照射剂量 24 h 内无害照射应小于 0.5 Gy,中等照射最大为 0.2 Gy,急性照射不得超过 0.5 Gy。

表 2.1　急性放射病等级及效果

等级	吸收剂量/Gy	效果
轻度	1~2	吸收 1 Gy,有 5% 发生急性放射病,24 h 内出现恶心呕吐
中度	2~4	吸收 2 Gy,有 50% 发生急性放射病,4 h 内出现恶心呕吐,不经治疗有 3% 以下人员死亡
重度	4~6	吸收 4 Gy,2 h 出现恶心呕吐,不经治疗,大部分人死亡
极重度	>6	立即出现恶心呕吐,不及时治疗,几乎全部死亡

对瞬时核辐射的防护主要是采取屏蔽阻挡的办法。用重物质可屏蔽 γ 射线,用轻物质或吸收中子能力强的物质(如硼或镉)可以屏蔽中子。0.5 m 厚的混凝土即可以防中子,10 cm 厚的土层可以使 γ 射线剂量降低一半。三层楼房的地下室就可以安全地防护中子。

4. 剩余核辐射

剩余核辐射主要是由核爆炸降落下来的裂变产物及核材料产生的核辐射以及地表物质吸收核爆炸时产生的中子而形成的放射性物质,所以又叫放射性沾染。这些放射性物质的半衰期从几分之一秒到几百万年不等,主要放出 β 射线和 γ 射线。沾染区以短半衰期放射性物质居多,所以放射性下降很快。放射性沾染的危险性不大,但要注意防护。一般用木板即可挡住 β 射线,阻挡 γ 射线要用含铅物质。人们通过放射性沾染地段,必须穿防护服。

5. 核电磁脉冲

核爆炸产生的电磁脉冲的能量很小,一般约占原子弹总能量的千分之一,基本上没有什么影响。但在高空爆炸时,核电磁脉冲会对电子系统造成破坏和干扰。

2.3.6　氢弹

聚变反应有很多种,其中可以用来制造氢弹的重要的聚变反应物是氢的两种同位素——氘和氚,氘和氚发生聚变反应的可能性最大,比较容易实现。

聚变反应不存在临界质量问题,但需要很高的温度,仅仅把可以发生聚变反应的轻原子核混合在一起,是不会发生聚变反应的。这是因为氘和氚这些原子核都带有正电,正电荷与正电荷之间的静电斥力非常强,这种行为与不带电的中子和带正电的原子核容易发生相互作用成为鲜明的对比。必须使两个带正电的轻原子核或其中的一个具有较高的速度,它们才能克服静电斥力而进入核力(吸引力)范围,发生聚变反应。为了达到这一点,必须使它的温度升高,使其具有很高的动能,因此核聚变反应又叫"热核反应"。为了使氢弹爆炸,这个温度约为 600 万度(6×10^6 K)。

氢弹是一个习惯的叫法,它并不用氢作燃料,而是用氘和氚作燃料,氢弹又叫热核弹,它实际上应该叫氘氚弹或聚变弹。

同样质量的核燃料,聚变反应要比裂变反应放出更多的能量。1 kg 氘氚完全聚变放出的能量相当于 8 万吨 TNT 爆炸释放的能量,这相当于 1 kg 铀 -235 完全裂变释放的能量的 4 倍。

要完成氘氚聚变反应而释放出巨大的能量,必须具备千万度的高温和极大的压力,目前只有原子弹爆炸才能产生这样的条件,因此氢弹只能用原子弹来"点火"。但是在原子弹爆炸后,裂变材料迅速膨胀,温度迅速下降,氘氚的密度没有提高多少就迅速散开,虽然放出一些聚变反应的能量,但比裂变反应产生的能量少得多。这种办法可以加强裂变,所以叫作加强型原子弹,但还不是氢弹。氢弹应该是聚变反应放出的能量很多的核武器。

研制和生产氢弹,最初是用氘和氚作聚变燃料的。由于氘和氚在常温下是气体,实际应用中必须把它们变成液体以减小体积,这就必须施加极高的压力,并用耐高压的装置,从而大大增加了质量。所以用氘和氚直接作氢弹燃料有一定的困难。例如,美国 1952 年制成的第一枚氢弹,由于采用深冷装置,其质量达 65 t,体积也十分庞大,显然无法用于实战。用液态氘和氚作燃料的氢弹称为"湿法"或"湿式"氢弹。

后来科学家找到了一种理想的热核材料——氘化锂 -6,它是利用原子弹引爆时释放出来的大量高能中子与锂 -6 原子核反应而产生氚:

$$_0^1n + _3^6Li \rightarrow _1^3H + _2^4He + 4.8 \ MeV$$

根据这一反应,锂 -6 在中子轰击下就可以产生氚,而且能放出较大能量,如果把锂和氘化合在一起,使氘化锂中的氘与生成的氚发生热核反应就能释放出巨大能量,于是形成如图 2.10 所示的造氚循环。

装氘化锂 -6 的氢弹实现了氘氚和氚锂两道释放能量的核反应,可达到很高的利用率,而且氘化锂 -6 的成本比氚便宜得多,同时由于氘化锂的体积小,做成的氢弹显著小型化,可适应实战的需要。氘化锂 -6 又可长期储存,而氚为放射性核素,其半衰期为 12.6 年,价格又昂贵,长期储存损失很大。采用氘化锂 -6 的氢弹又称为"干法"或"干式"氢弹,这是一项根本性的变革。

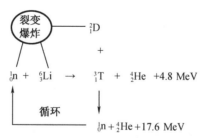

图 2.10　由锂产生氚的过程

自然界中的锂以化合物状态存在,几乎在所有火成岩和矿泉水中都含有少量锂的化合物。自然界中锂的同位素有锂 -6 和锂 -7 两种,锂 -6 仅占 7.5%,锂 -7 占 92.5%,采用同位素分离的方法比较容易分离锂 -6 和锂 -7,可以将锂 -6 浓缩到 90% 以上。生产氘、氚和氘化锂 -6 以及将其作为氢弹燃料的流程图见图 2.11。

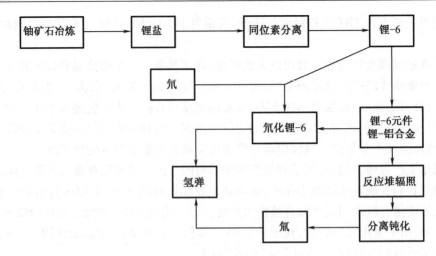

图 2.11　氢弹燃料的生产流程图

氘氚聚变反应放出的高能中子可以使铀－238 裂变,铀－238 不存在由热中子引起链式裂变反应的临界质量问题。因此,近代的大型氢弹用铀－238 做成很厚的外壳,当氢弹爆炸后,核聚变产生的大量高能(14 MeV)中子引起外壳的铀－238 裂变。这种氢弹叫作氢铀弹,或称三相弹,它的爆炸过程是裂变－聚变－裂变。1954 年 3 月 1 日,美国在太平洋上的比基尼岛进行了第一次氢铀弹爆炸,其总重 20 t,威力为 1 500 万吨 TNT 当量。氢铀弹的裂变能要占一半以上,它产生的放射性裂变产物很多,污染严重,人们把这种氢弹称为"肮脏"氢弹。

被誉为"美国氢弹之父"的美国科学家爱德华·特勒(Edward Teller,1908—2003)提出了氢铀弹的爆炸过程,《美国百科全书》1974 年版第 13 卷发表了描绘这一过程的示意图,见图 2.12。

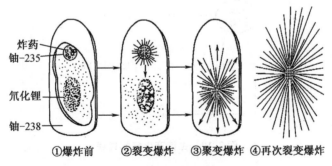

①爆炸前　②裂变爆炸　③聚变爆炸　④再次裂变爆炸

图 2.12　氢弹爆炸过程示意图

氢弹的爆炸过程如下:

①爆炸前,氢弹里有一枚引发核聚变的原子弹,这里所示的原子弹以铀－235 为核材料,原子弹外有聚变材料氘化锂－6,氢弹的外壳为金属铀－238。

②发生裂变爆炸。原子弹中的高能炸药使铀－235 达到超临界,发生瞬间的链式裂变反应,产生几百万度的高温和大量的高能中子,点燃氘化锂－6。

③发生聚变爆炸。原子弹爆炸将氘化锂－6 压缩成高密度高温状态,引起核聚变,产生

大量高能中子。

④发生再次裂变爆炸。核聚变产生的高能中子引起壳体的铀－238 发生裂变,释放出更多的能量。

这个过程称为"特勒－乌拉姆构型",是美国科学家乌拉姆在 1951 年 2 月最先提出的。其关键是用裂变爆炸发生的 X 射线引燃聚变反应,X 射线作为将裂变产生的能量传给聚变材料的主要手段。1951 年 3 月,特勒和乌拉姆合作提出一个报告,提出用裂变辐射能压缩热核材料的氢弹设计方案。1952 年 11 月 1 日,根据特勒－乌拉姆构型研制的世界上第一颗氢弹(代号"迈克"),在太平洋马绍尔群岛的埃尼威托岛试验成功,这枚氢弹高 6 m、直径 1.8 m、重 65 t,其爆炸威力达 1 040 万吨 TNT 当量,它使埃卢杰拉卜岛整个沉没,使地面的泉水直冲云霄,鱼类被滚烫的海水煮熟,遥远邻岛上的棕榈树化为灰烬。核聚变首次形成了新元素锿(Es)和镄(Fm)。

1979 年,美国科学家莫兰德提出了一种氢弹构型的示意图,见图 2.13,这个示意图叫作莫兰德构型。它把氢弹释放能量的过程分为两个阶段。第一个阶段是原子弹释放能量,这就是这个构型上半部分的圆球,它是一枚小型原子弹,由原子弹释放的能量产生的高温高压引起第二阶段的聚变反应。第二阶段是氘化锂－6 发生核聚变,释放出更多的能量,这个阶段由莫兰德构型的第二部分实现。

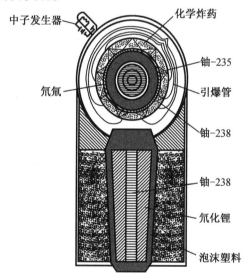

图 2.13　莫兰德氢弹构型示意图

莫兰德构型的关键是使释放能量第一级和第二级的实现。释放能量的第一阶段称为第一级或初级,第二阶段称为第二级或次级。第一级原子弹爆炸的能量以辐射形式传输给第二级,成为启动第二级工作的能源。第一级是用炸药产生"炸药内爆炸压缩"引起原子弹爆炸释放裂变能,第二级是用辐射能进行的向内压缩,称为"辐射内爆压缩",它引起氘化锂－6 聚变反应释放聚变能。氘化锂－6 的中心有一个铀－235"裂变芯",叫作"火花塞"。氘化锂－6 受到辐射压缩作用,它又压缩火花塞使铀－235 达到超临界状态,并由初级爆炸产生的中子使其发生裂变爆炸,放出能量和大量的中子,爆炸能量将氘化锂－6 向外压缩,氘化锂－6 受到内外压缩达到更高的温度和密度,并且在火花塞产生的大量中子作用下,更容易发生聚变反应,并使聚变反应进行得更充分。

由于氘化锂-6和铀-238都不存在临界质量问题,因此从原则上说,氢弹的威力是没有限制的。按照"分级辐射内爆原理",可以将聚变材料一级接一级地串起来引爆,其爆炸威力仅取决于投掷工具的载荷能力。苏联1961年10月30日在新地岛进行了超级氢弹爆炸试验,其设计威力达到亿吨TNT当量,是迄今世界上爆炸过的威力最大的氢弹。这颗氢弹的杀伤半径为1 000 km,根本没地方能进行这样大规模的爆炸试验,而且从投弹飞机安全角度考虑,只能做减威力试验,把核材料减少一半,图-95战略轰炸机在15 000 m高空空投,爆炸威力为5 800万吨TNT当量。这颗氢弹的直径为2.5 m,长约为12 m,其尾部有一个由3张降落伞组成的降落伞系统。在爆炸地点,厚3 m、直径15~20 km的冰块被融化。

氢弹的杀伤和破坏因素与原子弹相同,但其威力比原子弹大得多。通过设计还能增强或减弱氢弹的某些杀伤和破坏作用,因而其用途更广泛。

2.3.7 中子弹

中子弹又称增强辐射弹,是第三代核武器。它是美国和"北大西洋公约组织"在1958年为了阻止以苏联为首的"华沙条约国"可能发生的集群坦克的进攻,增强核武器对坦克乘员的杀伤、减少对建筑物的附带破坏而提出的概念,并于1959年开始研制。

中子弹以高能中子的瞬发辐射作为主要杀伤手段,而大大地降低光辐射和冲击波的破坏和杀伤作用,它的爆炸威力一般只有1 000 t TNT当量。中子弹可以造成人员的重大伤亡,但对于建筑、武器等基本上没有毁伤作用。由于中子弹产生的剩余辐射很小,又不产生放射性沾染,因此称为"干净"氢弹。中子弹除了对集团坦克群有巨大的杀伤力以外,其产生的高能中子和γ射线还可破坏导弹内的电子设备,使导弹丧失作战能力,因此可作低空拦截核导弹的武器。

若以占总爆炸能量的百分比计算,原子弹、氢弹这些核弹或带有裂变弹的核武器爆炸时,冲击波占50%,光辐射占35%,剩余辐射(放射性)占10%,瞬发辐射仅占5%。而中子弹爆炸时,冲击波占40%,光辐射占25%,剩余辐射(放射性)占5%,瞬发辐射高达30%。图2.14为中子弹与裂变弹爆炸的能量分配比较。

中子弹的杀伤半径比裂变弹大,相同爆炸威力的中子弹与裂变弹在150 m高空爆炸时,中子弹的杀伤半径为裂变弹的2倍,杀伤面积为4倍,辐射杀伤作用为10倍。表2.2列出了中子弹与裂变弹杀伤半径的比较。

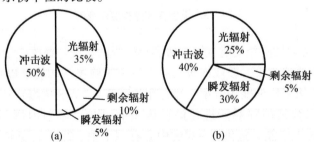

图2.14 中子弹与裂变弹能量分配比较

(a)低威力裂变弹;(b)中子弹

表 2.2　中子弹与裂变弹的杀伤半径的比较(爆炸高度 150 m)

种类	威力	中子辐射对坦克内人员的杀伤半径/m			冲击波对建筑物的破坏半径/m
		80 Gy	30 Gy	6.5 Gy	
中子弹	1 000 t TNT 当量	690	914	1 100	550
裂变弹	10 000 t TNT 当量	690	914	1 100	1 220

由此可知,威力为 1 千吨 TNT 当量的中子弹对坦克内人员的杀伤力相当于 1 万吨 TNT 当量的原子弹,而对建筑物的破坏半径前者不到后者的一半。当爆炸高度为 1 000 m 时,中子弹冲击波对建筑物的破坏为零,但对人员仍可造成严重伤害。80 Gy 的剂量可以使人在 5 分钟内丧失能力,直到死亡;30 Gy 剂量可以使人在 5 分钟内丧失能力,4 ~ 6 天内死亡;6.5 Gy 剂量可以使人的能力受损,几周内死亡。中子弹的杀伤作用是高能中子与人体中的氢、碳、氮等原子核起核反应,使细胞发生强电离作用而被破坏。美国中子弹的设计以使人受到 30 Gy 剂量为标准。

中子弹的设计的基本要求是:①尽可能减少引爆原子弹的初级裂变材料;②使氘氚聚变反应尽可能充分进行,以尽量增加高能中子的数量;③外壳要用中子容易穿透的高密度、高强度合金。因此,中子弹实际上是靠微型原子弹引爆的、没有铀 – 238 外壳的特种小型氢弹。

中子弹中需要使用金属铍(Be)。天然铍中全部为铍 – 9($^9_4$Be),铍 – 9 在中子弹中起两个作用,一是它受到氘氚聚变反应放出的一个高能中子轰击,释放出两个高能中子,从而使高能中子数增加

$$^9_4\text{Be} + ^1_0\text{n} \rightarrow ^8_4\text{Be} + 2^1_0\text{n}$$

二是它和氘作用生成氚,从而增强氘氚聚变反应

$$^9_4\text{Be} + ^2_1\text{H} \rightarrow ^8_4\text{Be} + ^3_1\text{H} + 4.53 \text{ MeV}$$

1 kg 氘氚完全反应所放出的中子数,约为 1 kg 裂变材料完全裂变释放出的中子数的 30 倍,这就是中子弹的制造基础。

1959 年,美国劳仑斯 – 利弗莫尔国家实验室开始研究中子弹,1962 年进行试验,1963 年获得成功。1974 年,美国生产了由"斯普林特"导弹携带的 W66 型反弹道导弹中子弹头,但已于 1985 年退役。1977 年,美国总统卡特宣布中子弹研制成功,并批准生产中子弹。1977 年底,美国进行了"长矛"导弹的中子弹头试验,直到 1981 年 8 月,美国才决定生产战场使用的中子弹 W79 和 W70 – 3。W79 是 230 mm 核大炮炮弹,W70 – 3 是"长矛"地对地导弹的核弹头。苏联、法国、中国都试验过中子弹。法国于 1976 年底决定研制中子弹,1980 年研究成功,法国政府决定 1982 年以后正式生产中子弹。

2.3.8　其他第三代核武器

第三代核武器是特殊性能的核武器,它们实际上是在氢弹的基础上向着两个方向发展,一是为了满足特定要求,设计成增强某种毁伤效应而减少其他毁伤效应的特殊氢弹;二是核武器小型化,即减小体积、质量和 TNT 当量。第三代核武器除了中子弹以外,还有其他几种。

1. 减少剩余放射性弹

中子弹是一种比较"干净"的小型核武器,其爆炸后的剩余放射性很少。一些科学家在此基础上设计出将放射性沉降物减少到最低程度的更"干净"的核武器,以使己方部队在核打击后能够安全地进入该区域。这种核武器叫作"减少剩余放射性弹"。它以冲击波为主要毁伤作用,因此也称冲击波弹。其主要作用是在地面或接近地面爆炸,摧毁坚固的军事目标。这种核武器设计要尽量降低初级(原子弹)威力,不使用铷,把次级设计成接近纯聚变,不用裂变"火花塞"点火。1980年,美国劳仑斯 - 利弗莫尔国家实验室宣布研制成功减少剩余放射性弹,称其剩余放射性不到同等威力的原子弹的1/10。

2. 增强 X 射线弹

增强 X 射线弹是一种反导弹防卫核武器,它以增强氢弹的 X 射线毁伤效应为主要特征。氢弹爆炸时,其爆炸总威力的70%以 X 射线形式释放出来。X 射线可对来袭的敌方导弹产生破坏作用,产生高温高压和电磁脉冲,破坏和烧毁导弹的电子系统,并引起弹头壳体破坏。增强 X 射线弹的设计一要尽量"干净",不用铀 - 238 做壳体;二要尽量增大 X 射线能量;三要提高核爆炸的温度。增强 X 射线弹的爆炸高度为 100 ~ 160 km。美国为反弹道导弹"斯巴坦"研制的增强 X 射线弹 W71,威力为 500 万吨 TNT 当量,爆炸时产生的放射线为总威力的80%,在千分之一秒内释放出来。

3. 核电磁脉冲弹

核电磁脉冲弹是一种大气层以上高空爆炸,通过产生强电磁脉冲作用来毁坏敌方通信和电子系统的特殊的氢弹,简称 EMP 弹。核爆炸产生的电磁脉冲来源一是高空核爆炸产生的 γ 射线与大气中的原子发生作用产生电流;二是核爆炸产生的 X 射线与周围物质发生电磁场;三是核爆炸产生的等离子体火球与地球磁场作用产生电磁场。

核电磁脉冲弹通过特殊设计,产生主频率为 $10^{10} \sim 10^{11}$ Hz 的强电磁脉冲,能穿入目标的缝隙和天线孔,而且产生的电磁脉冲比普通氢弹强得多,并尽是定向发射的电磁脉冲。

1962 年 7 月,美国在约翰斯岛上空 400 km 进行代号为"海盘车"、威力为 140 万吨 TNT 当量的高空核试验,结果电磁脉冲使 1 400 km 以外的檀香山市的街灯同时熄灭,几百台报警器同时报警,高压线和避雷装置全被烧毁。

4. 核钻地弹

核钻地弹是一种具有坚硬的外壳、能钻入地下一定深度后爆炸的低当量核弹头。用当量比地面爆炸的核弹小得多的核钻地弹就可以摧毁地下指挥所、导弹发射井、地下生化设施等坚固的地下目标。例如,核弹头钻入 1 m 深爆炸,其对地下军事目标的破坏力就是在地面爆炸时的 20 倍,而产生的放射物质比地面爆炸小 10 ~ 20 倍。

1991 年,美国洛斯 - 阿拉莫斯实验室的科学家提出发展 10 t TNT 当量的微型核钻地弹。20 世纪 90 年代初,美国用轰炸机、三叉戟潜艇、火炮等发射工具,试验了一种可以钻至地下 10 ~ 15 m 爆炸的核钻地弹,另一种试验的核钻地弹可以钻入地下 67 m。1997 年美国装备了第一批低当量核钻地弹 B61 - 11,其弹体长 3.6 m,能钻地约 6 m,爆炸威力可在 300 t ~ 300 000 t TNT 当量之间有 5 种选择。2002 年 1 月,美国国防部向国会提出要开发强力核钻地弹 RNEP,以提高对深藏目标的打击能力。

思考题

1. 每次铀 −235 核裂变大约释放多少能量?

2. 核动力作为潜艇推进有什么优点?

3. 中子源反应堆是用来做什么的?

4. 什么是磁约束核聚变,采用什么装置?

5. 三哩岛事故中安全壳起到了什么作用?

6. 切尔诺贝利核事故中的反应堆是什么类型的?

7. 福岛核事故中的爆炸是怎么引起的?

8. 核电站事故的危害是什么?

9. 原子弹所用的核燃料与反应堆用的核燃料有何不同?

10. 为什么内爆式原子弹的效率和威力都比枪式原子弹大?

11. 说明氘化锂作燃料的氢弹的原理。

12. 什么是中子弹,中子弹与原子弹有何不同?

第3章　典型核反应堆

3.1　核反应堆概述

自1942年世界上第一座核反应堆问世以来,核反应堆的研发和利用在不断进步。美国是反应堆研究和应用最早的国家,20世纪40年代至50年代初,美国建造的主要是生产堆,生产为原子弹生产所需的钚。由于核动力作为水下动力源有其特殊的优势,美国在第二次世界大战后集中研究力量开发潜艇核动力技术,于1955年建造了世界上第一艘核潜艇。1957年底美国在潜艇压水堆技术的基础上建成了60 MW西平港压水堆核电厂。在此期间,苏联1959年建成了核动力破冰船和核潜艇;1964年建成了别洛雅斯克一号100 MW石墨沸水堆核电站。在20世纪60年代以后,由于世界局势的缓和及工业的快速发展,核反应堆的使用主要集中在和平利用上,即用在核能发电上,目前核电站在全世界范围内有了相当规模的发展。随着核电站数量的增多和使用范围的扩大,核反应堆技术也日臻成熟。

经过70多年的运行和使用经验的积累,证明了一些反应堆具有很好的性能,从而使这些类型的反应堆得到广泛应用。目前核电站采用的主要堆型有压水堆、沸水堆、重水堆和气冷堆等,而船用反应堆主要采用的是压水堆。随着工业技术的发展,各种新类型的反应堆也在研究和开发之中,将来还会有各种新的堆型被采用。下面介绍几种目前世界上使用的有代表性的动力反应堆的堆型。

3.2　压水堆(PWR)

压水堆是世界上最早开发的动力堆堆型。压水堆出现后经过了先军用后民用,由船用到陆用的发展过程。压水堆是目前世界上应用最广泛的反应堆堆型,在已建成的核电站中,压水堆占60%以上,目前世界上大型核电站压水堆的总数为250多座。一些工业发达国家,已形成了压水堆批量生产能力,燃料组件、控制棒等部件已成为标准化产品,已具有了很成熟的制造工艺。

3.2.1　压水堆的基本构成

压水堆由压力容器、堆芯、堆内构件及控制棒驱动机构等部件组成。图3.1所示为一个典型的压水反应堆的本体结构。

堆芯是进行链式核裂变反应的区域,它由核燃料组件、可燃毒物组件、控制棒组件和启动中子源组件等组成。核燃料组件是产生裂变并释放热量的重要部件,一个燃料组件包含200~300根燃料元件棒,这些燃料元件棒内装低富集度(一般为2%~4%的铀-235)的UO_2芯块。先将UO_2做成小的圆柱形芯块,装入锆合金包壳内,然后将两端密封构成细长的燃料元件棒。再将元件棒按正方形或三角形的栅格形式布置,中间用几层弹簧定位格架将元件棒夹紧和定位,构成棒束型燃料组件。

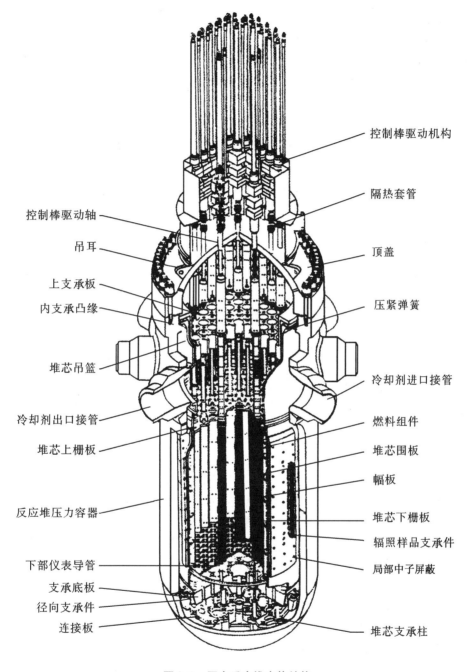

图 3.1 压水反应堆本体结构

反应堆内的核链式裂变反应是由控制棒来控制的,通过控制棒的移动来实现反应堆的启动、停堆、改变功率等功能。反应堆的控制棒通常由强吸收中子的物质组成。将这些强吸收中子的物质做成细棒状,外加不锈钢包壳,然后将若干根棒按一定形状连接成一束,组成棒束形控制组件,从反应堆顶部插入堆芯。控制棒驱动机构的作用是驱动控制棒,使控制棒在正常运行时能上下缓慢移动,一般每秒钟行程为 10~19 mm,在紧急停堆或事故情况下能在接到信号后迅速全部插入堆芯,以保证反应堆安全。此外,还可以通过改变溶于冷却剂中的硼酸浓度来补偿慢的反应性变化,这种方法称为化学补偿控制。

核裂变的链式反应是由中子源组件引发的,中子源由可以自发产生中子的材料组成,中子源做成小棒的形式,在反应堆装料时放入空的控制棒导向管内。在装中子源之前,控制棒也必须插入堆内,在反应堆启动时慢慢提起控制棒,中子源就可以"点燃"核燃料。

一座电功率为 1 000 MW 的压水堆堆芯一般装 150~200 组燃料组件,40 000~50 000 根元件棒,堆内大约有 50 组控制棒组件,燃料元件棒竖直放在堆芯内,使堆芯整体外形大致呈圆柱形;为使径向功率展平,核燃料一般按富集度分为 3 区装载,以局部倒换料方式每 1~1.5 年更换一次燃料,每次换出大约 1/3 的燃料组件;堆芯直径约 3~4 m,高度 3~5 m,装在大型压力容器内;水沿燃料元件棒表面轴向流过,既起着慢化中子的作用,又作为输出反应堆热量的冷却剂。

3.2.2 压水堆结构

压水堆的结构形式多种多样,其结构特性要满足物理设计和热工设计的基本要求,既要保证可控的裂变链式反应可靠地进行,又要把裂变产生的热量及时地带出。虽说不同类型的压水堆都有各自的特点,但一般来讲它主要由反应堆压力容器、堆芯、堆芯支承结构、控制棒驱动机构等组成。

反应堆的外壳称为压力容器,它是反应堆的一个很重要的部件,运行在很高的压力下,容器内布置着堆芯和若干其他内部构件。压力容器上带有若干个接口管嘴,作为冷却剂的进出口接管,整个容器由出口管嘴下部钢衬与混凝土基座支承。可移动的上封头用螺栓与筒体固定,筒体与上封头之间由两道 O 形密封圈密封。上封头有几十个贯穿件,用于布置控制棒驱动机构、堆内热电偶引出套管和排气口等。

堆芯支承结构由上部支承结构和下部支承结构组成。吊篮以悬挂方式吊在压力容器上部的支承凸缘上,吊篮与压力容器之间形成一个环形腔,称为下降段。冷却剂从入口管嘴进入反应堆,沿下降段流到压力容器下腔室,然后折返向上通过堆芯,在堆芯内吸收核裂变产生的热量,再经由上栅格板、上腔室,经出口管嘴流出。

在反应堆堆芯内,冷却剂流量的主要部分用于冷却燃料元件,其中有一小部分旁通流量用来冷却上腔室、上封头和控制棒导向管,使这些地方的水温接近冷却剂入口温度,防止上封头内产生蒸汽。

反应堆堆芯是放置核燃料、实现持续的受控链式反应,从而释放出能量的关键部分,因此堆芯结构性能的好坏对核动力的安全性、经济性和先进性有很大的影响。一般来说,它应满足下述基本要求:

(1)堆芯功率分布应尽量均匀,以便使堆芯有最大的功率输出;

(2)尽量减小堆芯内不必要的中子吸收材料,以提高中子经济性;

(3)有最佳的冷却剂流量分配和最小的流动阻力;

(4)有较长的堆芯寿命,以减少换料操作次数;

(5)堆芯结构紧凑,换料操作简便。

反应堆堆芯位于压力容器内低于进出口管嘴处,反应堆的功率不同,堆芯内装有不同数量的燃料组件,压力容器和堆芯的断面见图3.2。目前大型压水堆的燃料组件都不设组件盒,冷却剂可以产生横向搅混。堆芯周围由围板包围,围板固定在吊篮上,吊篮外侧固定着热屏蔽,用以减少压力容器可能遭受的中子辐照。

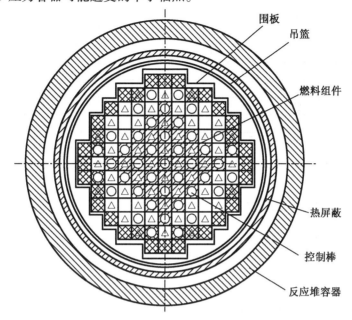

图 3.2 压力容器和堆芯的断面

核反应堆运行周期之初,核燃料所具有的产生裂变反应的潜力(称为后备反应性)很大,必须妥善地加以控制。通过在作为慢化剂和冷却剂的水中加硼酸的方式可以控制部分后备反应性,在运行中可以通过调节硼浓度来补偿反应性的慢变化。为了补偿由于负荷、温度变化而引起的反应性的较快变化,以及提供反应堆的停堆能力,反应堆必须布置一定数量的控制棒组件。压水堆一般都采用棒束控制组件来控制反应性。反应堆紧急停堆时,控制棒组件依靠重力会快速落入堆芯。

在堆芯内一般还布置一定数量的可燃毒物棒,目的是补偿堆芯的部分后备反应性,使冷却剂中的硼浓度降低,让慢化剂温度系数始终为负值。

为了启动反应堆,在堆芯内必须布置中子源,中子源有初级中子源和次级中子源两种:初级中子源提供首次装料后反应堆启动所需的中子,次级中子源在反应堆运行中被活化,使一些物质不断产生中子,为反应堆的再启动提供中子源。

3.2.3 反应堆压力容器

反应堆压力容器是用来固定和包容堆芯、堆内构件,使核燃料的裂变链式反应限制在一个密封的金属壳内进行。一般把燃料元件包壳称为防止放射物质外逸的第一道屏障,把包容整个堆芯的压力容器及管路系统称为第二道屏障。

压力容器外形尺寸大且重,加工制造技术难度大,特别是随着核电站单堆容量增大,压力容器的尺寸也越来越大。如电功率为 120 万千瓦的核电站,其压力容器高 13.3 m,内径 5 m,壁厚 240 mm,重达 540 t。由于锻件大,主焊缝厚达 200~300 mm,焊接质量和检验工序复杂,在制造过程中需反复热处理和反复探伤检验。

压力容器在核安全设计标准中是安全一级的设备,它在事故状态下的可靠性和完整性是核动力安全的重要保证。正确地选择材料是保证反应堆压力容器安全的关键之一,必须根据它在核动力装置中的地位和作用、工作条件和制造工艺等全面考虑。

①要保证材质纯度,要求材质中的硫化物、氧化物等非金属杂质尽量少,磷和硫含量及低熔点元素含量应尽量低,且分布均匀。

②材料应具有适当的强度和足够的韧性,脆性断裂是反应堆压力容器最严重的失效形式,材料对脆性断裂的基本抗力是材料的韧性,保证并尽力提高材料的韧性是防止脆性断裂的根本途径。

③材料应具有低的辐照敏感性,反应堆压力容器由于受中子辐照,提高了材料的强度,但降低了塑性,因而加剧了脆性破坏的可能性。为了防止出现脆性破坏,应控制和降低材料的辐照脆化倾向。

④导热性能好,在温度变化时热应力较小。

⑤便于加工制造,成本低廉。

反应堆压力容器由以下几部分组成:

1.反应堆压力容器顶盖

反应堆压力容器顶盖由顶盖法兰和顶盖本体焊接成一整体。

顶盖法兰上钻有若干个螺栓孔,法兰支承面上有两道放置密封环用的槽。压水堆一般都采用半球形顶盖,半球形顶盖用板材热锻成形。焊在顶盖上的部件有吊耳、控制棒驱动机构管座和温度测量接管等。

2.压力容器筒体

压力容器筒体自上而下由下面几个部分组成。

(1)法兰段

在法兰上,钻有若干个未穿透的螺纹孔。法兰段上有与反应堆容器顶盖匹配的不锈钢支承面。有一根泄漏探测管,为了能进行探漏,这根管子倾斜穿过法兰后,头部在两只 O 形密封环之间的支承面上露出。内密封环的泄漏是由引漏管线上的一台温度传感器进行探测。当反应堆在额定功率下稳态运行时,内密封环不允许泄漏;在启动和停堆时,内密封环允许的最大泄漏率为 20 L/h 。若泄漏率大于 20 L/h 或泄漏流温度 >70 ℃时,反应堆容器就应加以检查。外密封环也要经常进行目视检查,以便查出其可能的泄漏。法兰段上缘有支承台肩,用来挂吊篮。

(2)接管段

反应堆的进出水口从这里引出,根据一回路冷却环路数量的不同有不同的接口数,例如两个环路就有 4 个接口。由于筒体的这一部分开有大的接口,为了强度补偿,这一部分筒体较厚。出口接管的内侧有一节围筒,使出口接管与堆芯吊篮开口之间形成连续过渡。

(3)筒身段(也称堆芯包容环段)

这部分由上筒体和下筒体两段组成。在筒身段的下部,由因科镍制的导向键焊在内表面上,用来给堆内构件导向并限制位移。

（4）过渡段

过渡段把半球形的下封头和容器的筒体段连接起来。

（5）下封头

由热轧钢板锻压成半球形封头。下封头上装有几十根因科镍导向套管,为堆内中子通量测量系统提供导向,利用部分穿透焊工艺将导向套管焊在下封头内。

3．反应堆容器支承结构

根据反应堆压力容器在电站或舰船上所处的位置,各自都采用不同的支承结构。早期的压力容器底部无通量测量装置,在堆的底部设有压力容器支承裙,将支承裙焊在压力容器的下封头或接管段上,利用支承裙和支承柱将压力容器定位。近代压水堆压力容器增大,并采用上进上出的回路连接,下封头设有通量测量管,需要有较大的下堆腔。因此,在核电站中,在压力容器支承结构上取消了支承裙而利用冷却剂进出口的接管作为压力容器的支承,整个压力容器依靠接管和与接管相连的钢垫支承在混凝土的基础上。

3.2.4　反应堆堆内构件

反应堆的堆内构件包括吊篮部件、压紧部件、堆内温度测量系统和中子通量测量管等。堆内构件的作用如下:

（1）使堆芯燃料组件、控制棒组件、可燃毒物组件、中子源组件和阻力塞组件定位及压紧,以防止这些组件在运行过程中移动。

（2）保证燃料组件和控制棒组件对中,对控制棒组件的运动起导向作用。

（3）分隔堆内冷却剂,使冷却剂按一定方向流动,以导出堆芯热量,冷却堆内各部件。

（4）固定和引导堆芯温度和中子通量测量装置,补偿堆芯和支承部件的膨胀空间。

（5）减弱中子和 γ 射线对压力容器的辐照,保护压力容器,延长压力容器的使用寿命。

下面分别介绍这些部件的结构形式和作用。

1．堆芯下支承构件

堆芯下支承构件位于反应堆压力容器封头的下端,它包括吊篮筒体、下栅格板组件、围板和幅板组件、热屏蔽组件和吊篮防断支承。图 3.3 所示为堆芯下支承构件结构图。

（1）吊篮筒体

吊篮筒体是圆筒形不锈钢构件。它由吊篮筒身、吊篮上法兰、出口水密封法兰和吊篮底板等部分组成。

吊篮筒体的上法兰悬挂在压力容器的内壁支承凸缘上,当筒体受热后可以向下自由膨胀,同时也便于把筒体的法兰压紧在压力容器法兰的支承台肩上。吊篮上法兰周边开有四个均匀布置的方形槽孔,由四个方形键将吊篮部件和压紧部件与压力容器定位。这样,可以保证燃料组件和控制棒驱动机构良好的对中,并限制吊篮部件周向转动。

（2）下栅板组件

下栅板组件由吊篮底板、流量分配板、堆芯下栅板和可调整的支承柱组成。堆芯的燃料组件竖直立在堆芯下栅板上,每个燃料组件下端的定位销孔与堆芯下栅板上的定位销相配,使燃料组件在堆芯内精确定位。下栅板上开有许多流水孔道,以保证水流过燃料元件。为了提高下栅板的刚性和保持板面的平直,在下栅板与吊篮底板之间设置一定数目的可调整支承柱。堆芯下栅板通过其周边的四个均匀布置的定位键槽与吊篮定位。根据热工水力要求,在堆芯下栅板与吊篮底板之间设流量分配板,以使冷却剂按一定流量分配要求去冷却燃料元件。

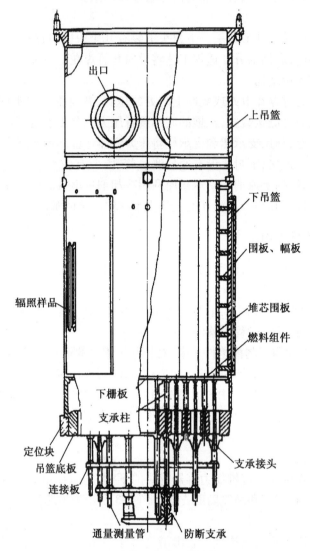

图3.3 堆芯下支承构件结构图

(3)围板、幅板组件

围板、幅板组件是指围在堆芯外边缘燃料组件周围的板,围板、幅板组件是由直角曲折形状的围板和沿轴向几块直角曲折形成的幅板组成,其间用螺钉连接,并座装在堆芯的下栅板的固定位置上,将堆芯包围起来,以保证冷却剂流经燃料组件,有效地将热量带出堆外。围板外围的水层起反射层作用。

(4)热屏蔽组件

热屏蔽组件是具有一定厚度的不锈钢圆筒,它吊挂在吊篮位于堆芯部位的筒体外壁上。根据设计需要,可以设置一层或两层,它的作用是与吊篮筒身一起,屏蔽来自堆芯的中子和γ射线,以减少中子和γ射线对压力容器的辐照损伤。较大功率的动力堆也有设局部热屏蔽或不设置热屏蔽的。

2. 堆芯上支承构件

堆芯上支承构件也称压紧部件。它包括压紧支承组件、导向筒组件及压紧弹簧等。该构件主要用来压住燃料组件,以防止燃料组件因水力冲击发生上下窜动,同时对控制棒起导向作用并引导冷却剂流出堆芯。上支承构件通常组装成一个整体,以便在反应堆装卸燃料时整体吊装。堆芯上支承结构承受的轴向载荷,通过上栅格板和支承筒传给上支承板和反应堆顶盖,而横向载荷则由支承筒分配给上支承板和上栅格板。上支承构件由以下几部分组成:

(1)压紧支承组件

压紧支承组件由压紧顶帽、支承筒、控制棒导向筒和堆芯上栅板等组成。压力容器上主螺栓的拧紧力通过压紧支承组件传给燃料组件上管座的弹簧,从而将燃料组件压紧。

压紧支承组件的上端称为压紧顶帽,压紧顶帽有帽式,也有平板式。平板式较易加工;帽式受力刚性较好,可减少压紧顶板的厚度。因此,一般选用帽式较多。

(2)导向筒

导向筒内装有导向活塞,当控制棒组件在堆内上下抽插时导向筒起导向作用。要求导向筒有精确的对中尺寸,不允许将控制棒卡住或别弯。它由不锈钢管装配而成,由于尺寸长,装配精度要求高,所以加工制造难度较大。

(3)压紧弹簧

压紧弹簧放置在吊篮筒体上法兰和压紧顶板之间,依靠压力容器顶盖上的主螺栓所产生的压紧力使吊篮和压紧部件轴向固定。同时利用压紧弹簧补偿吊篮和压紧部件的机械加工公差和装配公差,补偿堆内构件热膨胀造成的尺寸偏差及承受水力冲击等产生的附加力。

3.2.5　燃料组件

把若干个燃料元件棒组装成便于装卸、搬运及更换的棒束组合体称为燃料组件,燃料组件在往堆内装载和从堆内卸出的过程中是不拆开的一个整体。

压水堆的燃料组件长期工作在堆芯中处在高温、高压、强中子辐照、冲刷和水力振动等恶劣条件下,因此燃料组件性能的好坏直接关系到反应堆的安全可靠性、经济性和先进性。压水反应堆普遍采用低浓缩铀燃料、弹簧定位格架、无盒的棒束燃料组件。燃料组件由燃料元件棒、定位格架、组件骨架等部件所组成。元件棒可按 14×14、15×15 或 17×17 排列成正方形的栅格,每个组件设有 16~24 根控制棒导向管,组件的中心位置为中子通量测管,其余为燃料元件棒的位置。

目前电站压水堆普遍采用 17×17 排列的燃料组件,设 24 根控制棒导向管和一根堆内中子通量测量管,其余 264 个栅元装有燃料棒。整个棒束沿高度方向设有 8~10 层弹簧定位格架,将元件棒按一定间距定位并构成一束。图 3.4 给出了典型的燃料组件结构。

导向管和通量测量管与弹簧定位格架连接成一个刚性的组件骨架结构,元件棒就插入骨架内。骨架上、下端的部件称为上、下管座。上、下管座均设有定位销孔,燃料组件装入堆芯后依靠这些定位销孔与堆内上、下支承板上的定位销钉相配,使组件在堆芯中按一定间距定位。上管座装有压紧弹簧,通过支承板将燃料元件压紧,防止冷却剂冲刷使燃料元件上下窜动。燃料组件可分成燃料元件棒和骨架结构两个部分,下面分别介绍核燃料元件棒和骨架的具体结构特点。

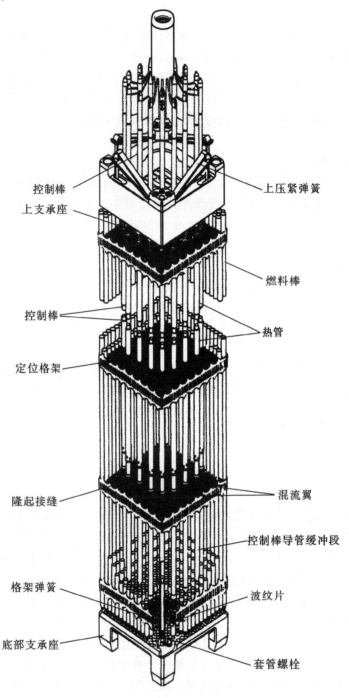

控制棒

上支承座

控制棒

定位格架

隆起接缝

格架弹簧

底部支承座

上压紧弹簧

燃料棒

热管

混流翼

控制棒导管缓冲段

波纹片

套管螺栓

图 3.4　典型的燃料组件结构

1. 燃料元件棒

图 3.5 所示为压水堆燃料元件棒的典型结构，它由燃料芯块、燃料棒包壳管、压紧弹簧、上、下端塞等几部分组成。

燃料元件棒是堆芯的核心构件,是核链式裂变反应的发生地,也是核动力的热源。为了确保燃料元件棒在整个寿期内的完整性,必须限制燃料和包壳的使用温度。燃料元件用 UO_2 作燃料的芯块,其最高工作温度应低于 UO_2 的熔点。在目前的设计中,一般取使用温度 2 500～2 600 ℃,锆合金包壳的工作温度限制在 350 ℃ 以下。

二氧化铀芯块放置在锆－4 合金包壳管中,装上端塞,把燃料芯块封焊在里面,从而构成燃料元件棒。包壳既保证了燃料元件棒的机械强度,又将核燃料及其裂变产物包容住,构成了强放射性的裂变产物与外界环境之间的第一道屏障。

燃料元件棒内有足够的预留空间和间隙,可以容纳燃料裂变时释放出的裂变气体,允许包壳和燃料有不同的热膨胀,保证包壳和端塞焊缝都不会超过允许应力,间隙内充填一定压力的氦气,以改善间隙内的热传导性能。

在燃料芯块柱的两端装有隔热块,以防止燃料产生的热量向两端传出。在燃料芯块柱与上部端塞之间装有一个不锈钢螺旋形压紧弹簧,以防止运输或操作过程中芯块在包壳管内窜动。

堆芯具有很高的功率密度,为防止元件过热,必须保证元件棒能获得充分的冷却。同时还必须限制堆内燃料元件的最大表面热流密度,实践中通常限定燃料元件棒单位长度发热率。下面分别讨论燃料元件各部分特性。

（1）燃料芯块

燃料芯块设计要综合考虑物理、热工、结构等方面的因素,燃料芯块由低富集度的二氧化铀粉末经冷压后烧结而成,经滚磨成一定尺寸的圆柱体。由于芯块在高温和辐照作用下会发生不均匀的肿胀,燃料芯块形成沙漏形,从而使燃料元件变成竹节状。为了解

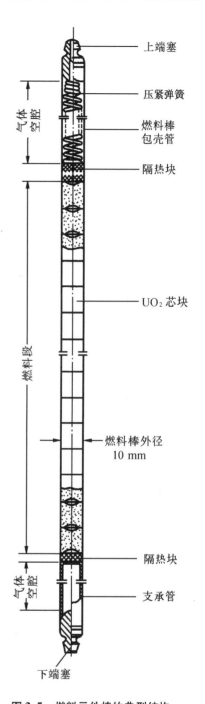

图 3.5　燃料元件棒的典型结构

决这一问题,燃料芯块一般都做成两端浅碟形加倒角的形状,如图 3.6 所示。另外,为获得合适的芯块显微结构,采用粉末压制的制块工艺并加入一些制孔剂,使烧结后的芯块内部存在一些细孔,既可以容纳绝大部分裂变气体,又使芯块致密化效应减少。这些对于防止燃料芯块的辐照肿胀、包壳蠕变导致的包壳破损都有明显效果。

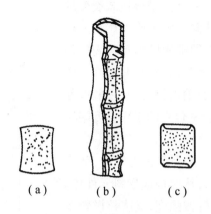

图3.6 辐照变形后的燃料芯块和核燃料元件

(a)沙漏状芯块;(b)"竹节状"燃料元件;(c)浅碟形＋倒角芯块

(2)集气空腔和充填气体

芯块和包壳间留有轴向空腔和径向间隙,它们的作用是:补偿芯块轴向的热膨胀和肿胀;容纳从芯块中放出的裂变气体,把由于裂变气体造成的内压上升限制在适当的值,以避免包壳或密封焊接处的应力过大。此外,为了降低运行过程中包壳管的内外压差,防止包壳管的蠕变塌陷和改善燃料元件的传热性能,现代压水堆燃料元件棒都采用了预充压技术,即在包壳管内腔预先充有3 MPa的惰性气体氦,当燃料元件棒工作到接近寿期终了时,包壳管内氦气加上裂变气体的总压力同包壳管外面冷却剂的工作压力值相近。

(3)燃料元件包壳

目前压水堆燃料元件包壳管几乎都是锆－4合金冷拉而成的。燃料元件包壳的外径一般是根据设计要求定出的,同时还要考虑水铀比等因素。压水堆燃料元件包壳的壁厚主要是从结构强度和腐蚀两方面考虑。元件是靠包壳本身的强度抵抗冷却剂的外压,不发生塌陷而保持其形状。随着燃耗的加深,包壳管因燃料肿胀和裂变气体压力而造成的周向变形不应超过设计标准所确定的极限值。

2.燃料组件的骨架结构

17×17排列的燃料组件的骨架结构由定位格架、控制棒导向管、中子通量测量管、上管座和下管座组成。这些部件组装在一起形成了组件的骨架,保证燃料组件有一定的强度和刚性。下面分别介绍燃料组件中骨架结构的各部件。

(1)定位格架

在燃料组件中,沿长度方向布置8～10层格架,这种定位使元件棒的间距在组件内得以保持。格架的夹紧力设计成可使振动磨蚀达到最小,又允许不同的热膨胀滑移,还不致引起包壳的超应力。

图3.7为定位格架的具体结构,在格架栅元中,燃料棒的一边由弹簧施力,另一边顶住锆合金条带上冲出的两个刚性凸起,两边的力共同作用使棒保持在中心位置。弹簧力是由跨夹在锆合金条带上的因科镍718制成的弹簧夹子产生的,弹簧夹子由因科镍718片弯成

开口环而制成,然后把夹子跨放在条带上夹紧定位,并在上下相接面上点焊。控制棒导向管占有一个栅元,它与定位格架点焊相连。

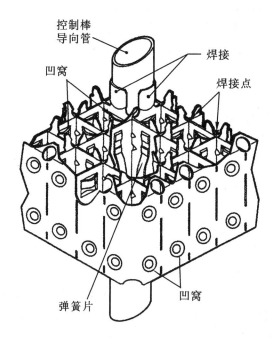

图 3.7　定位格架的具体结构

在格架的四周外条带的上缘设有导向翼,并要避免装卸操作时相邻组件格架的相互干扰。高通量区的格架(即从下至上第 2 至第 7 个格架)在内条带上还设置了搅混翼片,以促进冷却剂的混合,有利于燃料棒的冷却和传热。

(2)控制棒导向管

在标准的 17 × 17 燃料组件中,导向管占据 24 个栅元,它们为控制棒插入和抽出提供导向的通道。导向管由锆 - 4 合金制成,其下段在第一和第二个格架之间处直径缩小。在紧急停堆时,当控制棒在导向管内接近行程底部时,缩径将起缓冲作用,缓冲段的过渡区呈锥形,以避免管径过快变化。在过渡区上方开有流水孔,在正常运行时有一定的冷却水流入管内进行冷却,而在紧急停堆时水被部分地从管内挤出,以保证控制棒的下落速度在最大的容许速度之内。缓冲段以下,在第一层格架的高度处,导向管扩径至正常管径,使这层格架与上面各层格架以相同的方式与导向管相连。

(3)中子通量测量管

放在燃料组件中心位置的通量测量管是用来容纳堆芯通量探测器的套管。通量测量管由锆 - 4 合金制成,直径上下一致,它与格架的固定方法与导向管相同。

(4)下管座

下管座是一个正方形箱式结构,它是燃料元件棒的底座,同时还对流入燃料组件的冷却剂起着流量分配的作用。下管座由四个支承脚和一块方形孔板组成,都用 304 型不锈钢制造。方形孔板上的开孔布置既要起冷却剂流量分配的作用,又不能使燃料棒穿过孔板。

导向管与下管座的连接借助导向管端部的螺纹塞头来实现。螺纹塞头旋紧在锆合金端塞的螺孔中将导向管锁紧在下管座内,为了防止螺母松动,螺母上紧后要施焊。

组件重量和施加在组件上的轴向载荷,经导向管传递,通过下管座分布到堆芯下栅格板上。燃料组件在堆芯中的正确定位由支承脚上的定位孔来保证,这些定位孔和堆芯下栅格板上的定位销相配合,作用在燃料组件上的水平载荷同样通过定位销传送到堆芯支承结构上。

(5)上管座

上管座是一个箱式结构,它由承接板、围板、定板、四个板弹簧和相配的零件组成。除了板弹簧和它们的压紧螺栓用因科镍718制造之外,上管座的所有零件用304型不锈钢制造。

承接板呈正方形,它上面加工了许多长孔让冷却剂流过,加工成的圆形孔用于与导向管相连。承接板起燃料组件上格板的作用,既能使燃料保持一定的栅距又能防止燃料棒从组件中向上弹出。

导向管的上端与承接板相配,并用一个不锈钢钉锁住,用导向管与下管座连接的同样方法固定。通过这种连接,作用在燃料组件上的任何轴向载荷都均匀地分布在导向管上。

四个板弹簧通过锁紧钉固定在顶板上,弹簧的形状为向上弯曲凸出,而自由端弯曲朝下插入顶板的键槽内。当堆内构件装入堆内时,在堆芯上格板的压力下引起弹簧挠曲而产生的压紧力将足以抵消冷却剂的水流冲力。当燃料组件在制造厂内搬动和运往使用现场的运输过程中,上管座也为燃料组件的相关部件提供保护。

3. 控制棒组件

控制棒组件是核反应堆控制部件,在正常运行情况下用它启动、停堆、调节反应堆的功率,在事故情况下依靠它快速下插,使反应堆在极短的时间内紧急停堆,从而保证反应堆的安全。

棒束控制组件包括一组24根吸收棒和用作吸收棒支承结构的星形架。星形架与安置在反应堆容器封头上的控制棒驱动机构的传动轴相啮合。每一棒束控制组件有其本身的驱动系统,可单独动作或若干个控制棒组件编组动作。

棒束控制组件的数目能保证在紧急停堆时即使有一个组件不能动作亦能安全停堆,它在电站运行时能按适当的功率分布控制堆功率。设计要保证在棒束控制组件或其驱动机构的任何零部件发生故障时,组件都不会从堆芯弹出。棒束控制棒组件的设计寿命一般为15年。

4. 可燃毒物组件

压水堆中采用硼溶液化学控制可减少控制棒的数量,降低反应堆的功率峰值因子,加深卸料燃耗。但当慢化剂温度升高时,液体毒物硼将随水的体积膨胀而被排出堆芯,如果硼浓度超过一定的数值,将使反应堆出现正的慢化剂温度系数,影响反应堆自稳调节性能。为使反应堆保持负温度系数,在运行时通常将硼浓度限制在 1.0×10^{-3} 之内。因此在采用硼溶液化学控制的同时,还需要使用一定数量的固体可燃毒物。另外,在船用反应堆中为了使系统简化,也可以不加硼运行,这时主要靠加可燃毒物来控制后备反应性。

固体可燃毒物采用吸收中子能力较强,又能随着反应堆运行与核燃料一起消耗的核素。

常用的有硼玻璃、碳化硼和三氧化二钆等。将这些材料制成棒状或管状,然后外面再加包壳放入堆芯内。固体可燃毒物棒一般设置在燃料组件的导向管内,每个燃料组件内插入可燃毒物棒的数目和布置形式由堆物理设计确定。固体可燃毒物的合理布置,将进一步改善堆芯的功率分布。适当缩短可燃毒物棒的轴向尺寸,非对称地布置偏于下半堆芯,可起到展平轴向功率分布的作用。

5. 中子源组件

反应堆初次启动和再次启动都需要中子源来"点火"。人工中子源设置在堆芯或堆芯邻近区域,每秒钟放出 $10^7 \sim 10^8$ 个中子。依靠这些中子在堆芯内引起核裂变反应,从而提高堆芯内中子通量,克服核测仪器的盲区,使反应堆能安全、迅速地启动。在反应堆内中子源棒的数量一般不多,它们通常与阻力塞和可燃毒物棒一起组成一束。例如大亚湾核电站的反应堆有两个带中子源的组件,在每组的 24 根棒中有一根初级中子源棒,一根次级中子源棒,16 根可燃毒物棒和 6 根阻力塞。

常用的初级中子源是钋-铍源,^{210}Po 可自然地放出 α 粒子,半衰期 $T_{1/2} = 138$ d。当所放出的 α 粒子打击铍核时会产生中子,其核反应式如下:

$$^{210}_{84}\text{Po} \rightarrow ^{206}_{82}\text{Pb} + \alpha$$

$$\alpha + ^{9}_{4}\text{Be} \rightarrow ^{12}_{6}\text{C} + ^{1}_{0}\text{n}$$

由于钋-铍中子源半衰期还不够长,一些大型压水堆核电站(如大亚湾核电站)采用锎(^{252}Cf)作初级中子源,它在自发裂变时放出中子。

次级中子源常用锑-铍源。^{123}Sb 在堆内经中子辐照后变成具有 γ 放射性的^{124}Te,半衰期 $T_{1/2} = 60$ d,^{124}Te 放出的 γ 射线打击铍核时产生中子,其核反应式如下:

$$^{123}_{51}\text{Sb} + ^{1}_{0}\text{n} \rightarrow ^{124}_{51}\text{Sb} \xrightarrow{\beta^-} ^{124}_{52}\text{Te} + \gamma$$

$$^{9}_{4}\text{Be} + \gamma \rightarrow ^{8}_{4}\text{Be} + ^{1}_{0}\text{n}$$

或

$$^{9}_{4}\text{Be} + \gamma \rightarrow 2^{4}_{2}\text{He} + ^{1}_{0}\text{n}$$

中子源组件由钋-铍源棒、锑-铍源棒、阻力塞棒及连接柄等组成。为防止受反应堆内的水力冲击或振动,在堆芯上格板就位时,需通过压紧杆、组合弹簧等将中子源组件压紧,防止它在堆内窜动。

3.2.6 压水堆主冷却剂系统

目前核电站用的压水堆主冷却剂系统绝大部分采用分散形式布置,反应堆冷却剂系统按照其容量由两个、三个或四个相同的冷却环路组成。每一个环路有一台蒸汽发生器,一台或两台(其中一台备用)主冷却剂泵,并用主管道把这些设备与反应堆连接起来,构成密闭的回路。这样的系统称为主冷却剂系统(也称一回路系统),见图 3.8。整个系统共用一个稳压器,系统的压力依靠稳压器来维持。为了完成主冷却剂系统的主要功能,还附有一系列的辅助系统。在核电站中,主冷却剂系统放置在钢筋混凝土安全壳内,万一发生管道破裂,安全壳能容纳所释放出来的全部蒸汽和裂变产物。

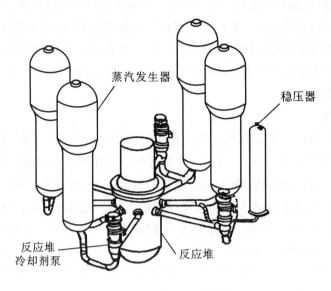

图 3.8　主冷却剂系统构成

3.3　沸水堆(BWR)

沸水堆与压水堆同属轻水堆,与压水堆不同之处是沸水堆的堆芯内产生蒸汽直接进入汽轮机做功。沸水堆首先是由美国的 GE(General Electric)公司发展起来的,目前很多国家都有能力建造沸水堆,在当今的动力反应堆中,沸水堆大约占23%。沸水堆的研制起步较晚,但由于它的系统压力低,循环回路简单等优点,受到一些用户的欢迎。与压水堆相比,沸水堆没有蒸汽发生器,采用蒸汽直接循环,因此它更接近常规的蒸汽动力装置。在沸水堆中,燃料产生的热量大部分使水汽化,冷却剂一次流过堆芯吸收的热量多,因此对于同样的热功率,通过沸水堆堆芯的冷却剂流量小于压水堆内的冷却剂流量。

沸水堆壳体内装有堆芯、堆内支承结构、汽水分离器、蒸汽干燥器和喷射泵等,图3.9示出了沸水堆的本体结构。在图中所示的沸水堆循环中,把通过堆芯的1/3流量抽出压力容器,用两台外部循环泵将其加压后重新打入压力容器,驱动18~24台喷射泵抽吸其余2/3的流量。两股水流合并通过扩散器增压而达到所需的压头。由于堆内是汽水两相流体,沸水堆的功率对堆芯内的流量比较敏感,因此可以利用流量控制来调节反应堆的功率。例如加大外部循环回路的流量调节阀开度,使内部喷射泵流量增加,进入堆芯的冷却剂增多,使堆芯内气泡减少,反应性增大,功率上升,功率上升后会导致气泡增多又使功率回落,直至达到新的平衡,靠这种改变循环水流量便可实现额定功率65%~100%的功率调节。靠这种方法控制功率的速度很快(1%/s),方便灵活,因此沸水堆的正常功率变化可以不用控制棒调节,完全通过流量跟踪来实现控制。

堆芯主要由核燃料组件、控制棒等组成,同压水堆一样也采用低富集度(2%~3%铀-235)的 UO_2 作为核燃料,将 UO_2 制成圆柱状芯块后装入锆合金包壳内。沸水堆的燃料元件要在高含汽率的两相流条件下工作,燃料元件的功率密度远小于压水堆,因此沸水堆的燃料元件较粗,元件外径一般为 12 mm。元件棒通常排列成 8×8 的正方形栅阵,中间用几层弹簧格架夹紧定位,每组燃料组件的外侧包有燃料组件盒。在燃料组件中装有不放燃料的水棒,它的作用是展平局部中子峰值。

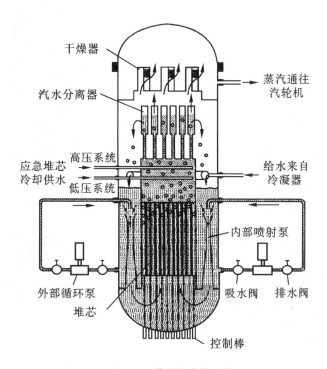

图 3.9　沸水堆本体结构

　　控制棒为十字形,它由几十根装有碳化硼粉末的不锈钢细管组成,安置在四个燃料组件中间间隙内(见图 3.10)。沸水堆的冷却剂内一般不加硼,因此控制棒是停闭反应堆的主要手段。控制棒驱动机构装在反应堆压力容器底部外侧,通过液压系统传动,使控制棒从堆芯底部插入。由于堆芯下部蒸汽份额较小,功率密度较高,所以从堆芯底部插入控制棒可降低堆芯下部的反应性,有利于轴向功率的展平。控制棒的这种布置也有利于为压力容器上部留出充分的空间,作为安置汽水分离器和蒸汽干燥器之用,反应堆停堆后控制棒不影响换料操作。控制棒驱动机构装在压力容器的底部,先进的沸水堆一般都采用电力和液压两种驱动方式,正常运行时使用电力驱动,使控制棒缓慢插入和抽出;当发生事故时采用液压驱动,可将所有控制棒同时快速插入堆芯,插入速度约为 2 m/s。液压驱动是靠氮气加压水箱实现的,加压水箱中经常保持 16 MPa 的压力,可以确保在紧急停堆时将控制棒插入堆芯。

　　图 3.11 所示是沸水堆燃料组件,组件外围罩有锆合金制成的方形组件盒,以防止冷却剂在燃料组件之间的横向流动。组件盒也为控制棒的导引和流量调节器的安装提供了方便。一座电功率为 985 MW 的沸水堆,堆芯装有 592 盒燃料组件,145 根十字形控制棒。沸水堆的堆芯直径一般在 4 m 以上,高度约 3~4 m,和压水堆一样采用燃料分区装载,每 1~1.5 年以局部倒换料方式更换燃料一次。

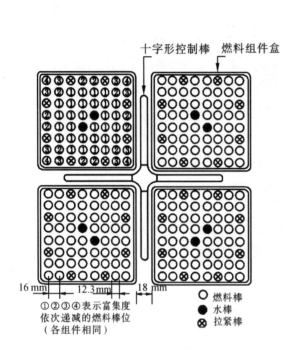

十字形控制棒　　燃料组件盒

16 mm　12.3 mm　18 mm

①②③④表示富集度
依次递减的燃料棒位
（各组件相同）

○　燃料棒
●　水棒
⊗　拉紧棒

图 3.10　沸水堆的燃料组件和控制棒

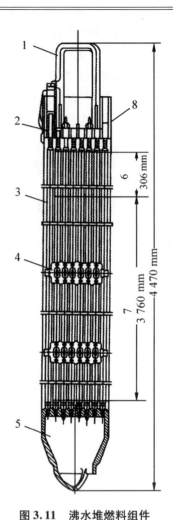

图 3.11　沸水堆燃料组件

1—提升柄；2—上固定座；3—燃料棒；4—定位格架；
5—下固定座；6—裂变气体空腔；7—燃料段；8—组件盒

　　由于反应堆产生的蒸汽直接送往汽轮机，因此反应堆内必须设置汽水分离设备。汽水分离器和蒸汽干燥器设置在堆芯上方，从堆芯流出的蒸汽和水的混合物先经过离心式汽水分离器以除去大部分的水，从分离器出来的湿蒸汽再进入波纹板式蒸汽干燥器以提高蒸汽干度，然后通过管道直接进入汽轮机。

　　设置在堆芯周围环形空间的喷射泵把来自汽水分离器的水和从汽轮机冷凝后流回的给水送往堆芯进行再循环。喷射泵由堆外两个循环回路的水流驱动。循环回路从环形空间的下部抽取一部分冷却剂，通过循环泵以高压进入喷射泵的喷嘴，利用喷嘴喷射原理，使喷射泵的喉部形成高速水流，高速水流造成了一个低压区，把附近未经过循环回路的水吸入喷射泵，并强迫冷却剂水到达堆芯底部的水腔后再往上流经堆芯。

3.4 重 水 堆

重水的化学性质接近于轻水,但物理性质有所不同,在中子吸收截面上相差较大。重水是由一个氧原子和两个氘原子组成的化合物(D_2O),D(氘)是 H(氢)的同位素。重水是很好的慢化剂,与轻水(H_2O)相比,它的热中子吸收截面比轻水小近 700 倍,重水的中子吸收截面 $\sigma_a = 0.92 \times 10^{-3}$ b,而轻水的 $\sigma_a = 0.638$ b。重水中氘原子的质量是氢原子质量的 2 倍,D_2O 慢化中子的能力不如 H_2O 有效,快中子在重水中慢化成热能中子要比在轻水中经历更多次数的碰撞和更长的行程。因此同样功率的重水堆要比轻水堆的堆芯大,这使得压力容器的制造困难。

重水具有与轻水相近的优良热物理性能,所以是很好的冷却剂。但是作为核反应堆的冷却剂,重水的泄漏是较大的损失,因此现代重水堆都以重水作慢化剂,轻水作冷却剂。中子在重水慢化剂中的伴生吸收损失很少,因此重水堆能有效地利用天然铀,可以从每吨天然铀中提取较多的能量。重水堆中需要的天然铀量最小,生成的钚一部分在堆内参加裂变而烧掉,其余的包含在乏燃料中,重水堆单位能量的净钚产量高于除了天然铀石墨堆外的其他热中子反应堆,约为压水堆的 2 倍。

重水堆按其结构形式可分为压力容器式及压力管式两种。压力容器式重水堆的结构类似压水堆,只不过慢化剂和冷却剂都是重水。压力容器式重水堆的堆内结构材料比压力管式的少,中子经济性好,可达到很高的转换比。但压力容器式天然铀重水堆的最大功率受到厚壁容器制造能力的限制。压力管式重水堆只有压力管承受高压,而容器不承受高压,因此其功率不受容器制造能力的限制。压力管式重水堆用重水作慢化剂,冷却剂是轻水。目前重水堆达到商用的只有加拿大发展的压力管卧式重水堆,称为 CANDU(Canada Deuterium and Uranium)型重水堆,CANDU 型重水堆的结构形式如图 3.12 所示。

CANDU 型重水堆的压力管把轻水冷却剂和重水慢化剂分开,压力管内流过高温、高压(温度约 300 ℃,压力约 10 MPa)轻水作为冷却剂,压力管外是处于低压状态下的重水慢化剂,盛装慢化剂的大型卧式圆柱形容器称作排管容器。排管容器设计成卧式的目的是便于设备布置及换料维修。排管容器中的慢化剂由一个慢化剂冷却系统进行冷却,带走中子慢化过程中产生的热量。CANDU 型重水堆使用的核燃料是天然铀,把它做成 UO_2 芯块后放在锆合金包壳内构成外径为 13.08 mm,长度为 49.5 cm 的元件棒,再由 37 根元件棒组成直径为 10.2 cm、长度约 50 cm 的燃料元件束(见图 3.13)。堆芯由 380 根带燃料元件束的压力管排列而成,每根压力管内首尾相接地装有 10 ~ 12 个燃料元件束。为了防止热量从高温、高压的冷却剂中传出来,在每根压力管外设置一同心套管,在此两管的环状空间中充有 CO_2 作为绝热层,从而使大型卧式圆柱排管容器中的重水慢化剂温度低于 60 ℃。

一个标准的 CANDU6 型重水堆热功率为 2 158 MW,电功率为 665 MW,热效率为 30.8%,重水装载量为 465 t,天然铀装载量为 84 t,平均线功率密度为 162 W/cm,平均卸料燃耗为 7 500 MW·d/t。

控制棒设置在反应堆上部,穿过大型卧式圆柱排管容器插入压力管束间隙的慢化剂中,反应性的调节既可用控制棒也可用变化慢化剂液位的方法来进行。需紧急停堆时可将控制棒快速插入堆芯,并打开排管容器底部的大口径排水阀,把重水慢化剂迅速排入重水倾泻槽或向慢化剂内喷注硼酸钆溶液以减少反应性。由于用天然铀作燃料所能达到的燃耗较小，因此需要频繁地换料。CANDU 型重水堆用两台遥控的装卸料机进行不停堆换料。换料时，两台装卸料机分别与压力管两端密封接头连接，压力管的一端加入新燃料元件束，同时在同一压力管的另一端取走乏燃料元件束。由于采用不停堆换料方式，可以按堆芯的燃耗情况随时补充新燃料，因此堆芯内不仅所装载的燃料少，而且所需的剩余反应性也小。但这种反应堆产生的乏燃料量远多于轻水反应堆。

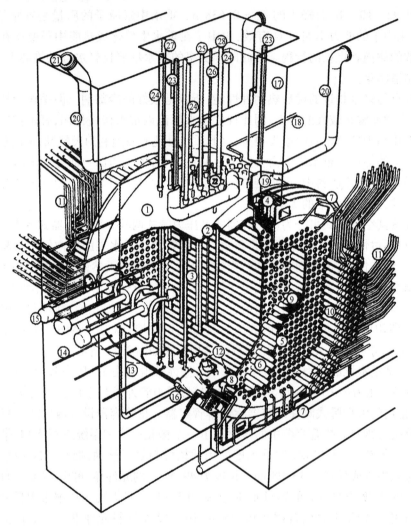

图 3.12　CANDU 型重水堆的结构形式

1—排管容器；2—排管容器外壳；3—压力管；4—嵌入环；5—侧管板；6—端屏蔽延伸管；7—端屏蔽冷却管；

8—进出口过滤器；9—钢球屏蔽；10—端部件；11—进水管；12—慢化剂出口；13—慢化剂入口；

14—通量探测器和毒物注入；15—电离室；16—抗阻尼器；17—堆室壁；18—通到顶部水箱的慢化剂膨胀管；

19 薄防护屏蔽板；20—泄压管；21—爆破膜；22—反应性控制棒管嘴；23—观察口；24—停堆棒；25—调节棒；

26—控制吸收棒；27—区域控制棒；28—垂直通量探测器

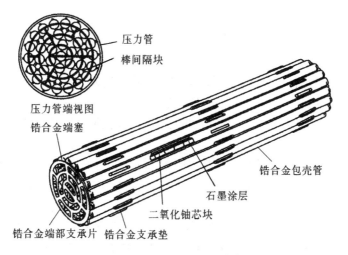

图 3.13　重水堆燃料元件束

CANDU 型反应堆的一回路系统分为左右两个相同的环路,对称布置(见图 3.14)。每个环路有 2 台蒸汽发生器和 2 台主泵并通过管道连接而成,每个环路带出反应堆一半热量。冷却剂的流程是:在左侧主泵唧送下轻水冷却剂通过集流管分配到压力管左侧,从左边流入压力管,吸收燃料元件的裂变释热后从压力管右边流出,然后通过堆出口集流管进入右侧蒸汽发生器。在右侧蒸汽发生器中将热量传递给二回路的轻水,轻水冷却剂在右侧蒸汽发生器流出后,在右侧主泵的唧送下从右边进入另一组压力管,在其中吸收燃料元件裂变的释热后从这些压力管的左边流出,经堆出口集流管进入左侧蒸汽发生器。

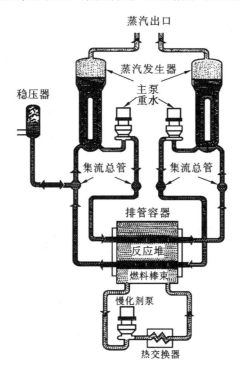

图 3.14　CANDU 型反应堆的一回路系统

3.5　气　冷　堆

气冷堆是以石墨作为慢化剂,二氧化碳或氦气作为冷却剂的反应堆。石墨气冷堆也是世界上出现较早的堆型之一。初期这种堆被应用于军事目的,某些国家用天然铀石墨慢化反应堆来生产钚,以此来制造核武器,20 世纪 50 年代中期以后开始成为发电用的商用动力堆。

英国在 1956 年建成电功率为 50 MW 的卡特霍尔气冷堆电站。这种气冷堆采用石墨作为慢化剂,二氧化碳气体作为冷却剂,金属天然铀作为燃料,镁诺克斯(Magnox)合金作为燃料棒的包壳材料,称为镁诺克斯气冷堆。20 世纪 70 年代初期,在英国、法国、意大利、日本等国相继建造和运行了镁诺克斯型。这种堆型的优点:一是由于石墨中子吸收截面小,慢化性能好,能利用天然铀作为燃料,这对没有分离铀同位素能力的国家是十分重要的;二是与水冷堆比较,气体冷却剂能在不高的压力下得到较高的出口温度,可提高电站的蒸汽参数,从而提高了热效率,但由于镁合金包壳不能承受高温,限制了二氧化碳气体的出口温度,因而限制了反应堆热工性能的进一步提高;三是可以在带功率运行时连续换料,提高了电站利用率。

高温气冷堆是气冷堆的进一步发展,以提高其热工参数。高温气冷堆采用耐高温的涂敷颗粒燃料元件,化学惰性和热工性能良好的氦气作为冷却剂,耐高温的石墨材料作为慢化剂和堆芯结构材料。英国从 20 世纪 60 年代起就开始研究发展高温气冷堆技术,与此同时,美国和德国也开始积极发展高温气冷堆技术。

高温气冷堆的核燃料是富集度约为 10% 的 UO_2,或高富集度铀加钍的氧化物(或碳化物)制成直径约为 0.6 mm 的颗粒,外面再涂敷三层到四层热解碳和碳化硅(SiC)涂层,见图 3.15。最内层是一层疏松的热解碳层,用来为气体裂变产物提供储存空间,并缓冲温度应力、吸收颗粒的辐照及防止裂变反冲核对外层造成损伤;第二层为高密度热解碳层,用来防止金属裂变产物对 SiC 层的腐蚀,及承受部分内压;第三层 SiC 层是承受内压及阻挡裂变产物外逸的关键层;第四层高密度热解碳层,主要用来保护 SiC 层面免受外来机械损伤。涂层的总厚度 100 ~ 200 μm,燃料颗粒的直径小于 1 mm。这种燃料颗粒的包覆层犹如微型压力壳,在 1 200 ~ 1 300℃下运行时,泄漏出去的裂变产物不到生成的十万分之一,而且能耐受多次热循环而不失效。

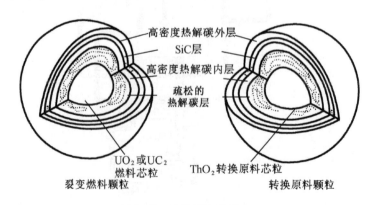

图 3.15　涂敷颗粒燃料

将这些颗粒燃料弥散在石墨基体中制成柱状或球状燃料元件。这种燃料元件不需要金属包壳,而其中石墨既作燃料元件的结构材料又作中子慢化剂。

燃料元件的形式基本上可分为两类:一类是球形元件,是采用6 cm 直径的石墨球,内部是涂敷颗粒和石墨基体压制成的密实体,外部是石墨球壳;另一类是柱形元件,它可以是圆棒或管形,也可以是内装细棒状密实体的六角棱柱块,如图 3.16 所示。例如圣·符伦堡堆采用的是六角棱柱块,尺寸为 359.1 mm(横断面宽)×793 mm(高),块上均匀开有燃料孔和冷却孔,孔呈三角形排列,冷却孔两端打通,燃料孔一端不打通,将燃料密实体做成短圆柱装入燃料孔内,再用石墨柱塞住。燃料所发出的热量通过石墨基体传给流过冷却孔的氦冷却剂。块上还打有控制棒孔、控制毒物孔和装卸孔。

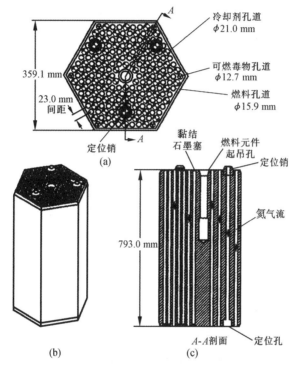

图 3.16 六角棱柱形燃料元件
(a)横剖面;(b)元件外观;(c)纵剖面

堆芯结构基本上也分为两类:一类是球床堆,另一类是棱柱堆,也称柱床堆。堆芯一般是圆柱形的,四周围有石墨反射层,反射层外有金属热屏蔽,整个堆芯装在预应力混凝土壳内。在棱柱堆中,堆芯由燃料元件棱柱块和反射层石墨棱柱块砌成。一个 1 000 MW 的堆芯包含约 450 根立柱,每根立柱由 8 块宽 359 mm、高 793 mm 的六角形燃料元件棱块叠置而成。棱柱块中开有冷却剂孔道、控制棒和 B_4C 小球停堆装置孔道以及为装卸料操作用的起吊孔。燃料按径向和轴向分区装载。每年更换 1/4 的燃料,换料时需停堆,拆去容器顶部的控制棒驱动机构。在棱柱堆中,控制棒可插入六角棱柱块上的控制棒孔道中,这些孔道可与装卸孔合用,也可单独开孔。棱柱堆堆芯的优点是堆芯布置可以改变,可做成环形堆芯和柱形堆芯;反射层可以更换,可用耐辐照性能差寿命短的石墨;堆芯有固定的冷却剂流道,流动阻力和风机功率较低。其缺点是需要沿堆芯轴向装载不同含铀量的燃料元件,来降低轴向功率不均匀因子,因此装卸料比较复杂。

在球床堆中,燃料元件由堆顶装入,从堆芯底部反射层的排球管排出。排出的燃料球经过燃耗分析后,将尚未达到预定燃耗的再送回堆内使用;也可以采用加深燃耗一次通过循环的方式。例如图 3.17 所示的球床堆,用气动的方法把直径为 60 mm 的球形新燃料由堆的顶部连续送入堆芯,同时从底部连续地排出乏燃料元件,经过破损检查和燃耗测量,再将尚未达到预定燃耗值的燃料球送回堆内复用。这样的反应堆内装有几十万个燃料球,每个球平均经过 6 ~ 15 次循环使用,在堆内停留时间长达 1 000 天,U + Th 的平均燃耗大于 100 000 MW · d/t,实际燃料球破损率小于 10^{-4}。堆芯用氦气进行冷却,氦气压力为 1 ~ 4 MPa。用自上而下的氦气流冷却球床,出口氦气温度高达 750 ℃ 以上,蒸发器中可产生 540 ℃ 的过热蒸汽,得到 40% 的电厂热效率。氦气风机用变速马达或汽轮机驱动。堆芯具有很大的负温度系数,单靠改变氦气流量就能在很宽的范围内调节反应堆功率。另外还配有控制棒和靠重力下落的 B_4C 小球停堆装置。球床堆芯的优点是可实现不停堆连续换料,功率分布和燃耗深度比较均匀;缺点有装卸料系统比较复杂,反射层更换困难,需要采用耐辐照的高品质石墨。大型高温气冷堆一般都采用预应力混凝土壳,堆芯和整个一回路都安装在壳内,混凝土壳内的氦气压力为 4 ~ 5 MPa。预应力混凝土壳既是一次冷却系统的压力容器,又是堆的生物屏蔽层。壳内设备布置方式采用单腔式,也就是蒸发器和风机放在同一腔内的堆芯侧面。但目前大型高温气冷堆的设计趋向于采用多腔式结构,即堆芯在中心空腔内,而蒸发器和风机布置在四周侧壁内的较小空腔内。

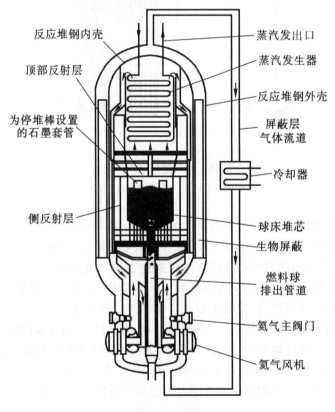

图 3.17　球床堆

由于全部一回路系统都安装在预应力混凝土反应堆容器内,不必使用外部冷却剂管道,这就减少了发生冷却剂丧失事故的可能性。而且预应力混凝土反应堆容器在设计建造时都留有足够裕量,因此反应堆容器一般不会发生突然破坏事故。然而,通常还是加上普通钢筋混凝土安全壳。高温气冷堆的冷却剂出口温度高,因此电站的热效率高,可与新型火电站相媲美;堆内没有金属结构材料,中子寄生俘获少,转换比高达 0.8～0.85。

3.6　钠冷快中子堆

钠冷快中子堆是目前使用较多的一种快中子堆,在这种反应堆内核燃料裂变主要由能量 100 keV 以上的快中子引起,所以堆内不需要慢化剂,从而使堆芯内有害吸收减少,能有更多的中子用于转换新的核燃料,使转换比增大。例如用钚 – 239 作燃料则每消耗一个钚 – 239 核所产生的中子平均数为 2.6 左右。除一个中子去维持链式裂变反应外,有一个以上的中子被可转换物质吸收,若可转换物质是铀 – 238,则新生成的钚 – 239 核与消耗的钚 – 239 之比(增殖比)可达 1.2,实现了裂变燃料的增殖,因此这种堆称为快中子增殖堆。如果核电站采用快中子增殖堆作为动力源,则在发电的同时还能生产新的易裂变燃料,经过一段时间的运行,将堆内积累的核燃料取出来又可装备新的反应堆,而向反应堆继续添加的只是可转换物质铀 – 238。这样使热中子反应堆中不能充分利用的铀 – 238 得到充分利用,使自然界铀资源的能量利用率由 1%～2% 提高到 60%～70%。一旦大量建造快中子增殖堆,不仅热中子反应堆积压下来的大量贫化铀以及低品位铀矿得到利用,而且比铀资源更丰富的钍也能得到充分利用。这样,就能满足全世界长期的电能要求。

在快堆中,热中子几乎是不存在的,因此热中子吸收截面高的材料在快堆中并不显得那么重要。像 ^{135}Xe 和 ^{147}Sm 等裂变产物也是不重要的。快堆没有氙中毒问题,而且随着燃耗的加深,由于裂变产物的积累所引起的反应性下降比热堆要慢得多。因为大多数材料的快中子截面是相似的,所以在快堆堆芯材料的选择中,核因素的限制就不那么苛刻。快中子堆内燃料的易裂变核素富集度越大越好,要尽量减少结构材料和冷却剂,因此其堆芯比压水堆的小很多,一座 1 000 MW(电功率)快堆堆芯的直径约 2 m,高约 1 m。为了把如此小体积中产生的大量热量传输出去,冷却剂必须具有很好的传热性能。液态金属钠具有这种性能,因此这种反应堆冷却剂主要采用液态金属钠,燃料为氧化铀和氧化钚的混合燃料(或铀 – 钚的碳化物),并将燃料芯块装入直径为 6 mm 的不锈钢包壳内。快堆采用钠作冷却剂是因为钠不会使中子有明显的慢化(钠的原子量是 23),熔点较低(98 ℃),而沸点较高(在常压下为 882 ℃),因此反应堆可在低压不沸腾情况下运行在较高温度,从而获得高的电厂热效率。尤其是钠有极好的传热性,因此使反应堆有高的功率密度。快中子增殖堆有池式和回路式两种类型。以法国"超凤凰"快中子堆为例,该堆为池式,堆芯分为核燃料区和增殖再生区两部分。燃料区中的燃料棒按三角形排列成长为 5.4 m,对边宽为 17 cm 的六角形燃料盒。燃料是由富集度为 17% 二氧化钚和富集度为 83% 的二氧化铀组成,核燃料区由 364 个燃料盒组成。四周为天然铀(或贫化)的氧化物燃料制成的再生区。再生区的燃料棒径为 15 mm。反应堆的控制采用圆柱形控制棒,采用碳化硼吸收体,外包不锈钢,插入六角形的套筒中。

图 3.18 所示为一座池式钠冷快堆。整个堆芯连同一回路钠泵/中间热交换器以及一回

路的其他设备一起浸泡在一个大型液态钠池中,构成一体化结构。这种结构可降低一回路严重泄漏的可能性,即使某些设备发生故障也不会发生钠流出事故,安全性较好。

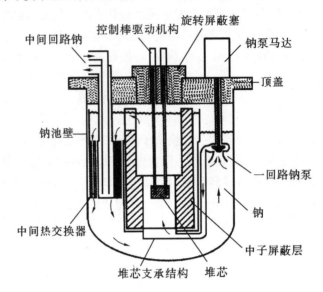

图3.18 池式钠冷快堆

回路式就是用管道将反应堆、热交换器和泵等各个独立设备连接成一回路冷却系统(如图3.19所示)。由于钠流过堆芯后会被中子强烈活化,而且钠和水会发生剧烈的化学反应,因此要用中间回路把放射性钠和水隔开。这样,即使发生钠泄漏或钠-水反应,也能保证一回路系统不受影响。整个回路的流程是:一回路内的液态钠自下而上流经堆芯时吸收裂变释热,在中间热交换器中又把热量传递给二回路(中间回路)的液态钠,二回路的液态钠进入蒸汽发生器,将蒸汽发生器中的水变成蒸汽,蒸汽驱动汽轮机做功。一个功率为1 000 MW 的快堆有 3 ~ 4 个环路,每个环路都相应有自己的中间回路和水-蒸汽回路。回路式的优点是布局比较灵活,设备维修方便,但事故时安全性稍差。

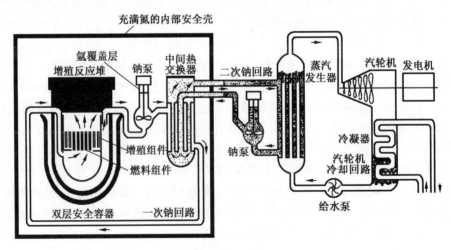

图3.19 回路式钠冷快堆

　　虽然钠冷快中子增殖堆有很多优点,但是尚有一系列技术上的问题没有解决,主要是在高能区核燃料的裂变截面很小,因此为了使链式裂变反应能进行,快中子堆内必须有较高的核燃料富集度,而且初装量也很大。例如,一个电功率为 1 000 MW 的快中子反应堆,堆芯需装工业钚约 3.5 t。因此在快中子反应堆大规模商业推广前,必须建造一定数量的先进转换堆或热中子堆,以便为快堆积累工业钚。另外,由于快中子堆堆芯内没有慢化剂,所以体积小,功率密度高达 300 ~ 600 MW/m³,是压水堆的 4 ~ 8 倍。还有,快中子堆的燃料元件加工及乏燃料后处理要求高,而且其快中子辐照通量率也比热中子堆大几十倍,因此对材料的要求也较苛刻。快中子堆内的中子平均寿命比热中子堆的短,而且钚 - 239 裂变后的缓发中子份额只有铀 - 235 的 1/3 左右,所以快中子堆的控制比较困难。因此,到目前为止,快中子反应堆还未能获得大规模的发展。

　　液态钠从堆芯带出的热量在钠 - 水蒸气发生器中把热量传给水。钠 - 水蒸气发生器有 U 形管式、直管式和螺旋管式等多种形式。钠和水能发生剧烈的化学反应,因此应该防止蒸汽发生器的泄漏。钠中含氧量太高会造成材料的严重腐蚀,必须靠钠净化系统将含氧量保持在 10⁻⁵ 以下;钠沸腾产生气泡会引入正的反应性。但液态钠能在低压下运行,尤其是池式钠冷快中子堆,即使发生断电事故时,也能利用自然循环将剩余释热带出。钠的熔点是 98℃,在该温度以下钠为固体,这为钠冷快堆的启动带来一定困难,为了解决这一问题目前有些快堆采用钠 - 钾合金作冷却剂,钠 - 钾合金的熔点为 - 11℃,在常温下是液体。

3.7　第三代反应堆和第四代反应堆

3.7.1　第三代反应堆

　　目前商用核电站反应堆绝大多数为 20 世纪 70 年代或 80 年代开发的第二代反应堆。为了满足公众对核电厂安全及经济性需求,世界主要反应堆制造商认为将现有第二代反应堆加以改造,提高其安全性,是解决核电发展的较好出路,因此一些发达国家研发了第三代核电技术,与第二代相比,第三代核反应堆及核电技术具有以下显著特性:

　　(1)提高了安全性,降低核电厂严重事故(堆芯熔化和放射性向环境大量释放)的风险,延长在事故状态下的操纵员的不干预时间等;

　　(2)提高经济性,降低造价和运行维护费用;

　　(3)延续成熟性,尽量采用现有核电厂已经验证的成熟技术。

　　对于新建核电厂,采用第三代核电技术的具体目标可归纳为:堆芯热工安全裕量 15%;堆芯损坏概率小于 10⁻⁵/(堆·年);大量放射性向外释放概率小于 10⁻⁶/(堆·年);机组额定功率 100 万 ~ 180 万千瓦(电功率);可利用因子大于 87%;换料周期 18 ~ 24 个月;电厂寿命 60 年;建设周期 48 ~ 52 个月。

　　目前,世界上具有代表性的第三代核电技术有如下几种堆型:美国西屋公司制造的 AP1000 先进非能动压水堆;法国阿尔法公司的 EPR 欧洲压水堆;中国的华龙一号;美国通用电气公司的 ABWR 先进沸水堆;日本三菱公司的 APWR 先进压水堆。以上几种堆型中,ABWR 已于 20 世纪末在日本成功建造并投入运行,AP1000 和华龙一号已在中国建造。

　　第三代核反应堆技术具有代表性的是 AP1000,图 3.20 给出了 AP1000 反应堆冷却剂系统主要设备布置图。这是一种二环路的压水型反应堆,反应堆采用了成熟的压水堆堆型,并稍做改进;反应堆压力容器采用环形锻件焊接以及全焊接式堆内构件。采用"System 80⁺"的成熟技术,"System 80⁺"是在美国三哩岛事故后设计的一种改进型反应堆,这种反应堆沿用了双环路形式布置,为了提高安全性,其反应堆和蒸汽发生器都增加了安全裕量。在 System 80⁺和 AP600 基础上设计的 AP1000 反应堆燃料元件和燃料组件基本沿用了成熟技术,反应堆和蒸汽发生器的热工参数都留有比较大的冗余量,以提高其安全性。AP1000 的显著特点是采用了非能动安全设施及简化的电厂设计。AP1000 核岛主设备的设计,除了反应堆冷却剂泵选用的大型屏蔽电机泵和第 4 级自动降压系统采用的大型爆破阀以外,其他部件均有工程验证的基础,都采用成熟的设计。

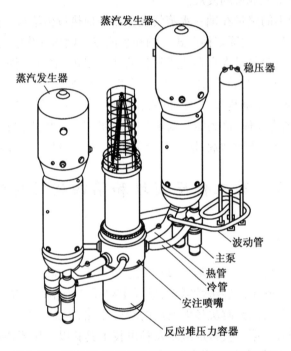

图 3.20 AP1000 反应堆冷却剂系统主要设备布置图

屏蔽电机泵本身与轴封泵同样是成熟技术。为 AP1000 设计、制造大型屏蔽电机泵的柯蒂斯·怀特 EMD 子公司是美国唯一的军用屏蔽电机泵供货商,半个多世纪以来为军方和石化行业提供了约 1 500 台屏蔽电机泵,其产品具有极高的可靠性。

AP1000 蒸汽发生器是直立式的自然循环蒸汽发生器,采用 Inconel – 690 镍基合金传热管材料,传热管为三角形布置的 U 形管。这类蒸汽发生器已经有很好的制造和运行经验。"System 80⁺"的蒸汽发生器与 AP1000 是同一个类型的,蒸发器的堵管裕量较大,水装量的裕量也较大,大大增加了蒸汽发生器二次侧事故工况下的"蒸干"时间。AP1000 稳压器的设计,是基于西屋公司在世界上设计的将近 70 个在役核电厂的稳压器的成熟技术。AP1000 稳压器的容积比相当容量核电厂的稳压器约大 40%,容积为 59.5 m³。大容积稳压器增加了核电厂瞬态运行的裕量,从而使核电厂非计划停堆次数减少,运行也更加可靠,它不再需要动力操作释放阀,而这个释放阀有可能成为反应堆冷却剂系统泄漏的来源,也是维修的一个重要部位。

1. 非能动安全系统

AP1000 非能动安全系统包括应急堆芯冷却系统、安全注入系统和自动降压系统、非能动余热排出系统、非能动安全壳冷却系统。当发生事故并失去交流电源后 72 小时以内无需操纵员动作,可以保持堆芯的冷却和安全壳的完整性。非能动安全系统的设计能够满足单一故障准则。它包含更少的系统和部件,因而能够减少试验、检查和维护的工作量。非能动安全系统远距离控制阀门的数量只有典型能动安全系统的 1/3,并且不包含任何泵。非能动安全系统是 AP1000 反应堆的一大特色,它的成功使用在增加了电厂安全性的同时也简化了系统,不需要现役核电厂中大量的安全支持系统。

2. 安全壳

AP1000 安全壳是由钢制安全壳容器和屏蔽构筑物两部分组成,见图 3.21,其功能是包容放射性并为反应堆堆芯和反应堆冷却剂系统提供屏蔽。钢制安全壳容器(CV)是非能动安全壳冷却系统的一个重要组成部分。安全壳容器和非能动安全壳冷却系统用来在假想设计基准事故下从安全壳中导出热量,以防止安全壳超过其设计压力。在事故状态下,CV 提供了必要的屏障,防止安全壳内的放射性气溶胶和水中的放射性外泄。

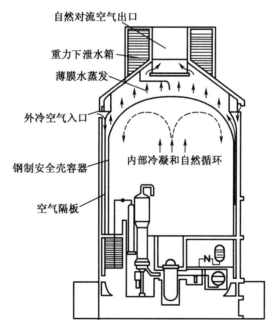

图 3.21 AP1000 安全壳

环绕着 CV 外面的是屏蔽构筑物,是由钢筋混凝土构成的环形建筑。在正常运行工况下,屏蔽构筑物与安全壳内的构筑物一起为反应堆冷却剂系统和其他所有的放射性系统和部件提供必需的辐射屏蔽。在事故状态下,屏蔽构筑物为安全壳内的放射性气溶胶和水中的放射性对公众和环境的危害提供了必要的辐射防护。屏蔽构筑物同样是非能动安全壳冷却系统的一个组成部分。非能动安全壳冷却系统的空气导流板位于屏蔽构筑物的上部环形区域。在设计基准事故下,大量能量释放到安全壳内时,非能动安全壳冷却系统的空气导流板给空气冷却的自然循环提供了一条通道。屏蔽构筑物的另一功能就是防止外部事件(包括龙卷风或者飞射物)对钢制安全壳容器、反应堆冷却剂系统等的破坏。

在上述措施中最具特色的是堆芯熔融物保持在压力容器内的技术。AP1000的反应堆安装在由混凝土屏蔽墙和绝热层组成的堆腔内。在发生反应堆堆芯熔化的严重事故时,反应堆压力容器壁被堆芯熔融物加热而急剧升温。此时,设置在安全壳内的换料水箱靠重力自动地向堆腔注水,水经压力容器外壁和绝热层之间的流道向上流动,冷却压力容器外壁,通过自然循环将热量带走,使压力容器不被熔穿,从而使堆芯熔融物保持在压力容器内。

3.7.2 第四代反应堆

第四代核反应堆技术有别于第三代先进反应堆。它在拓宽核能和平利用空间,提高核安全性、经济性等方面提出了一系列更加新颖的规划设想,包括更合理的核燃料循环、减少核废物、防止核扩散,以及消除严重事故、避免厂外应急等。

第四代反应堆概念的提出始于1999年6月,最初由美国能源部核能/科学与技术办公室在美国核学会年会上提出报告。2001年1月,由美国能源部约请阿根廷、加拿大、法国、日本、韩国、南非及英国等国政府代表开会,讨论共同开发新一代核能技术,如何开展国际合作问题,并就上述概念取得广泛共识。按照美国能源部的研究计划给出的定义,第四代反应堆系统应该满足安全、经济、可持续发展、极少的核废物生成、先进的燃料增殖技术等。在安全性方面,第四代反应堆系统要明显优于其他现有的反应堆,具体的体现是堆芯损坏率低,在事故条件下无场外放射性释放,不需要场外应急,无论发生什么事故都不会损害场外公众和环境。在经济性方面,第四代反应堆全寿期的成本低于其他现有的反应堆,其中包括建设投资、运行和维护成本、燃料循环成本、退役和净化成本等。在可持续发展方面,第四代反应堆追求更有效的燃料利用率、更简单和便利的废弃物管理,以及不产生核扩散。

2000年由美、法、日、英等核电发达国家组建了第四代核能系统国际论坛(Generation International Forum,GIF),组织专家深入研讨,2002年GIF选择了以下6种技术方案作为第四代核反应堆重点开发对象。

1. 超临界水冷堆(SCWR)

超临界水冷堆是在水的热力学临界点(374 ℃、22.1 MPa)以上运行的高温、高压水冷反应堆。超临界水冷反应堆的热效率比目前轻水反应堆高1/3,采用如沸水反应堆的直接循环,超临界水冷堆简化了系统及核电厂配套子项。SCWR适用于热中子谱和快中子谱。在相同输出功率条件下,由于采用稠密栅格布置以及超临界水的热容量大,SCWR只有一般轻水反应堆的一半大小。超临界水冷堆及其系统参考设计如图3.22所示。

因为反应堆中的冷却剂不发生相变,堆内不需要汽水分离器,而且像沸水堆那样堆芯内产生的蒸汽直接进入汽轮机做功,因而可以大大简化系统。SCWR的参考堆热功率1 700 MW,运行压力25 MPa,堆芯出口温度510 ℃(可以达到550 ℃),使用氧化铀燃料。SCWR的非能动安全特性与简化沸水堆相似。SCWR结合了轻水反应堆和超临界燃煤电厂两种成熟技术。由于系统简化和热效率高(净效率达44%),发电成本可望降低30%,仅为 $0.029/(kW·h)。因此,SCWR在经济上有极大竞争力。

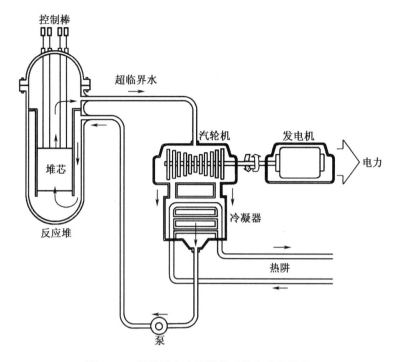

图 3.22　超临界水冷堆及其系统参考设计图

SCWR 有待解决的技术问题有:材料和结构要能耐极高的温度、压力以及堆芯内的辐照,这就带来了很多相关的问题,涉及腐蚀问题、辐射分解作用和水化学作用以及强度和脆变等问题;SCWR 的安全性,涉及非能动安全系统的设计,要克服堆芯再淹没时出现的正反应性;理论上有可能出现密度波以及热工水力学和自然循环相耦合的不稳定性;功率、温度和压力的控制有很大挑战,例如,给水功率控制,控制棒的温度控制,汽轮机节流压力控制等;需要研究电站的启动过程,防止启动过程出现失控。

2　超高温气冷堆(VHTR)

超高温气冷堆是高温气冷堆的进一步发展,采用石墨慢化、氦气冷却、铀燃料一次通过的循环方式,其燃料可承受 1 800 ℃ 高温,冷却剂出口温度可达 1 000 ℃ 以上。VHTR 具有良好的非能动安全特性,热效率可超过 50% ,易于模块化,经济上竞争力强。

VHTR 以 950 ~ 1 000 ℃ 的堆芯出口温度供热,参考堆的热功率为 600 MW,堆芯通过与其相连的一个中间热交换器传出热量。反应堆堆芯可采用棱柱形堆芯,也可以采用球床堆芯。VHTR 能有效地向碘 – 硫(I – S)热化学或高温电解制氢工艺流程提供高温热源。VHTR 参考设计如图 3.23 所示。

VHTR 保持了高温气冷堆的良好安全特性,同时又是一个高效系统。它可以向高温、高耗能和不使用电能的工艺过程提供广谱热量,还可以与发电设备组合以满足热电联产的需要。该系统还具有采用铀/钍燃料循环的灵活性,产生的核废料极少。

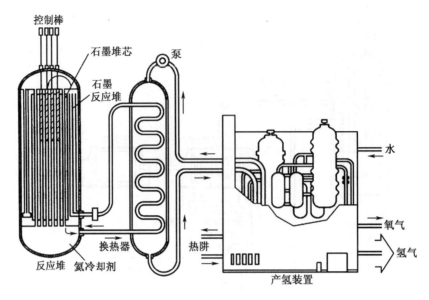

图 3.23　超高温气冷堆及其系统参考设计图

VHTR 要从目前的冷却剂堆芯出口温度 850～950 ℃提高到 1 000～1 100 ℃,仍有许多技术上有待解决的问题,在这种超高温下,铯和银迁徙能力的增加可能会使得燃料的碳化硅包覆层不足以限制它们,所以需要进行新的燃料和材料研发,以满足堆芯出口温度可达 1 000 ℃以上的要求;事故时燃料温度最高可达 1 800 ℃;最大燃耗可达 150～200(GWD/MTHM)。

此外,研究 VHTR 的非能动安全系统是一个重要课题,开发高性能的氦气轮机及其相关部件,研发商业用反应堆的模块化制造技术,以及提高石墨在高温和长期中子辐照条件下的稳定性也都是研发超高温气冷堆的重要课题。

3. 熔盐反应堆(MSR)

熔盐反应堆是钠、锆或锂、铍和铀的氟化物液体混合物做燃料的反应堆。由于熔盐氟化物传热性能好,无辐射,与空气、水都不发生剧烈反应,20 世纪 50 年代人们就开始将熔融盐技术用于商用反应堆。MSR 在超热谱反应堆中产生裂变能,采用熔盐燃料混合循环和完全的钍系再循环燃料。在 MSR 系统中,熔盐燃料在石墨堆芯通道中流过,由于石墨使中子慢化,燃料的裂变截面增加,使燃料在堆芯内产生链式裂变反应,从而产生热量。在熔盐中产生的热量通过中间热交换器传给二次侧冷却剂,再通过第三热交换器传给能量转换系统。参考电厂的电功率为百万千瓦级,堆芯出口温度 700 ℃,也可达 800 ℃,以提高热效率,参考设计如图 3.24 所示。

MSR 采用的闭式燃料循环能够获得钚的高燃耗和最少的锕系元素。MSR 的液态燃料允许像添加钚一样添加锕系元素,这样就不用燃料的制造和加工。锕系元素和大多数裂变产物在液态冷却剂中形成氟化物,熔融氟化盐具有良好的传热特性和很低的蒸汽压力,这样就降低了容器和管道的应力。

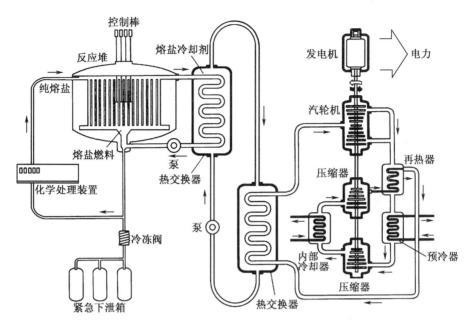

图 3.24　熔盐堆及其系统参考设计图

MSR 技术上有待解决的问题有:锕系元素和镧系元素的溶解性,材料的兼容性,金属的聚类,以及盐的处理、分离和再处理工艺,燃料的开发,腐蚀和脆化研究,氚控制技术的研发,熔盐的化学控制,石墨密封工艺和石墨稳定性改进和试验等。

4. 气冷快堆(GFR)

气冷快堆是快中子能谱反应堆,采用氦气冷却、闭式燃料循环。与氦气冷却的热中子能谱反应堆一样,GFR 的堆芯出口氦气冷却剂温度很高,可以用于发电、制氢和供热。参考堆的电功率为 288 MW,堆芯出口氦气温度 850 ℃,氦气轮机采用布雷顿直接循环发电,热效率可达 48%。产生的放射性废物极少和有效地利用铀资源是 GFR 的两大特点:通过快谱和完全锕系元素再循环相结合,GFR 大大减少了长寿期放射性废弃物的产生;与采用一次通过燃料循环的热中子能谱气冷反应堆相比,气冷快堆的快中子能谱也使得更有效地利用可裂变和增殖材料(包括贫铀)成为可能。GFR 的参考设计如图 3.25 所示。

因氦气密度小,传热性能不如钠。要把堆芯产生的热量带出来就必须提高氦气压力,增加冷却剂流量,这就带来许多技术问题。另外氦气冷却快堆热容量小,一旦发生失气事故,堆芯温度上升较快,需要可靠的备用冷却系统。技术上有待解决的问题有:用于快中子能谱的燃料、GFR 堆芯设计、GFR 的安全性研究(如余热排除、承压安全壳设计等)、新的燃料循环和处理工艺开发、相关材料和高性能氦气轮机的研发。

5. 钠冷快堆(SFR)

钠冷快堆是用金属钠作冷却剂的快中子反应堆,采用闭式燃料循环方式,能有效地管理锕系元素和铀 - 238 的转换。这种燃料循环所用的燃料有两种:中等容量以下(电功率 150 ~ 500 MW)的钠冷堆,使用铀 - 钚 - 锆金属合金燃料;中等到大容量(电功率 500 ~ 1 500 MW)的钠冷堆,使用 MOX 燃料。钠冷快堆的参考设计见本章的图 3.18 和图 3.19。

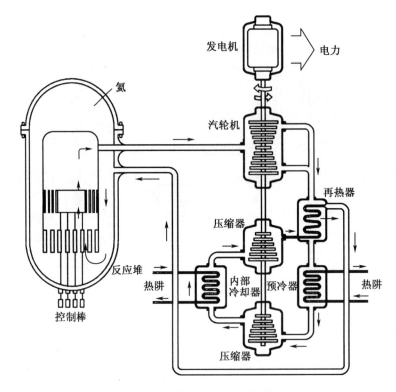

图 3.25　气冷快堆及其系统参考设计图

SFR 系统的重要安全特性包括热力响应时间长,到冷却剂发生沸腾时仍有大的裕量,主系统运行在大气压力附近,在主系统中的放射性钠与发电厂的水和蒸汽之间有中间钠系统等。随着技术的进步,投资成本会不断降低,钠冷快堆也将能服务于发电市场。与采用一次通过燃料循环的热中子反应堆相比,SFR 的快谱也使得更有效地利用可用的裂变和增殖材料(包括贫铀)成为可能。

由于具有燃料资源利用率高和热效率高等优点,SFR 在核能和平利用发展的早期就一直受到各国的重视。在技术上,SFR 是第四代反应堆 6 种概念中研发进展最快的一种,美国、俄罗斯、英国、法国和日本等核能技术发达国家在过去的几十年都先后建成并运行过实验快堆和商用规模的示范堆,通过大量的运行实验已基本掌握快堆的关键技术和物理热工运行特征,近十几年来我国也开展了相当规模的实验和工程验证工作。

6. 铅冷快堆(LFR)

铅冷快堆(LFR)是采用铅或铅/铋共熔液态金属冷却的快堆。燃料循环为闭式,可实现铀–238 的有效转换和锕系元素的有效管理。LFR 采用闭式锕系回收燃料循环,设置核电厂当地燃料循环支持中心来负责燃料供应和后处理,可以选择不同的电厂容量,有电功率 50~150 MW 级、300~400 MW 级和 1 200 MW 级。燃料是包含增殖铀或超铀元素在内的重金属或氮化物。LFR 采用自然循环冷却,反应堆出口冷却剂温度 550 ℃,采用先进材料则可达 800 ℃。在这种温度下,可用热化学过程来制氢。铅冷快堆参考设计如图 3.26 所示。

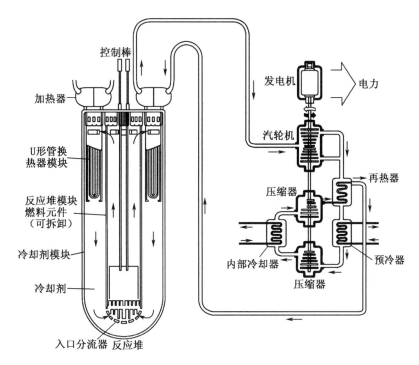

图 3.26 铅冷快堆及其系统参考设计图

电功率 50 ~ 150 MW 级的 LFR 是小容量交钥匙机组,可在工厂建造,以闭式燃料循环运行,配备换料周期很长(15 ~ 20 年)的盒式堆芯或可更换的反应堆模块。其特性符合小电网的电力生产需求,也适用于那些受国际核不扩散条约限制的或不准备在本土建立燃料循环体系来支持其核能系统的国家和平利用核能。这种系统可作为小型分散电源,也可用于其他能源生产,包括氢和饮用水的生产。

铅在常压下的沸点很高,热传导能力较强,化学活性基本为惰性,中子吸收和慢化截面都很小,铅冷快堆除具有燃料资源利用率高和热效率高等优点外,还具有很好的固有安全和非能动安全特性。因此,铅冷快堆在未来核能系统的发展中可能具有较大的开发前景。LFR 技术上有待解决的问题有:堆芯材料的兼容性,导热材料的兼容性(能在化学、热力、结构兼容),在包括原始数据和整体试验的基础上选择一种可行的燃料、包壳和冷却剂的组合;根据选定的组合制定核燃料再循环、再加工和核废料处理方针;考虑到冷却剂密度超过部件密度,要研究结构、支承和换料的设计方针。研发内容有:传热部件设计所需的基础数据、结构部件的工厂化制造能力及其成本效益分析、冷却剂的化学检测和控制技术、开发能量转换技术、研发核热源和不采用朗肯循环的能量转换装置间的耦合技术。

思考题

1. 压水堆为什么要在高压下运行?
2. 水在压水堆中起什么作用?
3. 压水堆与沸水堆的主要区别是什么?

4.压水堆主冷却剂系统都包括哪些设备?

5.相同功率的沸水堆体积为什么要比压水堆的大?

6.重水堆使用的核燃料富集度为什么可以比压水堆的低?

7.在同样的堆功率情况下,重水堆的堆芯为什么比压水堆的大?

8.气冷堆与压水堆相比有什么优缺点?

9.石墨气冷堆中的石墨是起什么作用的?

10.快中子堆与热中子堆相比有哪些优缺点?

11.快中子堆在核能源利用方面有什么作用?

12.回路式钠冷堆与池式钠冷堆的主要区别是什么?

13.在使用钠作为反应堆冷却剂时应注意些什么问题?

14.快中子堆内使用的燃料富集度为什么要比热中子反应堆的高?

第4章 核工程材料

核工程中用到的材料种类很多,核反应堆是核工程中的典型设备,本章主要围绕核反应堆工程所涉及的材料种类和性能进行介绍。核反应堆内使用的材料处在高温、高压、高中子通量和 γ 射线辐照下,因此对核反应堆内的材料有特殊的要求。合理地选择反应堆材料是保证反应堆安全性、可靠性、经济性的关键。在核反应堆的发展过程中,核燃料和堆内结构材料的研究和开发占有很大的比重。一些常规工程使用的材料在反应堆内不适用,因此必须开发一些新材料。目前国内外大型的反应堆研究单位都投入较大的精力研究反应堆内的材料问题。反应堆堆芯温度、燃料表面热流密度等都受到材料的限制,在确定反应堆方案过程中多次出现过由于材料不能满足要求而放弃一些新设计和新方案的情况,一些新概念反应堆的研发往往受到材料的制约。反应堆内的材料大致可分为核燃料、结构材料、慢化剂材料和冷却剂材料、控制材料。下面对核反应堆内使用的材料分别进行介绍。

4.1 核 燃 料

在核工程中,核燃料一般是指 U、Pu、Th 和它们的同位素;易裂变燃料指燃料中易裂变的同位素,如 ^{235}U、^{233}U 和 ^{239}Pu 等。在易裂变燃料中,只有 ^{235}U 是自然界里存在的元素,^{233}U 是在反应堆内由 ^{232}Th 转换而来的,而 ^{239}Pu 是由 ^{238}U 转换而来的。在天然铀中 ^{235}U 的富集度为 0.714% ,富集度大于此值的铀称为浓缩铀(或称富集铀)。只有重水慢化的 CANDU 型反应堆和石墨慢化气体冷却的反应堆具有足够低的寄生吸收,可以使用天然铀作燃料。所有其他反应堆都必须使用浓缩的燃料,对于轻水堆一般要求燃料有 2% ~6% 的 ^{235}U 的富集度。

天然铀的主要成分是 ^{235}U 和 ^{238}U,铀的浓缩就是从天然铀中把 ^{238}U 分离出来,以增加 ^{235}U 的含量。^{235}U 和 ^{238}U 是同位素,它们的化学性质完全相同,无法用化学方法将两者分离,因为它们的质量数比较接近,用物理的方法也很难分离,要把它们分开需要非常复杂的工艺。

尽管已经开发了很多种铀浓缩工艺,包括电磁分离、气动分离、激光分离和化学方法分离等,但在目前商用规模的浓缩铀工艺中只采用扩散和离心法。两种工艺都是使用 UF_6 气体,利用轻、重同位素之间质量差别进行分离。对于扩散工艺,使 UF_6 强迫通过一系列多孔膜,其孔的尺寸约为气体分子的平均自由程(约 10 nm)。含有 ^{235}U 的 UF_6 比含有 ^{238}U 的 UF_6 具有更高的通过孔膜的扩散率,因而通过阻挡层的数目也就更多。通过阻挡层的扩散与分子质量的平方根成反比,因而通过一层多孔膜的扩散差别是很小的,必须重复很多次才能得到希望的富集度(一般要 1 200 级才能获得 4% 的 ^{235}U)。气体扩散厂需要巨大的电力来驱动压缩机迫使气体通过多道多孔膜。

离心工艺的方法是在高速转筒内加入 UF_6,在转筒中旋转的 UF_6 气体承受着比重力大十倍的离心加速力,可使靠近转筒外径的压力比轴心处的压力大几百万倍。当把气体加速到转筒速度时,比较重的 $^{238}UF_6$ 分子比 $^{235}UF_6$ 分子有更多的量向转筒外壁运动。这样从转筒周边抽出贫化铀(含$^{238}UF_6$多的)气流,从转筒轴心抽出浓缩铀的气流。在一个离心阶段所达到的浓缩程度是一个扩散阶段所达到浓缩程度的 2 倍,因而需要的总电量大大减小(约为扩散厂的 4%)。然而,离心厂需要大量的旋转机械,需要的维修量大,因此离心法比扩散法用电少这一点要与更大的维修量相权衡。

反应堆内使用的燃料要在反应堆内长期稳定的工作,它应满足以下要求:

①热导率高,以承受高的功率密度和高的比功率,而不产生过高的燃料温度梯度。

②抗辐照能力强,以达到高的燃耗。

③燃料的化学稳定性好,与包壳相容性好。

④熔点高,且在低于熔点时不发生有害的相变。

⑤机械性能好,易于加工。

目前核动力反应堆内通常使用的燃料分成三种类型,即金属型、陶瓷型和弥散体型,以下分别介绍这些燃料的特点。

4.1.1 金属型燃料

金属型燃料包括金属铀和铀合金两种。金属铀的优点是密度高、导热性能好、单位体积内含易裂变核素多、易加工;缺点是燃料可使用的工作温度低,一般在 350 ~ 450 ℃,化学活性强,在常温下也会与水起剧烈反应而产生氢气,在空气中会氧化,粉末状态的铀易着火,在高温下只能与少数冷却剂(例如二氧化碳和氦)相容。

金属铀有三种不同结晶构造的同质异构体,分别为 α、β 和 γ 相铀。当温度低于 665 ℃时以菱形晶格的 α 相形式存在,强度很大;当温度在 665 ~ 770 ℃时变为正方晶格的 β 相,使金属铀变脆;当温度超过 770 ℃时变为体心立方晶格的 γ 相,使金属铀变得很柔软不坚固。金属铀的熔点为 1 133 ℃,沸点约为 3 600 ℃。

由于 α 相铀的物理和力学性能都具有各向异性,因此 α 相铀的机械和物理性质与晶粒的取向有关,在辐照下会发生明显的生长现象,在短时间内就使燃料元件变形,表面起皱,强度降低以致破坏。试验已发现,经高中子通量和 γ 射线辐照后,样品的轴向伸长可达到样品原始长度的 60%。在辐照作用下,α 相铀单晶体沿一个方向发生膨胀,并沿另一方向发生收缩。

金属铀在工作温度较高的情况下会发生气体肿胀,当工作温度大于 450 ℃时肿胀比较严重,原因是裂变气体氪和氙在晶格中形成小气泡。气泡中充满裂变碎片,随燃耗增加气泡长大,使铀肿胀而导致包壳破损。氪和氙在 α 相铀中的溶解度很低,它们由铀的点阵中分离出来,分布到那些晶体点阵发生畸变的地方形成气泡。

金属铀燃料通常应用于天然铀石墨反应堆中,可用来生产钚。钚在 α 相铀中的溶解度可达 16%,α 相铀仍保持着它的各向异性特性,钚在 β 相铀中可溶解 20%,而在 γ 相铀中可以全部溶解。

在铀中添加少量合金元素,如钼、铬、铝、锆、铌、硅等,并经适当热处理(淬火),能使铀稳定在 γ 相或 β 相,即使转变为 α 相仍保持细晶粒的无序结构,从而改善某些机械性能。添加的合金元素形成各种细小的沉淀相,可以控制点缺陷行为和晶格尺寸变化。添加大量合金元素后,从辐照损伤及水腐蚀方面来说可以获得令人满意的燃料,但加入合金元素会使中子有害吸收增加,需采用富集铀。锆能较多地溶入 γ 相铀并可阻滞其结构转变。由于锆的熔点高,中子吸收截面小,抗腐蚀性能好,铀在锆中的溶解度大,因此用于动力反应堆的只有铀-锆合金。例如美国近年发展的铀-钚-锆金属燃料,不但有较高的增殖比,而且在快堆中应用时有高的比燃耗,如再采用高温电解精炼快速后处理技术,还可缩短燃料的堆外存放时间,缩短燃料倍增期。表 4.1 列出了金属铀及其他几种核燃料的性能。

表 4.1 金属铀及几种核燃料的性能

燃料种类	密度 (g/cm^3)	熔点 /℃	结晶形态	热导率 /W/(m·℃)	热膨胀系数 /(10^{-6}·℃$^{-1}$)
U	19.08(α 相)	1 133	斜方晶体(α 相)	25.14(常温)	3
UO$_2$	10.97	2 800	CaF$_2$ 形面心立方	5.01(200 ℃) 3.25(1 000 ℃)	10
UC	13.62	2 520	NaCl 形体心立方	19.8(200 ℃) 17.5(1 000 ℃)	11.5
UN	14.32	2 630	NaCl 形	15.13(200 ℃) 19.8(1 000 ℃)	9
U$_3$Si	18.00	1 600(分解)	体心正方晶格(B.C.T.)	23.3(常温)	14
Pu	19.82(α 相)	640	单斜晶	4.2~5.47(常温)	51
PuO$_2$	11.48	2 300	CaF$_2$ 形	4.65(200 ℃) 2.68(1 000 ℃)	10.4
PuC	13.6	1 650	NaCl 形	10.50(常温)	11
PuN	14.25	2 800	NaCl 形	11.63(常温)	10

4.1.2 陶瓷燃料

陶瓷燃料是指铀、钚、钍的氧化物、碳化物或氮化物,它们通过粉末冶金的方法烧结成耐高温的陶瓷燃料。比较常见的陶瓷燃料有 UO$_2$、PuO$_2$、UC、UN 等。

与金属铀相比,陶瓷燃料的优点是:熔点高,热稳定和辐照稳定性好,化学稳定性好,与包壳和冷却剂材料的相容性好。然而,陶瓷燃料的突出缺点是导热率低。

1. 二氧化铀燃料

二氧化铀燃料是经二氧化铀粉末烧结而成的燃料,图 4.1 示出了 UO$_2$ 的晶胞,属面心立方点阵,在晶胞的中心存有空间可容纳裂变产物,这种晶胞结构使 UO$_2$ 具有辐照稳定的特点。这种燃料能够容易地获得氧间隙原子以形成超化学比的 UO$_{2+\xi}$,在高温下 ξ 可高达 0.25;当温度降低时可析出 U$_4$O$_9$;在高温和低的氧分压时可形成次化学比的 UO$_{2-\xi}$;当冷却时可复原成正化学比的 UO$_2$ 并析出金属铀。

在所有核燃料中,UO$_2$ 的热导率最低,图 4.2 给出了几种燃料的导热系数。即使在孔隙较低、非正化学比或存在氧化钚和有裂变产物生成时都是这样。当放在堆内并存在裂变内热源的情况下,这一低的热导率会引起燃料芯块内高温和很陡的温度梯度。由于氧化物的脆性和高的热膨胀率,在反应堆启动和停堆时芯块可能会开裂。由于大部分裂纹是径向的(见图 4.3),只有少数裂纹垂直于半径,故不影响从堆芯向冷却剂的传热。

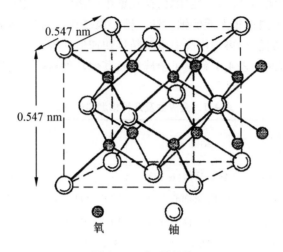

氧　　　铀

图 4.1　UO$_2$ 的晶胞

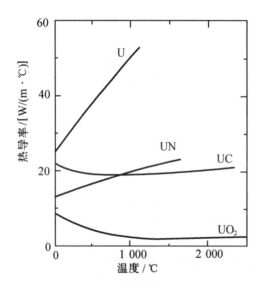

图 4.2　燃料的导热系数

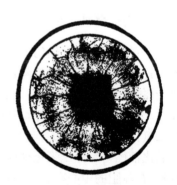

图 4.3　经辐照后的燃料横截面

　　燃料元件内裂变产物的产生使 UO$_2$ 产生轻度肿胀,它与燃耗大致呈线性关系。在超过临界燃耗时,肿胀率有显著增大。目前在轻水反应堆中 UO$_2$ 燃料使用很广泛,对 UO$_2$ 燃料各方面性能的研究已经比较成熟。下面分别介绍二氧化铀的热物性:

　　(1)密度

　　二氧化铀的理论密度是 10.98 g/cm^3,但实际制造出来的二氧化铀由于存在孔隙达不到这个数值。加工方法不同,所得到的二氧化铀制品的密度也就不一样。例如,振动密实的二氧化铀粉末,其密度可达理论密度的 82% ~91%;烧结的二氧化铀燃料块的密度要高一些,可达理论密度的 88% ~98%。

（2）热导率

二氧化铀的热导率在燃料元件的传热计算中具有特别重要的意义。因为导热性能的好坏将直接影响二氧化铀芯块内整体温度的分布，而温度则是决定二氧化铀的物理性能、机械性能的主要参数，也是支配二氧化铀中裂变气体释放、晶粒长大等动力学过程的主要因素。在 772 K 温度时二氧化铀的热导率是 4.33 W/(m·℃)，大约是金属铀的1/4。二氧化铀的热导率主要与二氧化铀的密度和温度有关，100%理论密度正化学比的二氧化铀的热导率可用下式计算：

$$k(T) = (0.035 + 2.25 \times 10^{-4}T)^{-1} + 83 \times 10^{-12}T^2 \tag{4.1}$$

式中，T 是燃料的绝对温度，K。

图 4.4 示出一些研究者提供的 100% 理论密度 UO_2 燃料的热导率。虽然各研究者得到的结果有所差别，但从图中可以看出，大约在 1 800 K 以下时，UO_2 燃料热导率随着温度的升高而减少；温度超过 1 800 K 时，UO_2 燃料的热导率则随着温度的升高有所增大。

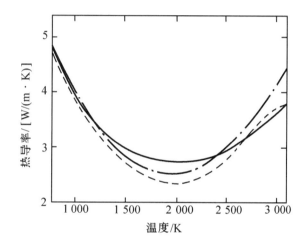

图 4.4   100% 理论密度 UO_2 燃料的热导率

其他密度下烧结的二氧化铀的热导率可用下式计算：

$$k_p = \frac{1-\varepsilon}{1+\beta}k_{100} \tag{4.2}$$

式中　k_p——带孔隙的二氧化铀的热导率，W/(cm·℃)；

　　　k_{100}——100% 理论密度的二氧化铀的热导率，W/(cm·℃)；

　　　ε——燃料的孔隙率，即燃料芯块中的孔隙占燃料芯块的体积份额。

β 是一取决于材料的常数，由实验确定。对于大于和等于90%理论密度的二氧化铀，取 $\beta = 0.5$；其他密度的二氧化铀取 $\beta = 0.7$。

在已知95%理论密度的情况下，可用以下关系式：

$$k_p = \frac{(1-\varepsilon)(1+0.05\beta)}{0.95(1+\beta\varepsilon)}k_{95} \tag{4.3}$$

式中各个符号的物理含义与式(4.2)中的相同。

随着燃耗的增加，燃料内存在的固体裂变产物和裂变气体越来越多。固体裂变产物的存在,以及由于裂变气泡所形成的气孔的存在会改变热导率。实验已经观察到在辐照过的 UO_2 中存在气泡和含钡(Ba)、锆(Zr)氧化物的灰色相,在高温燃料中有钼(Mo)、锝(Tc)、钌(Ru)和钯(Pd)等夹杂物。在轻水反应堆中,寿期初的反应堆燃料为 UO_2,后来随着燃耗的增加成为超化学比的 $UO_{2+\xi}$。应该指出,辐照对二氧化铀热导率的影响与辐照时的温度有密切关系。大体来说,温度低于 500 ℃,辐照对热导率的影响比较显著,热导率随着燃耗的增加明显下降;大于 500 ℃,特别是在 1 600 ℃ 以上,辐照的影响就变得不明显了。图 4.5 给出了不同燃耗下 UO_2 燃料的热导率随温度的变化。

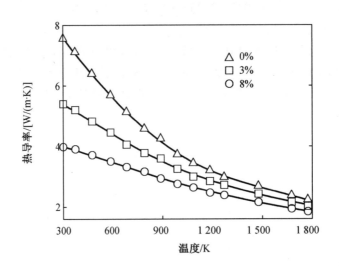

图 4.5 不同燃耗下 UO_2 燃料的热导率

(3)熔点

未经辐照的二氧化铀熔点的比较精确的测定值是 2 805 ± 15 ℃。辐照以后,随着固相裂变产物的积累,二氧化铀的熔点会有所下降,燃耗越深,下降得越多。熔点随燃耗增加而下降的数值约为:燃耗每增加 10^4(MW · d/t),熔点下降 32 ℃。二氧化铀中氧和铀的原子比(简称氧铀比)的改变,也会影响其熔点的变化。

(4)辐照特性

与金属燃料相比,二氧化铀具有较强的耐辐照性能。能够在较高的中子注量率和较深的燃耗下保持尺寸的稳定。但是当中子辐照通量达到一定程度后,燃料芯块的表面会被径向开裂分割,并且随后会出现燃料的轴向和周向开裂。需要指出,这种燃料的开裂现象仅在材料运行初期出现,并且一直保持这种状态很长时间而不变化,这说明材料早期出现的开裂现象主要是由于热应力造成的,而不是由于机械降解造成的。然而,由裂变碎片造成的移位损失会加剧这种开裂效应的发生。

二氧化铀在裂变过程中产生的固体和气体的裂变产物会引起辐照肿胀,使燃料芯块的径向尺寸增大,导致燃料与包壳的相互作用。二氧化铀燃料性能的主要限制是裂变气体所引起的肿胀。裂变释放的气体包括 Br、I、Te、Xe 和 Kr 等核素,裂变气体的释放量与很多因素有关,例如孔隙率、其他微结构特征、辐照时间和辐照温度等。

二氧化铀是从同位素分离浓缩工厂的 UF_6 制取的。首先将 UF_6 水解成 UO_2F_2,然后使它与稀氨水溶液反应得到重铀酸铵$(NH_5)U_2O_2$,经过过滤、水洗后再将沉淀物锻烧成UO_3,然后在约800℃温度的氢气氛下将其还原成粉末状的UO_2,即

$$UO_3 + H_2 \rightarrow UO_2 + H_2O$$

将粉末状UO_2加水或其他黏合剂制成颗粒并压制成芯块的生坯,最后在1 700 ℃下烧结,即得所需的UO_2芯块。

2. 铀-钚混合陶瓷燃料

铀钚混合氧化物是UO_2和PuO_2的单相固溶体,其热物理性能和力学性能随PuO_2的含量和氧与金属比而有所差别。例如热导率随PuO_2含量的增加而降低,也随氧与金属比的减少而降低。混合氧化物的强度低于UO_2,蠕变速率随氧与金属比的减少而提高。目前这种铀-钚混合陶瓷燃料用于快中子堆中PuO_2的含量约为20% ~25% ,热中子堆中PuO_2的含量约为3.55% ~10%。混合氧化燃料的优点是熔点高,与包壳和冷却剂的相容性好,燃耗在10^5 MW·d/t以下时,辐照稳定性好,能较好地保持裂变产物;缺点是金属原子密度低,存在氧的慢化作用,热导率低,深燃耗时肿胀严重。

3. 非氧化物陶瓷燃料

非氧化物陶瓷燃料是指(U,Pu)C和(U,Pu)N。碳化物燃料中所含的轻核较氧化物燃料少,使碳化物燃料具有较高的金属原子密度,在快堆中使用它可以得到更高的增殖比。此外,UC的热导率比UO_2的热导率大得多(前者约是后者的5倍),在用碳化铀作燃料的快堆内,即使在功率密度较高的情况下,燃料也不会熔化。在采用石墨包壳材料的高温气冷堆中,其他铀化合物都会与石墨起化学反应生成碳化物,而UC是稳定的,因此它被用于氦气冷却的石墨堆中。由于碳化物燃料的导热率高,因此多普勒系数比氧化物燃料低。而多普勒系数在多数事故情况下是保证反应堆负反应性反馈的主要因素,这给反应堆的设计带来困难。这类燃料的缺点是在高温辐照下会发生严重肿胀,为了不使燃料的温度过高,通常在包壳和燃料之间用钠结合,采用这种工艺往往又带来了新的问题,钠会把燃料中的碳迁移到包壳里面,使包壳碳化脆裂。减小这种作用的办法是严格控制燃料中的碳与金属的比例。此外,在燃料中添加某些金属(如钼),也能起一定的稳定作用。

由于UC的热导率高,在快堆中UC的最高温度为1 500 ℃,由于裂变应力开裂较少发生,裂变气体不易释放。另外,裂变产物的碳化物不像氧化物那样会与包壳材料起化学反应,从而避免了由此引起的燃料-包壳化学作用。但较高的铀密度和较多保持在燃料内的裂变气体会加剧燃料的肿胀和开裂,容易导致包壳破损。

氮化物有许多胜过碳化物的优点,例如,在温度低于1 250 ℃的情况下,燃料和包壳的相容性较好,辐照引起的肿胀也不像碳化物那样严重。氮化铀的熔点高,热导率高,但是氮的中子俘获截面大,燃料循环的价格高。

4.1.3　弥散型燃料

弥散型燃料是由含高浓缩燃料的颗粒弥散分布在金属、陶瓷或石墨基体中构成的燃料,它区别于早期反应堆所用的金属燃料,也不同于现在大多数动力堆中所用的UO_2(陶瓷芯块)燃料。在弥散型燃料中,每一个核燃料颗粒可以看作是一个微小的燃料元件,基体起着包壳的作用。弥散燃料的基本想法是把燃料颗粒相互隔离,使基体的大部分不被裂变产物损伤。因此,燃料颗粒能被包围或束缚住,允许达到比大块燃料更高的燃耗,能包容裂变产

物,并保持与包壳间的良好热传导性能。另外,基体可以选择热导率高的材料,这样可以克服陶瓷燃料热导率低的问题。通过适当选择基体材料,可设计出一定性能的燃料,例如选用铝作基体材料可获得高的热导率。对于研究堆和试验堆来说,弥散型燃料的板状元件能达到高燃耗和高的热导率是十分重要的,因为一般来说,这种堆都有高比功率的小堆芯。

弥散型燃料的优点如下:

①陶瓷燃料颗粒的尺寸及颗粒之间的间距均远大于裂变产物的射程,使裂变产物造成的损伤局限于燃料颗粒本身及贴近它的基体材料,整体燃料基本上不受损伤,保持尺寸的稳定和原有的强度,因此可以达到很深的燃耗;

②燃料和冷却剂之间基本没有相互作用的问题,大大减少了冷却剂回路被污染的可能性,而从燃料往冷却剂的传热是通过导热好的材料实现的;

③弥散体燃料的各种性质基本上与基体材料相同,通常具有较高的强度和延性,良好的导热性能,耐辐照、耐腐蚀,并能承受热应力。

弥散型燃料的缺点是基体所占的百分比大,吸收中子多,需要采用20%~90%的高富集铀颗粒。

弥散型燃料是从1952年建立的材料试验堆(MTR)开始,以 Al-U 合金作为燃料,实质上这种燃料是由 UAl_3 和 UAl_4 金属间化合物的沉淀粒子弥散分布在铝中构成。目前,世界各国的研究和试验堆通常都用铝基弥散燃料,这种燃料用粉末冶金方法制造。在20世纪50年代和60年代,几种其他弥散系列的燃料曾用于一些特殊目的的反应堆,它们包括 UO_2 弥散在不锈钢中、UO_2 弥散在氧化铍中,以及铀弥散在氢化锆中,后者已被广泛用于同位素生产反应堆中。在60年代初,混合氧化物($PuO_2 - UO_2$)弥散在不锈钢中曾作为快堆燃料研究过;UO_2 弥散在锆中通常是用作海军核舰船反应堆的燃料;还有一种弥散型燃料是包覆燃料颗粒弥散在石墨中的燃料,主要用于高温气冷堆中。

1.金属基弥散性燃料

二氧化铀能很好地弥散在铝、锆、钼或不锈钢等金属中。但由于铝基弥散体燃料不耐高温,因此它不适用于动力反应堆。二氧化铀弥散在不锈钢基体的平板型燃料元件已用于美国军用动力堆。但由于不锈钢的中子吸收截面大,在商用堆中不适用。把二氧化铀弥散在锆合金中能得到较满意的弥散型燃料,它所容许的燃耗高于铀-锆合金燃料,有较好的抗腐蚀性能,但燃料性能仍受辐照肿胀的限制,为包容裂变产物通常仍把燃料芯块密封在锆包壳内。

此外,燃料颗粒也可弥散在氧化铝、氧化铍、二氧化锆等材料中构成弥散型燃料。弥散型燃料的物理性能随基体及燃料的性质、数量而不同。其比定压热容及密度值可按各组分的比定压热容和密度的线性组合求得。

2.非金属基弥散型燃料

非金属基弥散型燃料就是将燃料均匀地弥散在非金属基体中,而制成一定结构形式的燃料元件。在众多非金属基体材料中,石墨具有许多优良的特性,已做成直径为几百微米的碳化物或氧化物燃料颗粒弥散在石墨基体中的弥散型燃料,这种燃料主要用于高温气冷堆。

高温气冷堆中所采用的弥散型燃料,是一种用低富集铀(2%~5%的铀-235)或高富集铀加钍制成的涂敷颗粒作为燃料相,以石墨作为基体,采用一定的工艺使燃料相均匀弥散在石墨基体中,并压制成的不同结构形式的燃料。根据高温气冷堆的堆型不同,弥散燃料的结构特点也不同。其中主要分为两大类:一类是在西德和我国发展的球床反应堆中使用的球形燃料元件;另一类是英、美、日等国家发展的柱状高温气冷堆中使用的柱形燃料元件。

(1)球形燃料元件

球形燃料元件是由德国研究和发展的,其主要特点就是利用球的流动性,实现不必停堆就能完成装卸料。在球床高温气冷堆的发展史上,曾考虑过多种形式的球形元件,但实际使用的只有注塑型元件、壁纸型元件和模压型元件。

注塑型元件是 AVR 堆 1966 年初始装料使用的球形燃料元件。这种元件的外壳是由石墨机加工成的空心球,外径 60 mm,壁厚 10 mm。球壳上有一个螺纹孔,在注入颗粒和石墨粉的混合物后用涂有黏结剂的石墨螺纹塞堵上,然后经表面修正后进行热处理制得。

壁纸型元件是 AVR 堆的第一批补充料。它的外壳和注塑型元件一样,但为了降低燃料温度,包覆燃料颗粒只是集中在石墨外壳内壁附近 1 ~ 2 mm 的薄层内,元件中心区域不含燃料。制造这种元件时,首先向石墨壳内注入一定量的包覆燃料颗粒、石墨粉和黏结剂的混合浆料,放在专用机器上转动,待干燥后装入足量的天然石墨粉,压实后堵上带黏结剂的螺纹塞,然后经表面修整后进行热处理制得。

(2)柱形燃料元件

这种元件可以是圆棒或管形,也可以是内装细棒状密实体的六角棱柱块,具有冷却剂的流道和供装卸料用的抓取机构,反应堆装卸料时需要停堆。早期的两座柱状实验堆——龙堆和桃花谷堆使用的是棒形元件,而圣·符伦堡原型堆使用的是六角棱柱形元件,此后美国在商业大堆设计中以及模块式柱状堆设计中都使用六角棱柱形元件,日本的 HTTR 也使用六角棱柱形元件。

4.2　反应堆结构材料

由于反应堆的类型不同,它们所用的冷却剂和慢化剂种类不一样,堆内的工作条件不同,因此所用的结构材料也有差别。但一般来讲,反应堆的结构材料要有一定的机械强度、辐照稳定性能好、热导率高、热膨胀系数小。

反应堆的结构材料除有常规材料应具有的力学性能、耐腐蚀和热导性外,还应具备抗辐照的特点,即要求辐照损伤引起的性能变化小。辐照损伤是指材料受载能粒子轰击后产生的点缺陷和缺陷团及其演化的离位峰、层错、贫原子区、微空洞和析出的新相等。这些缺陷引起材料性能的宏观变化,称为辐照效应。辐照效应危及反应堆安全,应该受到反应堆设计人员的关注,这也是反应堆结构材料研究的重要内容。辐照效应包含了冶金与辐照的双重影响,即在原有的成分、组织和工艺对材料性能影响的基础上又增加了辐照产生的缺陷影响。

在反应堆内射线的种类很多,但对金属材料而言,主要影响来自快中子,而 α、β 和 γ 射线的影响则较小。结构材料在反应堆内受中子辐照后主要产生效应如下:

(1)电离效应

反应堆内产生的带电粒子和快中子撞出的高能离位原子与靶原子轨道上的电子发生碰撞,而使其跳离轨道的电离现象称为电离效应。从金属键特征可知,电离时原子外层轨道上丢失的电子,很快被金属中公有的电子所补充,所以电离效应对金属性能影响不大。但对高分子材料,电离破坏了它的分子键,对其性能变化的影响较大。

(2)嬗变效应

受撞原子核吸收一个中子变成另外原子的核反应称为嬗变效应。一般材料因热中子或在低通量下引起的嬗变效应较少,对性能影响不大。高通量的快中子对镍的(n,α)反应较明显,因此快堆燃料元件包壳用的奥氏体不锈钢会产生脆化问题。

(3)离位效应

碰撞时,若中子传递给原子的能量足够大,原子将脱离点阵节点而留下一个空位称为离位效应。当离位原子停止运动而不能跳回原位时,便停留在晶格间隙之中形成间隙原子。堆内快中子引起的离位效应会产生大量初级离位原子,随之又产生级联碰撞,它们的变化行为和聚集形态是引起结构材料辐照效应的主要原因。

(4)离位峰中的相变

有序合金在辐照时转变为无序相或非晶态相,这是在高能快中子或高能离子辐照下,产生液态状离位峰快速冷却的结果。无序或非晶态区被局部淬火保存下来,随着通量增加,这样的区域逐渐扩大,直到整个样品成为无序或非晶态。

4.2.1 反应堆压力容器材料

反应堆压力容器是装载堆芯、支承堆内构件、阻止裂变产物和放射性外逸的重要设备。压力容器是反应堆中最大的、不可拆换的部件,现代压水堆的压力容器直径一般为 3.5 ~ 5 m,高 10 ~ 15 m,壁厚 170 ~ 240 mm,重达 220 ~ 600 t。对压力容器威胁较大的是钢材的辐照脆化,如果压力容器产生脆性断裂,会产生爆炸性破坏,一旦发生,后果十分严重。在美国的 ASME 规范中,把反应堆压力容器规定为核电站中的重要设备,并要求必须安放压力容器钢辐照脆化的随堆辐照监督试样。

由于压力容器工作条件的特殊性,要求它的材料应具有如下性能:

①强度高、塑韧性好、抗辐照、耐腐蚀,与冷却剂相容性好;

②材质的纯净度高、偏析和夹杂物少、晶粒细、组织稳定;

③容易冷热加工,包括焊接性能好和淬透性大;

④成本低,有使用过的经历。

早期的轻水动力堆压力容器曾采用 A212B 锅炉钢。由于 A212B 钢的淬透性和高温性能差,第二代压力容器改用 Mn – Mo 合金钢 A302B。该钢中的 Mn 是强化基体和提高淬透性的元素,Mo 能提高钢的高温性能及降低回火脆性。随着核电站向大型化发展,压力容器的体积和厚度也越来越大。为了使它有更好的强度和韧性,20 世纪 60 年代中期对 A302B 钢添加了 Ni,改用淬透性和韧性比较好的 Mn – Mo – Ni 钢 A533B,并采用钢包精炼、真空浇铸等先进的炼钢技术,提高钢的纯净度,减少杂质偏聚,以获得强度、塑性和韧性良好配合的综合性能。在这个过程中,压力容器的加工方法也做了改进,由板焊结构改为环锻容器。经过改进后的锻材是 A508 – Ⅲ钢,目前被广泛采用。

快堆的工作压力虽然不高,但液态钠的腐蚀性较强,容器工作温度较高,所以一般采用 304 或 316 奥氏体不锈钢作压力容器材料。

就水堆压力容器而言,引起"失效"或"事故"的原因虽然很多,但归结起来是脆性断裂、腐蚀、蠕变、疲劳或强度破坏等原因,其中对水堆安全威胁最大的是压力容器的脆性破坏。

因为水堆容器内壁堆焊不锈钢衬里,钢的蠕变温度远高于运行温度(320 ℃),故能防止腐蚀和蠕变的危害。至于屈服变形、疲劳开裂和强度破坏,因有严格的设计要求,并规定必须有应力分析和应力测试以及疲劳实验,所以通过计算可以防止这类破坏,而脆性断裂则较难预料,因为脆性断裂具有如下特点:

①断裂应力低于屈服强度;

②断裂之前没有塑性变形,无任何预兆;

③裂纹失稳后即迅速扩展而断裂。

所以脆性断裂常常是爆发性的突然破坏,对于高压容器则是爆炸性破坏,一旦发生,其后果十分严重,尤其辐照脆化又增大了这种危险。因此,国内外均把防脆断作为研究和考核水堆安全的重点。

中子辐照脆化是一个需要特别警惕的问题。普通低碳钢和低合金碳钢都有低温变脆的特性,即存在一个韧脆转变温度(DBTT)或零塑性温度(NDT),这个温度一般在 -30 ℃ 到 5 ℃ 的范围内,低于此温度钢材便失去延展性,变成铸铁似的脆性金属。只要存在微细的缺口,如材料中的缺陷、偶然发生的裂纹、未焊透的焊缝、结构中的锐角,甚至较粗的加工刀纹、螺纹等,在低应力下就会迅速断裂。因此必须注意不要使加有载荷的压力容器处在参考零塑性温度($T_{NDT} +33$ ℃)以下。

由于中子辐照会使韧脆转变温度升高,如果所用的压力容器运行 40 年,接受的快中子注量为 5×10^{23} m^{-2},临界温度 T_{NDT} 有可能升高 70～100 ℃,这就给压力容器带来工作时发生脆性破坏的危险,例如可能由运行中偶然注入冷水所引起。

在反应堆寿期内对压力容器材料的脆化程度进行监督是必要的。目前采用在堆内放置监督管,定期取样的方法。即在运行的反应堆内放入足够数量,具有代表性的监督样品(包括母材、焊缝和焊接热影响区材料),样品由与压力容器同炉、同工艺的材料制作,分成若干份,放入监督管,随堆辐照,定期取出,进行样品的机械性能试验,实测其 T_{NDT} 升高值,并与预先估计的 ΔT_{NDT} 值比较,作发展趋势的判断,用以决定反应堆的安全运行期限。

4.2.2　堆内构件材料

在水冷反应堆内,除燃料包壳以外,几乎所有的结构材料都是不锈钢,只有少部分材料采用镍基合金。不锈钢在高温下具有良好的抗腐蚀性能和良好的机械性能,因此它不仅用于反应堆的结构材料,而且与反应堆相连接的管路及设备也都由不锈钢制造。不锈钢的种类很多、性能各异。按组织分类有奥氏体不锈钢、马氏体不锈钢、铁素体不锈钢等。不锈钢之所以不锈,主要是钢中含有大量铬(>12%)。铬是钝化能力很强的元素,可使钢的表面生成一层致密牢固的氧化膜,并能明显提高铁的电位,从而能防止化学和电化学反应引起的腐蚀。铬与镍配合使用,更能有效地提高钢的耐腐蚀性。反应堆内结构材料使用的多是奥氏体不锈钢,如 1Cr18Ni9Ti、304、347 等。奥氏体不锈钢与马氏体不锈钢相比,其焊接性能较好。另外,奥氏体不锈钢的辐照敏感性比较低,一般经 10^{21} cm^{-2} 中子辐照后才有明显的辐照效应,相比较铁素体和马氏体不锈钢的辐照敏感性比较高。奥氏体不锈钢的强度比较低,且不能通过热处理使其强化,但因它的塑性高,加工硬化率大,所以可以通过冷加工提高强度。尽管奥氏体不锈钢具有优良的耐腐蚀性能,但经形变加工和焊接后以及处于敏感介质中,仍存在着晶间腐蚀、应力腐蚀和点腐蚀等隐患。为了防止不锈钢的晶间腐蚀,可加入少量的 Ti 和 Nb,通过稳定化处理可达到防止晶间腐蚀的目的。另外,研究发现,不锈钢晶间腐蚀的敏感区是 450~850 ℃,因此在热加工和焊接后,采用快冷的方法,减少在这一温度区间停留的时间。

奥氏体不锈钢抗应力腐蚀的能力低于其他类型的不锈钢,这主要是与它的基体的晶体结构有关,奥氏体属面心立方晶格,它的耐应力腐蚀能力不如体心立方晶格。原因是在体心立方铁素体晶格中滑移面多,但滑移方向少,易产生滑移和构成网状位错排列,位错网使裂纹扩展困难;而奥氏体不锈钢的面心立方晶格滑移面因局限在 4 个面上且滑移方向多,有利于生成共面或平行的位错排列,裂纹沿此扩展比较容易。在水中和水蒸气介质中,影响奥氏体不锈钢应力腐蚀破裂的主要因素是氯离子浓度和溶解氧的含量。研究发现,随着水中溶解氧降低,诱发应力腐蚀的氯离子敏感浓度升高,不会产生应力腐蚀破裂。发生应力腐蚀的危险性不仅是氯离子的平均浓度,更多的情况是因局部区域发生氯离子浓缩偏聚而造成的。例如,结构缝隙和循环水的滞留区以及水位最高处与空腔交界的干、湿处都容易浓缩氯离子,所以这些地方是容易发生应力腐蚀的危险部位。为了避免不锈钢发生应力腐蚀,应选用碳化物稳定的 Cr–Ni 奥氏体不锈钢或用能提高强度和耐腐蚀性的含 Mo 低碳不锈钢,必要时可选用铁镍基或镍基耐腐蚀合金钢。

4.2.3 燃料元件包壳材料

燃料元件包壳是距核燃料最近的结构材料,它要包容燃料芯体和裂变产物,它在反应堆内的工作环境最恶劣,它同时承受着高温、高压和强烈的中子辐照,同时包壳内壁受到裂变气体压力、腐蚀和燃料肿胀等危害。包壳的外表面受到冷却剂的压力、冲刷、振动和腐蚀,以及氢脆等威胁。为了使传热热阻不增大,一般燃料元件的包壳壁都很薄,一旦包壳破损,整个回路将被裂变产物所污染。另外,包壳与其他结构材料不同,由于它在核燃料周围,因此要求它的中子吸收截面一定要小。在现有的金属材料中铝、镁、锆的热中子吸收截面小、导热性好、感生放射性小、容易加工,因此被成功地用作燃料包壳的材料。不锈钢的热中子吸收截面较高,尽管它的其他性能较好,但一般不用作热中子堆燃料元件包壳材料。

1. 铝合金

铝及其合金的生产和工艺技术都比较成熟,它的中子吸收截面小(0.24×10^{-28} m²),导热性好,容易加工。但铝及铝合金的熔点低、耐热性能差,在高温水中存在晶间腐蚀,因此它只能用于 250 ℃ 以下的反应堆中。这种反应堆主要是试验用堆和生产用堆,而在动力堆中很少应用。铝及其合金会在水中产生腐蚀,随着温度的升高,出现的腐蚀现象分别是点蚀、均匀腐蚀、晶间腐蚀及氢泡腐蚀等。点蚀会在 100 ℃ 的水中产生,同时也会发生均匀腐蚀,高于 150 ℃ 会发生晶间腐蚀,温度超过 250 ℃ 更为严重。与其他材料一样,铝及其合金受辐照后,产生点缺陷及其衍生物,导致金属晶格畸变,从而引起强度升高,随之塑性和韧性下降、脆性增加。与其他材料不同的是热中子辐照对铝及其合金的影响比快中子大。

2. 镁合金

镁合金的塑性好,热中子吸收截面小(0.069×10^{-28} m²),抗氧化能力强,且容易加工。这种材料多被用于天然铀作燃料、镁合金作包壳材料、二氧化碳作为冷却剂的气冷堆,因此这种堆也通常被称为镁诺克斯(Magnox)堆。镁的熔点较低(650 ℃),因此它一般不允许在高于 550 ℃ 的条件下使用。镁合金的延展性高,对辐照和热循环引起的应力变化适应能力强。同时,镁合金还具有抗蠕变能力,这对保证燃料元件的完整性很有利。另外,由于镁合金热中子吸收截面小,因此可以在管外壁上加散热肋,这对气体冷却的反应堆很有好处。

3. 锆合金

纯锆是一种银白色金属,熔点为 1 850 ℃。自然界存在的锆中含有 0.5% ~ 3.0% 的铪,铪的热中子吸收截面大,是做控制棒的好材料,因此做包壳的锆中必须去除铪。纯锆的延性和腐蚀性能较差,因此,第一代压水堆采用不锈钢作包壳材料,而没有采用锆。

第二次世界大战末,各国在核潜艇反应堆的研究方面开展了大量的工作,其中包括对反应堆材料的系统研究和开发。由于锆的中子吸收截面很低,是一种很有潜力的堆内结构材料,但必须从锆中去除铪,减少中子吸收量。同时严格限制氮、氧、碳、铝等杂质的含量。

在锆中加入 Sn、Nb 和 Ni 等构成锆合金,锆合金化的目的是抵消锆中杂质,尤其是氮的有害影响,以使锆合金保持锆原有的优良性能并提高强度。例如,在锆中加入 1.5% 的锡,可以平衡氮的有害作用;加入微量的铁、铬、镍可以增强锆合金在高温水或蒸汽中的耐腐蚀性。Zr – 2 合金的中子吸收截面小于 $0.24 \times 10^{-28} \ \mathrm{m^2}$,不足不锈钢的 1/10,硬度为纯锆的 2 倍。但锆 – 2 有一个缺点,就是在水和水蒸气的环境中会吸氢,产生氢脆现象。为了克服锆 – 2 合金的这一缺点,又相继开发了锆 – 4 合金。锆 – 4 中的铬和锡的含量与锆 – 2 相同,只是镍的含量降低到了 0.007%,铁的含量由 0.07% ~ 0.2% 增加至 0.24%,这使得锆 – 4 在高温水和蒸汽中有良好的耐腐蚀性能。锆 – 4 的吸氢率只有锆 – 2 的 50% ~ 60%。后来的研究发现,低锡锆 – 4 合金在水中的耐腐蚀性能优于高锡的锆 – 4 合金。使用低锡的锆 – 4 合金可以加深燃料的燃耗。几种锆合金的成分表示在表 4.2 中。

表 4.2　几种锆合金的成分[质量分数(%)]

合金	Sn	Fe	Cr	Ni	Nb	O	C
锆 – 2	1.2 ~ 1.7	0.07 ~ 0.20	0.05 ~ 0.15	0.03 ~ 0.08	—	0.08 ~ 0.15	0.0015 ~ 0.003
锆 – 4	1.2 ~ 1.7	0.18 ~ 0.24	0.07 ~ 0.13	0.007(最大)	—	0.08 ~ 0.15	0.0015 ~ 0.003
低锡 Zr – 4	1.2 ~ 1.5	0.18 ~ 0.24	0.07 ~ 0.13	Si ≤ 120 × 10⁻⁶	≤ 50 × 10⁻⁶	0.09 ~ 0.16	0.011 ~ 0.014
Zr – 2.5% Nb	—	0.08 ~ 0.15	0.008 ~ 0.02	—	2.5 ± 0.2	0.09 ~ 0.13	—
Zr – 1% Nb	—	0.006 ~ 0.012	N:(30 ~ 60) × 10⁻⁶	0.005 ~ 0.01Si	1 ± 0.15	0.05 ~ 0.07	0.005 ~ 0.01
俄 E635	1.2 ~ 1.30	0.34 ± 0.40	N:(30 ~ 60) × 10⁻⁶	0.05 ~ 0.01Si	0.95 ~ 1.05	0.05 ~ 0.07	0.005 ~ 0.01
ZIRLO	0.8 ~ 1.2	0.09 ~ 0.13	(79 ~ 83) × 10⁻⁶	Si < 40 × 10⁻⁶	0.8 ~ 1.2	0.09 ~ 0.12	0.006 ~ 0.008
M5	—	—	—	—	0.8 ~ 1.2	0.09 ~ 0.15	—
日本 NDA	1.0	0.28	0.16	0.01	0.10		

虽然锆合金作为包壳有很多优点,但锆合金同样也有其不足之处。它的许多性能与温度、辐照等因素关系很大,使用中必须注意下述各点:

(1)在 862 ℃ 以下锆为稳定的 α 相密集六方晶体结构,其延展性强且有类似碳钢的机械和切削性能。但当到达 862 ℃ 时,锆由 α 相转变为 β 相(体心立方结构),从而延展性下降。因此,虽然锆的熔点较高,但是锆合金的加工和使用温度都须限制在这个相变温度以下。另外,锆合金用作 UO_2 燃料元件的包壳时,应注意它在冷却剂中的使用温度。实验证实,锆合金包壳在接近 400 ℃ 的水中只需几天的时间,便可发生严重的腐蚀破坏。因此,为了避免高温腐蚀,锆合金包壳表面的最高工作温度一般限定在 350 ℃ 以下。

(2)锆合金的吸氢与氢脆效应,是水冷动力堆燃料元件的一个重要问题。在高温水或蒸汽介质中工作的锆合金包壳会向周围介质吸氢,介质中的氢会穿过包壳的氧化膜而被锆吸收。锆的吸氢量超过了它的固溶度,就会有氢化锆析出。氢化锆会使锆合金组织变脆,故上述现象称为锆的氢脆效应(引起包壳内氢脆的氢来源于 UO_2 芯块吸收的水分或溶解进去的氢,外侧来源于水辐照分解生成的氢)。为了减少氢脆的影响,除了可以改善合金成分外,还必须严格控制 UO_2 芯块的含氢量和冷却剂中氢的浓度。

(3)辐照将引起锆合金屈服强度和极限强度的增加,但延伸率却大大下降。这种因辐照而使材料强度增高、延性下降的现象称为辐照脆化,它是影响燃料元件寿命的一个重要因素。

(4)锆合金包壳在压水堆工作温度和应力范围内会产生显著蠕变(蠕变是指材料在低于屈服极限的恒定应力作用下所产生的与时间有关的塑性变形)。锆合金的蠕变速率随温度的升高而明显增加,并且还会因堆内辐照而加速。锆合金的蠕变是造成元件包壳塌陷的直接原因。为了防止锆合金包壳的蠕变,除了可对包壳管作消除内应力的处理以提高蠕变强度外,目前广泛采用包壳管内腔充一定压力氦气的预充压技术。

(5)在高温下,锆与水(或蒸汽)将发生放出氢的锆水反应

$$Zr + 2H_2O(汽) \rightarrow ZrO_2 + 2H_2 \uparrow$$

这是一种放热反应。据估计,1 t 锆合金与水(或蒸汽)完全反应后约可放出 6.74×10^9 J 的热量。在反应堆发生失水事故时,大量的锆合金包壳与蒸汽反应将释放出巨大热量和爆炸性气体,从而加剧事故的严重性。

虽然锆 -2 和锆 -4 合金在反应堆内被成功地用来作为包壳材料,但还不能满足当前提高燃耗所需的高性能要求。当燃料元件的燃耗增加,锆包壳在水中的腐蚀加重,吸氢增加,这时锆 -2 和锆 -4 就很难满足要求。为此,近年来美国又开发了 Zirlo 合金,它是 Zr - Sn 和 Zr - Nb 合金的综合,兼顾了二者的优点,Zirlo 合金严格地控制了锡的含量,使它具有以下优点:

①在 360 ℃ 以下 Zirlo 合金在纯水或含 7×10^{-5} 锂的水中比锆 -4 的耐腐蚀性能好,尤其抗长期的腐蚀性更明显。

②经平均燃耗 71 GW · d/t 的实验考验后,Zirlo 合金的均匀腐蚀比锆 -4 合金小约 50%,辐照增长和辐照蠕变也比锆 -4 合金小。Zirlo 合金包壳管的氧化膜厚度在相同的燃耗下比锆 -4 合金低,是普通锆 -4 合金的 28% ~ 32%。图 4.6 给出了不同材料氧化膜厚度与燃耗的关系,从图中可以看出低锡 Zirlo 合金的耐腐蚀性能最好。

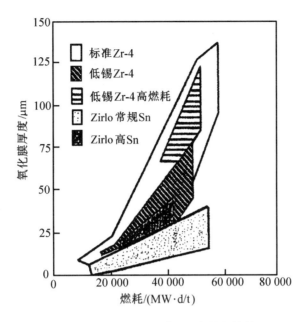

图 4.6　不同材料氧化膜厚度与燃耗的关系

4.3　慢化剂和冷却剂材料

在热中子反应堆内,为使中子慢化,必须要加慢化剂。而要将堆内的热量及时导出,所有的动力反应堆都必须有冷却剂。冷却剂和慢化剂是反应堆的重要组成部分,不同类型的反应堆需要不同的冷却剂,只在热中子反应堆内需要慢化剂。在水冷反应堆内,水既作慢化剂也作冷却剂。下面分别介绍不同种类慢化剂和冷却剂的性能。

4.3.1　慢化剂

反应堆内裂变产生的中子都是快中子,在热中子反应堆内,需要把裂变中子慢化成热中子,因此热中子反应堆内必须有足够的慢化剂,以便使裂变产生的快中子能够充分慢化成热中子,使裂变链式反应得以维持。对慢化剂的要求是:中子吸收截面小,质量数低,散射截面大;热稳定性及辐射稳定性好;传热性能好;密度高;价格便宜,容易加工。

在反应堆内还应有反射层,使逸出的中子反弹回堆芯中,这样可减少中子损失,节省燃料消耗,减小堆芯临界体积,从而改善堆芯及其边界的中子流和功率分布,增大输出功率,提高反应堆的经济性。就中子慢化和反射层的作用而言,良好的慢化剂也是较好的反射层材料,因为二者都要求采用质量轻、中子散射截面大、吸收截面小的材料,以保证对中子多碰撞少吸收,同时也能起到把泄漏的中子回弹到堆芯的作用。因此慢化剂和反射层材料大多采用同一材料。例如压水堆的水既是冷却剂又兼着慢化剂和反射层的作用。

常用的慢化剂可分为两大类:固体慢化剂和液体慢化剂。常用的固体慢化剂为石墨、铍及氧化铍等;液体慢化剂为普通水和重水。

1. 石墨

石墨是碳的结晶形态之一,它用石油焦或者煤沥青焦作为原料,加入黏合剂,经过压制而成。经多次的浸渍和焙烧,在 3 000 ℃ 左右的温度下进行石墨化处理,得到石墨制品。石墨的中子吸收截面只有 $0.003\ 4 \times 10^{-28}\ m^2$,是非常好的慢化材料,它的熔点 3 727 ℃,化学稳定性好,导热率几乎与黄铜相当,高温强度和耐热性也好。石墨在非氧化气氛下具有好的高温性能。石墨与 CO_2 相容性好,所以石墨在气冷反应堆中常用作慢化剂和反射层材料,在高温气冷堆中还可以用作堆芯结构材料和燃料颗粒的涂层及其弥散依附的基体材料。如果没有石墨的优良核性能和耐高温性能,就不能制造出高温气冷堆。

石墨是热中子反应堆中最常用的慢化剂,它的生产工艺比较成熟,应用也比较广泛,但堆用石墨的性能要求比非核用的要求高:

①纯度高,碳含量百分数要求高,杂质少,尤其硼、镉含量限制严格。

②强度高、各向异性小。为此,要求采用各向同性的细粒度的煤焦来制成石墨,各向异性因子愈小愈好。

③耐辐照、抗腐蚀和高温性能好。

④导热率高、热膨胀系数小。

石墨的拉伸强度随温度而增加,在 2 500 ℃ 时达到最大值。这时的拉伸强度为室温时的两倍,但超过 2 500 ℃ 后,拉伸强度急速下降。石墨制品一般都采用挤压成型或模压成型的方法加工,产品的各种物理性能和机械性能在挤压或模压的平行方向和垂直方向上存在着较大的差异,即各向是异性的。

石墨的化学惰性很强,在一般情况下不易和其他介质发生化学作用。但在高温时可以与许多物质起化学反应。例如在 1 160 ℃ 以上和铀作用生成 UC,高温时能将 CO_2 还原成 CO。石墨在空气中会被氧化,但低于 400 ℃ 时这种反应可忽略,而高温氧化问题比较严重,它给石墨在反应堆中的使用带来一定困难。

石墨的辐照损伤与金属相似,也是由辐照产生的点缺陷及其聚集或衍生而形成的。研究证明,能量大于 100 eV 以上的中子就能使碳原子离位。中子碰撞产生的初级离位原子又会发生串级碰撞,此过程一直持续到中子能量低于碳原子高位阈能为止。一个几万电子伏量级的高能中子在形成串级碰撞中,可使 200 ~ 400 个碳原子离位,所以在热中子反应堆内,离位原子的生成速率大约为 10^{-7} 原子/(原子·秒)。辐照会引起石墨的物理性能和机械性能的变化,主要是热导率下降、尺寸变化、积聚潜能。

辐照对石墨的热导率的影响很大,当辐照的中子通量达到 $10^{19}\ cm^{-2}$ 时,热导率减小,为原来的 1/40,在中子辐照下会引起石墨尺寸的变化。当温度小于 300 ℃ 时,石墨一般在平行于挤压方向的尺寸增加,在垂直于挤压方向的尺寸减小。长期辐照后,平行方向先是缓慢伸长,然后收缩,且收缩量随辐照而增加。在高温情况下,尺寸的不稳定性不显著。例如在 400 ~ 510 ℃ 温度下的尺寸变化与室温时的尺寸变化相差小于 5%。当辐照温度很高时,有足够的移动能力使任何原子的位移回到平衡位置,因此尺寸变化极小,在石墨慢化剂平均温度约为 870 ℃ 的高温气冷堆内就会出现这种情况。

辐照对石墨产生的效应主要是潜能,也称魏格纳能(Wegner energy)。在低温辐照时产生的原子位移会使石墨中积聚大量潜能。这个能量在石墨被加热到 500 ℃ 以上时,由于位移原子复位而释放出能量。例如在室温下辐照的中子通量达 $10^{19}\ cm^{-2}$ 时,潜能可达

1.675 kJ/g,此能量可把石墨温度升高约 1 000 ℃。如果在未加控制下发生潜能的释放则会引起堆内构件烧坏。为了避免这种情况发生,可周期性地对辐照损伤进行退火,以使潜能在受控下缓慢地释放出来,或保持石墨工作温度在 500 ℃以上(例如高温气冷堆那样)以避免辐照破坏。早期人们对潜能释放问题认识不足,在石墨作慢化剂的反应堆中曾出现过事故,例如英国温斯凯尔(Windscale)反应堆就是因为潜能的突然释放而发生局部过热导致严重核事故。

2. 铍和氧化铍

铍是一种很轻的碱土金属,密度是铝的 2/3,熔点为 1 283 ℃,中子吸收截面为 0.009×10^{-28} m^2,散射截面大,因此铍是较好的中子慢化和反射层材料。它的慢化能力比石墨大,适用于较小的反应堆,例如航天用的小型核动力反应堆。铍的高温强度好,熔点、热导率、比热都较高,所以适用于高温反应堆。铍有较强的抗腐蚀能力,尤其在二氧化碳中稳定性良好。但铍较脆、难于加工、辐照稳定性差,中子与铍经(n,2n)、(n,α)反应会使中子增殖,有利于反应堆的经济性。但反应产生的氦和氚聚集成气泡引起铍的局部体积肿胀,另外铍是有毒性的物质,价格昂贵,因此给铍的广泛应用带来困难。

氧化铍是陶瓷材料,它的热中子吸收截面小,慢化能力强,熔点高达 2 550 ℃,可在高温液态金属反应堆和高温气冷堆中作慢化剂、反射层及核材料基体。氧化铍具有良好的化学稳定性,在高温液态金属、CO_2、He、H_2 和 O_2 中都是稳定的。但在湿空气中加热时会生成有毒性的氢氧化铍挥发物,氧化铍比金属铍难于加工,这些问题使氧化铍的使用受到一定限制。

3. 氢化锆

由于许多金属氢化物中氢原子密度远远超过液态氢的密度,所以金属氢化物是一种潜在的有效慢化剂,它们特别适用于要求减小堆芯质量和体积的热中子堆。例如,氢化锆已经用于液态金属冷却的 SNAP(System for Nuclear Auxiliary Power)堆,在法国发展得相当好的 KNK 堆也用了氢化锆作为慢化剂,钠作为冷却剂。将来,这种反应堆可能作为遥远地区的动力站(南北极地区或者行星上)、可移动电站或空间宇航系统。

制备金属氢化物的方法,一般是通过氢和金属在高温下直接反应,随后在氢气氛下冷却,对锆来说,合适的氢化温度是 800 ℃,通常氢气压力为 1 个大气压,但有时也用更高的压力。制成适合于慢化层结构所需形状的加工方法有两种:成型金属的直接氢化,或者用氢化物粉末压制成一个所需形状的整体,这两种方法都有它们的不足之处。

氢化锆的密度比金属锆小 14%,而且即使在氢化温度下,它的延性也很低,这样就产生一个困难,氢化试件的厚度大于 0.5 cm 左右时就可能碎裂。用很慢的氢化速度进行氢化,使氢在金属内的梯度很小,这样就可能制备出较大的慢化剂单元体,用这种方法可以氢化约 2.5 cm 厚的金属,利用细晶和晶粒随机取向的金属可以改善这一工艺。加入 0.3% ~0.5% 的碳化锆能够达到这一要求,在氢化过程中碳化锆可以阻止晶粒长大。另外一种工艺是直接氢化锆粉,然后用粉末冶金技术制成所需要的单元体,由这种方法制得的部件的物理和力学性能比直接氢化金属件的要差,主要原因是在极短的时间内所需达到的烧结温度使氢化物发生分解,在这些情况下,块状氢化物的密度要大于理论密度的 80% 是很困难的。

4. 重水

重水是由一个氧原于和两个氘原子组成的化合物(D_2O),氘(D)是氢(H)的同位素。重水是很好的慢化剂,它的中子吸收截面大约是水的 1/200,因此重水可以采用天然铀燃料使反应堆达到临界。重水的热中子俘获截面小,在相同情况下,重水的逃脱共振吸收概率及热中子利用系数都比石墨大。但重水的热中子徙动长度较大,堆芯体积相应增加,但重水堆一般采用压力管式,慢化剂在压力管外侧,因此不需承受高压的压力容器。重水的初装量较大,且重水价格昂贵,为了补偿重水泄漏所花的费用相当高。

在天然水中,重水的含量只有 0.017%,相当于每 7 000 个普通水分子中有一个重水分子。制取重水的方法有三种:电解法、蒸馏法和化学交换法。重水的性能与水稍有不同。在大气压下,重水的凝固点为 3.82 ℃,沸点为 101.43 ℃,在室温下密度为 1.1 g/cm³。在高温系统中使用重水时也必须加高压。重水在辐照下也要分解,其分解的机制和轻水相同。重水既可以作慢化剂,也可以作冷却剂。

在反应堆内的辐照作用下,重水和轻水均发生逐渐分解,分离出爆炸性气体(D_2 和 O_2 或 H_2 和 O_2 的混合气体),这个过程称作辐射分解。在辐射分解的同时,还会发生氢和氧分子的再化合,生成水。从水中分离出来的爆炸性气体的数量,由辐射分解和再化合的共同作用来决定。随着水的温度升高,再化合过程也加剧。

4.3.2 冷却剂材料

反应堆内核裂变释放的绝大部分能量以热量的形式出现,这些热量必须从反应堆内及时带出,否则堆芯温度会很快升高使堆芯金属和燃料熔化。在水冷反应堆中,轻水和重水都可同时作为堆芯的冷却剂和慢化剂,而对使用固体慢化剂的反应堆,则必须采用另外的液体或气体作冷却剂。

对冷却剂性能的要求与反应堆类型有关,通常必须具备以下特性:

①中子吸收截面和感生放射性小;

②沸点高、熔点低;

③热容量高(密度和比热值大),唧送功率低;

④热导率大;

⑤有良好的热和辐照稳定性;

⑥与系统其他材料相容性好;

⑦价格便宜。

热中子反应堆还要求冷却剂的慢化能力强,快中子反应堆要求冷却剂的非弹性散射截面小。常用的液态冷却剂有轻水和液态金属(钠或钠钾合金等);气态冷却剂有氦气和二氧化碳等。

1. 轻水

轻水是自然界里存在最多的液体材料,它的慢化能力强,热中子徙动长度小,用轻水慢化的堆芯结构紧凑。水的比热高、热容量大,在输送热量时所需的质量流速低于许多其他冷却剂,需要泵的唧送功率小。所以轻水既是极好的慢化剂,又是极好的冷却剂。

轻水的热中子俘获截面较大,所以轻水慢化和冷却的堆芯必须用富集铀作燃料。另外,水的沸点低,如要提高运行温度,就必须加高压。例如压水堆中运行压力一般为 14 ~ 16 MPa,沸水堆一般约为 7 MPa。这给设备的制造带来一定困难。

在动力反应堆中,水的工作温度约为 290 ~ 340 ℃。由于碳钢不耐腐蚀,必须采用腐蚀率低的奥氏体不锈钢作设备、管道和容器材料,或在反应堆和蒸汽发生器这些大设备上采用内表面堆焊不锈钢的加工方法。

反应堆内使用的水必须净化,去除其中所含的有害的离子杂质,以减少杂质的中子有害吸收及感生的放射性,即使这样,当水流经堆芯时,在快中子照射下,会通过(n,p)反应而分别生成具有放射性的氮 – 16 和 氮 – 17。此外,水中的可溶性杂质、可溶性或悬浮状的腐蚀产物会产生活化,而使放射性增强。

水的辐照效应主要表现为水的辐照分解。水经堆内强中子流和 γ 射线照射后,会分解而产生氢、氧和过氧化氢等。γ 射线主要产生康普顿效应;中子与水发生弹性散射碰撞,产生高速带电粒子,高速带电粒子通过库仑力作用,将水分子轨道上的电子击出,使水分子离子化或处于不同程度的激发状态。此时水中电离了的分子和激发状态的分子很快变为游离基 H^+ 和 OH^-。

水中氧的存在会加速对材料的腐蚀,因此在设计时必须考虑如何把氧移走或使之重新结合。一般设有排气系统和加氢系统,并且在系统中加复合器。在水冷反应堆中,由于裂变产物在溶液中释出,所以水分解的氢气和氧气影响很大,如不加处理就有发生爆炸的危险。

2. 液态金属

液态金属主要用在快中子反应堆内作冷却剂。因为液态金属有良好的热性质,例如有高的热导率,高的沸点,在高温情况下可以在较低的压力下实现热量传递。用液态金属作冷却剂的反应堆,可在低压下构成冷却剂的高温回路。液态金属在强辐照下是稳定的,主要缺点是在高温时会发生化学反应,必须避免氧化,并应选择合适的结构材料以减少腐蚀。

液态金属冷却剂可以有多种选择,但每一种都有一些缺点。例如,汞有较大的热中子吸收截面,而且有剧毒。铅和铋虽具有较小的热中子吸收截面,但熔点高,弹性散射截面也较大。天然锂的热中子吸收截面为 71×10^{-28} m^2。表 4.3 给出了几种液态金属的物理性质。

表 4.3　液态金属的物理性质

性质	Bi	Pb	Li	Hg	K	Na	Na – 44% K
熔点/K	544	600	453.5	234.2	336.7	370.8	292
沸点/K	1 750	2 010	1 609	630	1 033	1 156	1 098
673 K 时的比定压热容/[kJ/(kg・K)]	0.148 1	0.147 3	4.326 3	0.137 66	0.764 0	1.278 2	1.051 0
熔化温度下的密度/[kg/cm³]	10	10.7	0.61	13.7	0.82	0.93	0.89
673 K 时的热导率/[kJ/(h・K・m³)]	56.065 6	54.392 0	169.452	45.396 4	142.256	246.256	96.650 4
热中子俘获截面/10^{-28} m²	0.034	0.17	71	374	1.97	0.52	0.66

(1)钠和钠钾合金

钠具有较低的熔点,满意的热传导性能,输送的耗功不大,因此钠是较满意的快中子反应堆的液态金属冷却剂,但钠在常温下是固体状态,为停堆和启动带来很大困难,需要用电或蒸汽进行加热。

在没有氧存在且温度低于 600 ℃时,液态钠与结构材料有较好的相容性,不侵蚀不锈钢、钨、镍合金或铍。但钠具有从奥氏体不锈钢表层除去镍和铬的作用,铬形成铬化物,而镍溶解在钠中。图 4.7 给出了浸泡在流动钠中的不锈钢表面附近的镍和铬浓度。在此范围内,镍浓度可能降低到 1% 左右,而铬降低到约 5%,其结果形成约 5 μm 厚的铁素体表层。

然后,铁素体被溶解,其速率取决于钠中的氧浓度,表面层由于溶解而变得粗糙。氧的浓度越大,产生的粗糙度也就越大。对于 316 不锈钢,若钠中含氧为 1×10^{-5},粗糙度约为 2 μm,若含氧量 2.5×10^{-5},则约为 6 μm。对表面腐蚀的程度基本与钠的流速和雷诺数无关。

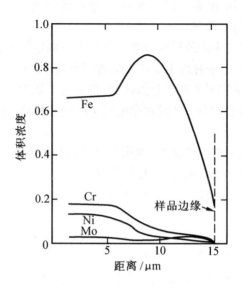

图 4.7　浸泡在流动钠中的不锈钢表面附近的镍和铬浓度

　　钠能使碳从浸渍其内的钢中迁入或迁出,这取决于溶解碳的活度。根据钢是增碳或是失碳,称这种过程为渗碳或脱碳。钢失碳或增碳的速率与温度有关,因为碳在钠和钢中的活度以及扩散率都是随温度而变化的。在奥氏体钢中,碳的活度相对来说比较低,所以它倾向于渗碳。由于碳化物沉积在钢的表层,因而可能使低温韧性降低。但是,像含 0.1% 碳的 2.25Cr1Mo 那样的低合金铁素体钢,则倾向于脱碳,结果使其强度下降。在低温下,碳的活度较高,因此如果钠回路在低温区域(例如热交换器)内含有铁素体钢的话,脱碳就变得特别重要。在高温区域,要防止奥氏体钢过度渗碳,应该谨慎地控制钠中碳的活度,钠在高温或有氧存在时腐蚀速率会增大,因此钠里一定要严格限制氧的含量。腐蚀机理主要是质量迁移,即在系统的高温部位熔解,然后在低温部位沉淀。沉淀可能会造成管道堵塞。

　　钠的化学性质很活泼,很容易被空气或水氧化。在空气中钠会燃烧而生成氧化物,它与水发生激烈反应产生氢氧化钠和氢气。因此在设计时应注意设备和容器的密封性以防发生这些反应。使用钠作冷却剂的另一缺点是俘获中子后生成钠 -24,它是放射性同位素,半衰期为 15 h,衰变时除放出 β 粒子外,还放出 γ 射线,因此冷却剂系统必须屏蔽,这给维修也带来一定问题,表 4.4 列出了液态钠的物理性能。

表 4.4　钠的物理性能(熔点 97.7 ℃,沸点 883 ℃)

$t/℃$	$\rho/(kg/m^3)$	$K/$ [$W/(cm·℃)$]	$\varepsilon_p/$ [$kJ/(kg·℃)$]	$\mu/(10^{-8}\ m^2/s)$	$Pr(10^{-2})$
100	928	86.05	1.386	77.0	1.15
150	916	84.07	1.356	59.4	0.88
200	903	81.63	1.327	50.6	0.74
250	891	78.72	1.302	44.2	0.65
300	875	75.47	1.281	39.4	0.59
350	866	71.86	1.273	35.4	0.54
400	854	68.72	1.273	33.0	0.52
450	842	66.05	1.273	30.8	0.50
500	829	63.84	1.273	28.9	0.48
550	817	61.98	1.273	27.2	0.46
600	805	60.58	1.277	25.7	0.44
650	792	59.65	1.277	24.4	0.41
700	780	59.07	1.277	23.2	0.39

　　钾的熔点比钠低,钾的热物理性能与钠很相近。钠－钾合金在室温下呈液体状态,例如 22% 钠 +78% 钾的合金的熔点为 -11 ℃,这样在反应堆启动前就不需要熔化液态金属冷却剂的加热系统。但钾比钠的反应能力强,在空气中会强烈地与氧和水反应,而在高温下会与氢和二氧化碳反应。钾的热中子吸收截面较大,在快中子动力堆中应用不多。

　　(2)铅和铅铋合金

　　铅是很不活泼的金属,不会与空气和水发生剧烈的化学反应。铅的中子吸收截面非常小,故铅冷堆一回路的放射性比钠冷堆的小得多。所以铅冷堆既可不设置中间回路,又可省去昂贵的钠水反应探测系统。此外,铅的质量数远大于钠,而且铅原子核是所谓的幻核,故它对中子的慢化能力比钠更低。因此铅冷快堆的栅距可设计得比钠冷堆大,同时保持较硬的中子能谱和较大的增殖比。大的栅距还可以大大地减少流道堵塞的可能性;加上铅的沸点高达1 740℃(为铅的正常工作温度的 3 倍,钠的沸点仅为其正常工作温度的 1.6 倍),使得铅冷堆中发生沸腾的可能性极小,空泡系数不再是一个严重问题,在整个堆芯燃耗期间,完全可将反应性空泡系数设计成负值。因此,铅冷堆是一种很有发展前景、具有固有安全性的快堆。

　　由于铅的熔点较高,为防止液态铅在蒸汽发生器一次侧凝固,蒸发器二次侧的水温应大于铅的熔点。而铅的熔点高也存在一定的益处,当铅回路系统中出现小破口时,破口处的铅容易形成自密封,从而阻止了冷却剂的进一步泄露。堆芯处于冷态状况下时,铅的凝固可作为一个附加的放射性屏蔽层,从而减少了放射性物质的泄露。

　　①常压下铅的主要物理性质

　　铅是一种蓝灰色的重金属,质地柔软,其表面易形成氧化膜,但不易被腐蚀,是最稳定的金属之一,与水和空气都不发生剧烈反应,自然界中存在的仅有 ^{204}Pb、^{205}Pb、^{207}Pb 和 ^{208}Pb 四种同位素,但铅的同位素$^{182}Pb \sim {}^{214}Pb$可通过人工的方法获得。

铅的熔点为327.5℃,沸点高达1 740℃,熔解时体积增大4.01%,熔解热等于23.236 kJ/kg。熔解时其密度由11 101 kg/m³下降到10 686 kg/m³。铅的饱和蒸汽压很低,比钠的相应值低5个量级左右。铅的比定压热容较小,仅为钠的1/10左右。其热导率比钠略低,约为钠的1/3,但比水的相应值高几十倍,因此其传热性能也是很好的。铅的黏度较大,比钠的约大10倍。其普朗特数与钠处在同一数量级,液态铅的普朗特数比1.0小很多,属于小普朗特数流体。

②高温下液态铅的热物理特性

由于在铅冷堆中的铅主要以液态形式存在,表4.5中给出了327.5 ℃到900 ℃之间液态铅的物理性质(饱和压力p_s、比焓h、密度ρ和比定压热容c_p、热导率λ、黏度μ)。表中的数据是在综合调研国内外大量有关文献的基础上,经过整理加工而得。其中,个别数据是线性内插或外推值。比焓的数值是以25 ℃下固态铅的比焓为零而求得的。

表4.5　液态铅的物理性质

温度/℃	p_s/Pa	ρ/10³ kg·m⁻³	c_p/J·kg⁻¹·℃⁻¹	h/kJ·kg⁻¹	λ/W·m⁻¹·℃⁻¹	$\mu \times 10^{-3}$ Ps·s
327.5	4.21×10^{-7}	10.686	147.79	63.94	14.7[①]	2.70
400	2.48×10^{-5}	10.592	146.54	74.59	15.1	2.22
450	2.54×10^{-4}	10.536	145.70	81.90[①]	15.4	2.01
500	1.91×10^{-3}	10.476	144.86	89.21	15.5	1.83
550	1.12×10^{-2}	10.419	144.44	96.43[①]	15.6	1.70
600	5.37×10^{-2}	10.360	143.61	103.66	15.9	1.59
650	2.16×10^{-1}	10.300	142.77[①]	110.81[①]	16.7	1.49
700	7.51×10^{-1}	10.242	141.93	117.96	17.7	1.40
800	6.37×10^{0}	10.108[①]	140.47[①]	132.13	20.2[②]	1.28
900	3.72×10^{1}	9.974	139.00	146.30[①]	23.2[②]	1.21

注:①线性内插或外推值

为克服铅作冷却剂的熔点较高所带来的困难,美、欧、日等国将铅-铋合金作为快中子反应堆冷却剂的候选材料之一。铅-铋合金的熔点为123.5℃,沸点为1 670℃,可在较低的温度与压力下运行,减少了高温、高压条件下运行所带来的安全隐患,且铅-铋合金具有优异的导热性能。铅-铋合金在堆运行状况下,与空气和水呈化学惰性,不会产生剧烈的反应,可减少因冷却剂泄露所带来的危害。但铋属于稀有金属,资源有限,价格昂贵,且在运行过程中会产生挥发性的钋-210。

3.气体冷却剂

气体的中子吸收截面低,加热温度不受压力的限制,因此气体是值得推荐作为冷却剂的材料之一。尽管传热性能不如水和液态金属,但它有一些特殊的优点,例如气体作冷却剂的反应堆,其冷却剂的温度可达到很高,从而动力装置的效率高,气冷堆核电站的效率可达到40%以上。气体的热容量和导热率低,这意味着需要大量的气体流过反应堆,使装置复杂化并提高了造价,为唧送冷却剂要消耗大量电能。衡量气体冷却剂的主要指标之一是在其他条件相同的情况下,传递相同的热量所需的泵耗功最小。

二氧化碳的中子吸收截面很小,没有毒性及爆炸的危险,在中、低温时是惰性的,不会侵蚀金属。在接近大气压下,二氧化碳在辐照下不分解。随着压力的升高,二氧化碳的稳定性下降。当压力为 1 MPa 时,其分解很明显,在辐照作用下,二氧化碳的最初分解反应如下:

$$2CO_2 \rightarrow 2CO + O_2$$
$$CO_2 \rightarrow C + O_2$$

其中第一个反应分解占优势。二氧化碳的感生放射性是由于在辐照下生成核素^{16}N、^{19}O、^{41}Ar 和^{14}C。

然而,二氧化碳在高温时会与石墨反应还原成一氧化碳,尤其在温度达410 ℃时会对低碳钢有腐蚀作用。为了限制腐蚀速率应降低出口温度,为此英国镁诺克斯型反应堆只得降功率运行。

从几方面性能的比较来看,除氢气、蒸汽和惰性气体混合物外,氦气比其他气体优越。尽管它的传热指标不如氢,然而,氢气有引起金属氢脆等害处。蒸汽用于高温直接循环是很有吸引力的,但高温蒸汽对石墨的严重腐蚀使它很难在石墨堆中应用,有些惰性气体如氖等,由于中子吸收截面大、活化较强、成本昂贵、来源困难,在工程上很难被采用,因此至今只有氦气被选作高温气冷堆的冷却剂。

氦冷却剂具有如下优点:

①化学惰性。这在高温反应堆中是一个很重要的优点。纯氦在几千摄氏度的温度下也不会与石墨起反应,它与燃料和其他金属材料有很好的相容性,它跟二回路的水介质和环境空气也不发生反应,这些对提高运行参数和安全性都是十分有利的。

②良好的核性能。氦气的中子俘获截面极小,纯氦气没有感生的放射性,氦气是单原子气体,不会发生辐照分解。

③容易净化。由于氦气临界温度很低,因此用低温吸附法就能去除其中的放射性裂变裂片(如 Kr、Xe 等)及其他杂质,使氦气完全纯化。

④在气体冷却剂中,氦气具有较好的传热和载热特性,它的热导率约为二氧化碳的十倍,唧送功率消耗仅略高于氢气而低于其他气体。

此外,作为气体冷却剂,它还具有下述优点:冷却剂密度变化对反应性影响很小,有利于堆的控制;气体透明度大,便于从一次冷却系统内观察燃料操作状况等。

当然,氦气冷却剂也有一些缺点,其中除了气体冷却剂所共有的缺点(如传热性能差、唧送功率消耗大等)外,使用氦气还带来一些工程上的问题:

①由于一回路氦气含有微量放射性物质以及氦气价格较高,不允许从系统内漏出过量的氦气,因此系统对防漏密封要求是很高的;

②在氦气气氛中,金属表面不能生成氧化膜保护层,因此必须注意解决转动部件如何避免咬合或减少磨损等问题。

氦气主要由空气中提取,也可以作为液化空气制取氧气和氮气的副产品,虽然空气中氦气含量很少,但由于氧气的需要量很大,因此氦气的来源是不成问题的。氦气的来源不同,其中的^{3}He 同位素含量也不同,而^{3}He 是高温气冷堆中产生氚的来源之一,这是需要注意的问题,因为氚是放射性气体。

4.4 反应堆控制材料

4.4.1 反应堆控制方式和特点

1.控制棒控制

控制棒是控制堆芯反应性的可动部件。它是由中子吸收材料和包壳(铪除外)材料制成的,并用控制棒驱动机构使其插入或抽出堆芯,以吸收中子的多少来控制裂变反应的强弱。根据控制棒的功能不同,控制棒可分为以下几种:

(1)补偿棒

该棒最初全部插入堆内,当燃耗增大、裂变产物毒性和慢化剂温度效应等使反应性下降时,它逐渐抽出,释放被它抑制的剩余反应性,以补偿上述慢变化的反应性亏损。虽然它上移很慢,但控制能力大,能粗调功率。补偿棒也可用化学毒物控制来代替,如压水堆用的硼酸化学补偿控制。

(2)调节棒

它主要用来补偿快的反应性变化,如功率升降、变工况时的瞬态氙效应,电网负荷变化时的快速跟踪等,所以调节棒动作快,响应能力强,但反应性控制价值较小,适于功率细调。

(3)安全棒

供停堆用,它抑制反应性的能力除大于剩余反应性外,还应保持一定的停堆深度,尤其在发生事故时能紧急停堆,即落棒时间短。

由上可知,控制棒的优点是吸收中子能力强,控制速度快,动作灵活可靠,调节反应性精确度高。但伴随控制价值高的缺点是,控制棒对反应堆的功率分布和中子注量率的分布干扰大,影响运行品质。为克服此缺点,多采用棒数多、直径小的棒束控制组件,可采用以化学补偿控制为主,控制棒为辅的控制方式,来改善压水堆运行品质,对首批装料的新元件还配合可燃毒物控制。

控制棒的形状和尺寸与堆型有关,在石墨或重水慢化的反应堆中,一般都采用粗棒或套管形式的控制棒;沸水堆采用十字形控制棒;压水堆采用在燃料组件中插入棒束控制组件。

2.化学补偿控制

化学补偿控制是指在压水堆冷却剂中加入可溶性中子吸收剂硼酸,通过改变其浓度,达到控制反应性的控制过程。

化学补偿控制的优点是硼酸随冷却剂循环,调整硼酸浓度可使堆芯各处的反应性变化均匀,不会引起堆芯功率分布的畸变,从而能提高平均功率密度,且调节方便,不占堆芯栅格位置,可省去驱动机构,减少堆顶开孔及其相应的密封,能提高结构安全和经济性;硼酸是弱酸,无毒、化学稳定性高、不易燃烧和爆炸、溶于水后不易分解,对冷却剂水中的 pH 值影响小,因此不会增加主回路中材料的腐蚀速率。所以化学补偿控制被压水堆广泛采用并作为重要的控制方法(占 $20\% \Delta k$)。其作用与补偿棒相同,皆是补偿一些慢变化的反应性亏损,例如燃耗和裂变产物积累所引起的反应性变化和反应堆从冷态到热态(零功率)时,慢化剂温度效应所引起的反应性变化,以及平衡毒性($^{135}\text{Xe}, ^{149}\text{Sm}$)所引起的反应性变化。

化学补偿控制虽然有许多优点,但也有缺点,它只能控制慢变化的反应性;在一定条件下,有可能使反应堆出现正的反应性温度系数,导致反应性增加,当硼浓度高时慢化剂反应性温度系数随硼酸浓度升高而增加。这是因为随着温度升高,水的密度减小,单位体积水中硼原子的核数也相应减少,因此使反应性增加,给反应堆正常运行带来威胁(可能超临界)。由于在反应堆工作温度($280 \sim 310 ℃$)区间,硼浓度大于 1.4×10^{-3} 才会出现正反应性温度系数,所以标准规定堆芯硼浓度应在 1.4×10^{-3} 以下,以保证反应堆慢化剂在运行中,始终保持负的反应性温度系数,称此为临界硼浓度。

3. 可燃毒物控制

所谓可燃毒物控制是指随着堆芯剩余反应性下降,毒物(中子吸收剂)也随之同步消耗,且毒物消耗后所释放出的反应性与燃料燃耗所减少的剩余反应性基本相等。这种控制多用在剩余反应性比较大的轻水动力堆上。

为了延长堆芯寿期、加深元件燃耗,就必须在装料时加大剩余反应性,如压水堆规定新装料时 $k_{eff} = 1.26$。化学补偿控制占其中 $20\% \Delta k$,可燃毒物控制占 $8\% \Delta k$。从以上数据可以看出,压水堆的初期反应性主要以化学补偿控制为主,但因首次装料的元件是新的,剩余反应性很大,若全依靠化学补偿,控制溶液中增加硼浓度来抵制它,很可能超过 1.4×10^{-3} 临界硼浓度,使反应性温度系数出现正值,这样是不符合安全要求的。为了既不超过临界硼酸浓度,又要兼顾反应性控制,就需要添加固体可燃毒物。可燃毒物仅是在新装料时,为了控制最大剩余反应性而设置的,换料后已无必要,因为此后大部分是燃耗过的元件,燃料中产生的可燃毒物使剩余反应性明显减小。此时希望残余毒物愈少愈好,否则会缩短堆芯燃料使用寿命。

固体可燃毒物的作用与补偿棒和化学补偿控制相似,其区别是,它不需要外部控制,是自动进行的;共同点是它们都是为了储备剩余反应性,使反应堆处于充分可调的控制状态,以便延长堆芯寿期和改善运行品质。

从上述可燃毒物的作用及其功能要求可知,在换料后可燃毒物的残余量应尽可能少,因此除了长寿的铪、铕等控制材料外,其他控制材料一般都能作为可燃毒物使用,常用的元素有硼和钆。前者多做成棒状或管状插进燃料组件中;后者多和燃料混合在一起,如在 UO_2 燃料掺进 $3\% \sim 10\%$ 的 Gd_2O_3 作可燃毒物。

早期压水堆曾采用硼不锈钢作可燃毒物棒,但由于硼燃耗后,留下的不锈钢棒仍有较大的中子吸收截面,这与可燃毒物的性能要求不符,后改为硼玻璃放在不锈钢或锆合金包壳管内作毒物棒。由于在堆芯寿期末,硼已基本耗尽,剩下的仅是吸收截面比较小的玻璃,所以它使用相同剩余反应性的堆芯,比用硼不锈钢作毒物棒的寿期长。

4.4.2　控制棒材料

为了使反应堆安全可靠地连续运行,必须使用控制棒,或将控制材料加入冷却剂中,对反应堆的反应性进行补偿、调节和安全控制。对控制材料的要求除能有效地吸收中子外,还应具有以下性能:

①不但本身的中子吸收截面大,其子代产物也应具有较高的中子吸收截面(可燃毒物除外),以增加控制棒的使用寿命;

②材料对中子的 $1/v$ 吸收和共振吸收能阈广,即对热中子和超热中子都有较高的吸收能力;

③熔点高、导热性好、热膨胀系数小，使用时尺寸稳定，并与包壳相容性好；

④中子活化截面小，含长半衰期同位素少；

⑤强度高、塑韧性好、抗腐蚀、耐辐照。

反应堆控制材料的选择主要是根据工作温度、反应性的控制要求并结合材料性能综合考虑。由于工况和堆型的不同，控制材料的种类很多，但大体可分为以下几种：

①元素控制材料，如铪、镉等；

②合金控制材料，如银－铟－镉；

③稀土元素，如钆、铕等；

④液体材料，如硼酸溶液。

图 4.8 给出了一些主要吸收材料的中子吸收截面。

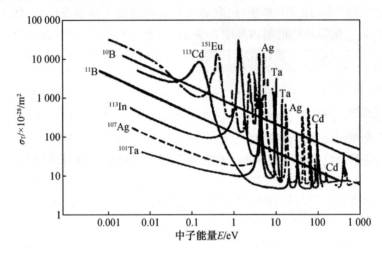

图 4.8 一些主要吸收材料的中子吸收截面

1. 铪

铪是反应堆内最好的控制材料之一，特别是作水堆控制棒的最好材料。在自然界它与锆共生，其化学性质类似锆，为周期表上同类元素。铪作控制棒材料有以下特点：

①铪对热中子及超热中子均有很大的吸收截面，且在较宽的能谱范围内其中子吸收能力都很强。

②铪的六种同位素都有较大的吸收截面。且一种同位素吸收中子经 (n,γ) 反应后生成的下一代同位素仍能有效地吸收中子，因此使用寿命长，铪在压水堆中工作期可达 20 年。

③从图 4.9 中看出，铪具有较高的力学性能，塑性好，容易加工成型。另外，耐辐照、抗高温水腐蚀性能好，因此能以金属形式且在不需要包壳的情况下应用。

④铪在高温水、氦和钠中都具有很好的抗腐蚀性能。

⑤铪的熔点高（2 210 ℃），热膨胀系数小，这能增强控制棒使用时的热稳定性，避免控制棒与导向管内壁胀结或粘连。

⑥铪是稀有金属，价格昂贵。

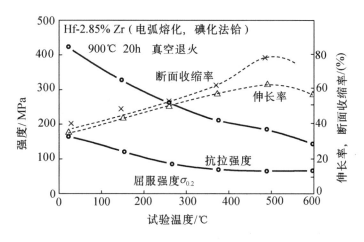

图 4.9 铪的力学性能

铪在反应堆发展初期被广泛使用,但因铪是从锆中分离出来的,锆和铪的化学性质相似,分离成本高,后来被银 – 铟 – 镉合金所代替。目前,铪一般用作船用动力堆的控制棒材料。

2. 银 – 铟 – 镉合金

银 – 铟 – 镉(Ag – In – Cd)合金是为了取代稀有昂贵的铪而研制的合金控制材料。镉的热中子吸收截面大,银和铟的共振吸收截面大,把它们制成合金后,在很宽的能谱范围内具有很强的中子吸收能力。

镉是反应堆最早使用的控制棒材料,镉共有 8 种稳定同位素,其中只有富集度 12.3% 的 ^{113}Cd 具有很高的热中子吸收截面(2×10^{-24} m^2),其余的并不高,而且对超热中子没有共振吸收能力。镉的强度小、耐腐蚀性差、熔点低,因此镉单独作为控制材料并不理想,它的主要缺点是燃耗快、寿命短。但镉价格低廉,加工性能好,耐辐照(再结晶温度低,易恢复)。

银 – 铟 – 镉合金控制棒是在镉控制棒的基础上发展出来的,它吸收中子的综合性能与铪相似,而价格比铪低很多倍。因此目前银 – 铟 – 镉合金控制棒广泛用于水冷反应堆。

3. 硼

在中子吸收截面大的天然元素中,以硼和镉的资源最丰富、最便宜。镉对超热中子的吸收能力不如硼,硼在宽广的中子能量范围内均能有效地吸收中子,所以硼最容易被首先考虑用作反应堆控制材料。但硼吸收中子后,发生 ^{10}B(n,α)^{7}Li 反应,产生 Li 和 He 而易引起晶格损伤、肿胀和内应力,尤其在高燃耗时更严重,这对控制棒的安全和长期使用不利。

纯硼质硬而脆,几乎无法加工,因此在反应堆控制中很少单独应用硼元素,大多数采用含硼化合物。最经常使用的化合物是硼的碳化物 B$_4$C。碳是密集六方晶胞,硼是正 20 面体,所以碳化硼的晶体结构复杂。在 B$_4$C 菱面体晶系的每个角上,排列着一个正 20 面体的硼(由 12 个硼原子组成),且在菱形晶系最长的对角线上排列着三个碳原子,中间那个碳原子易被硼原子所代替。碳化硼较脆,但具有高温稳定性,在包壳破坏的情况下,碳化硼溶于水的速率不高。

将碳化硼做成芯块后装入不锈钢管内可制成控制棒。为了减少硼的(n,α)反应所引起

体积肿胀的影响,可以用以下几种方法:

①在控制棒上部预留储气腔以容纳(n,α)反应所释放的氦气;

②由粉末制成陶瓷芯块,使实际密度低于理论值,从而使陶瓷体内部较均匀地留有空隙以容纳氦气。在高温气冷堆中,也可把 B_4C 弥散在多孔的石墨中以制成控制元件。

硼在压水堆中也用作化学补偿控制,把硼酸溶解在冷却剂中来控制反应堆慢的反应性变化。例如,在反应堆堆芯燃料循环寿期初,在冷却剂水中加入足够数量的硼酸,随着燃耗加深,剩余反应性减小,逐渐降低冷却剂中的硼酸浓度使系统维持临界。在事故情况下,应急冷却系统向反应堆内注入高浓度的含硼水,可快速吸收堆内产生的中子。

在反应堆内还可用硼不锈钢或硼硅酸盐玻璃管做成可燃毒物棒,按一定规律插入堆芯以降低堆芯燃料循环寿期初的反应性,随着反应堆的运行,硼的消耗所引入的正反应性部分地补偿了燃料消耗及裂变产物积累所造成的负反应性。此外,通过适当布置固体可燃毒物棒可以展平功率,提高反应堆的平均功率密度。

4.4.3 稀土控制材料

适合作反应堆控制材料的稀土元素有铕、钆和镝。铕适合做控制调节棒,在长期使用中其效率不会发生变化。当俘获中子后在调节棒中所产生的核素也有很大的中子俘获截面。因此氧化铕调节棒可长期有效地使用,但氧化铕的价格昂贵,钆和镝也有很大的中子吸收截面,适合做反应堆内的调节棒和控制棒。

1. 铕

铕是 63 号元素的中文名称,古代无此字,这是我国根据拉丁文名称的音译,为此专门新造了一个形声字。铕元素的绝大多数生成于恒星演化核燃烧阶段的中子俘获过程;地壳丰度2.1,居第 50 位。在化学元素周期表中,铕属于 f 区镧系的稳定稀土金属元素。

1896 年,法国化学家德马尔赛在不纯的氧化钐中发现了铕。这是人类发现的第 77 种元素,他为其命名的拉丁文名称叫 europium,元素符号——Eu。

铕属于亲氧元素,自然界中无单质存在,多与铈组稀土元素一起,以氧化物的形式蕴藏在富含氧的氟碳铈镧矿、异性石矿、黑稀金矿与独居石矿中,特别是我国台湾地区的黑独居石矿里含铕量最高,也多少不等地存在于其他稀土矿物里。

铕有两种天然同位素,名称、符号及所占百分率分别是:铕 – 151(^{151}Eu)占 47.82%、铕 – 153(^{153}Eu)占 52.18%。

铕的原子半径(共价半径)185 pm,离子半径 94.7 pm(+3),112 pm(+2),原子量151.964,原子体积 28.98 cm/mol,密度 5.259 g/cm³;比定压热容 138 J/(kg·K),熔点828 ℃,沸点 1 596 ℃;电阻率 90.0 μΩ/cm。

金属铕呈银白色,密度和硬度较小,质地较软,延展性好,能抽成丝,轧成箔。在镧系元素中比定压热容最小,热膨胀系数最高;电阻率偏高,传热、导电能力较差;有顺磁性,–268.78 ℃以下有超导性。

铕的化学性质比较活泼。室温下,在干燥空气中氧化缓慢,在潮湿空气中氧化迅速,表面颜色变暗,但不能阻止进一步氧化;可燃性强,高于 300℃时,能燃烧成氧化物,高于1 000℃时,能燃烧成氮化物;与冷水作用缓慢,与热水作用迅速,但都能放出氢气,生成 +3价氢氧化铕。

铕为碱性金属,不溶于碱,溶于稀酸。与稀的硫酸、碳酸、硅酸、磷酸等反应,均能放出氢气,生成相对应的铕盐,高价氧化物呈碱性,其水合物为碱性氢氧化铕。

铕的化合物类型主要是铕的非金属化合物、含氧酸盐和无氧酸盐。常见化合物有:氧化铕(Eu_2O_3)、氟化铕(EuF_3)、硫酸铕[$Eu_2(SO_4)_3$]、碳酸铕[$Eu_2(CO_3)_3$]、磷酸铕($EuPO_4$)、氢氧化铕[$Eu(OH)_3$]、六水氯化铕($EuCl_3 \cdot 6H_2O$)等。

利用铕核很强的热中子吸收能力(平均中子吸收截面 15 000 b,热中子能量为0.01 ~ 0.5 eV 时,其吸收截面为 $2 \times 10^3 \sim 2 \times 10^4$ b),可制作核反应堆的控制棒、补偿棒和安全棒。其中 Eu_2O_3 – Al 或 Eu_2O_3 – 不锈钢是用于高通量同位素堆(HFIR)的控制材料。铕(Eu)的每一代嬗变核素都有较大的中子吸收截面,如^{151}Eu(9 000 b),^{152}Eu(550 b),^{153}Eu(420 b),^{154}Eu(1 500 b),^{155}Eu(1 400 b),所以 Eu 同 Hf 一样,属于无燃耗长寿命控制材料。例如 Eu_2O_3 吸收价值减少 10% 所需的时间大约是 B_4C 的 3 倍,即使使用 10 年后,其吸收价值仍有 3/4。显然,长寿命控制材料不能作可燃毒物用。

尽管 Eu 的共振吸收截面高,但(n,γ)反应强,放射性大,不宜用作压水堆的控制棒材料,但是可用于其他类型的反应堆。稀土元素价格昂贵,它们多以氧化物或以弥散体的形式使用。

2. 钆

钆是 64 号元素的中文名称,古代无此字,这是我国根据它拉丁文名称的音译,为此专门新造的一个形声字。钆元素的绝大多数生成于恒星演化核燃烧阶段的中子俘获过程和质子俘获过程;地壳丰度7.7,居第 41 位。在化学元素周期表中,钆属于 f 区镧系的稳定性稀土金属元素。

1880 年,瑞士化学家马里纳克首先从褐钇铌矿中分离出一种不纯的钆土——氧化钆;1886 年,法国化学家布瓦博德朗又从不纯的钐土中分离出纯氧化钆,并确定它含有一种新元素。这是人类发现的第 73 种元素,他为其命名的拉丁文名称叫 gadolinium,元素符号——Gd。

钆属于亲氧元素,自然界中无单质存在,最爱跟铈组稀土中的镧、铕、钐、钕一起,以氧化物形式共生在富含氧的褐钇铌矿、氟碳铈矿、独居石矿与黑稀金矿里,也或多或少地存在于其他稀土矿物中。

钆的天然同位素有 7 种,名称、符号及所占百分率分别是:钆 – 152(^{152}Gd)占 0.2%,钆 – 154(^{154}Gd)占 2.15%,钆 – 155(^{155}Gd)占 14.73%,钆 – 156(^{156}Gd)占 20.42%,钆 – 157(^{157}Gd)占 15.68%,钆 – 158(^{158}Gd)占 24.87%,钆 – 160(^{160}Gd)占 21.95%。

钆的原子半径(共价半径)161 pm,离子半径93.8 pm(+3);密度 7.895 g/cm^3,原子量157.25,原子体积 19.91 cm^3/mol;比定压热容234 J/(kg · K),熔点 1 312℃,沸点 3 233℃;电阻率140.5 μΩ/cm。

金属钆呈银白色,密度和硬度较低,质软如银,延展性好;电阻率很高,传热、导电能力较差,却有良好的超导性;具有强顺磁性,并具有磁致伸缩性。

钆的化学性质比较活泼。常温下,在干燥空气中氧化缓慢,在潮湿空气中金属表面变暗,生成的氧化膜容易脱落;可燃性强,升温至 300 ℃ 在空气中燃烧,生成氧化钆;升温至 1 000 ℃以上时,在空气中燃烧生成氮化钆,与冷水反应缓慢,与热水反应迅速,但都能放出氢气,生成氢氧化钆;在高温条件下,能跟碳、氮、硫、磷、硅、卤素等许多非金属元素反应,生成稳定化合物。能把活泼性差的两性金属单质,从它们的化合物中置换出来。

钆为碱性金属,不溶于碱,溶解在稀酸中放出氢气,生成相应的盐类,氧化物呈碱性,其水合物为碱性氢氧化钆。

钆的化合物主要是钆的非金属化合物、含氧酸盐和无氧酸盐。常见化合物有:氧化钆(Gd_2O_3)、氟化钆(GdF_3)、碳酸钆[$Gd_2(CO_3)_3$]、磷酸钆($GdPO_4$)、硝酸钆[$Gd(NO_3)_3$]、氢氧化钆[$Gd(OH)_3$]、六水氯化钆($GdCl_3 \cdot 6H_2O$)等。

在核反应方面,钆是稳定元素,但钆152是放射性同位素,能进行 α 衰变。

利用钆核的最佳吸收热中子能力(平均中子吸收截面 36 300 b,热中子能量为 $1 \times 10^{-4} \sim 0.1$ eV 时,其吸收截面为 $1 \times 10^3 \sim 8 \times 10^5$ b),制作核反应堆中的控制棒、补偿棒与安全棒,也作为防止中子辐射造成危害的防护材料。钆可作为合金元素加入不锈钢和钛合金中。这种含钆量达 25% 的合金在 360 ℃ 以下都是稳定的,含钆不锈钢的硬度和脆性随钆含量的增加而增加,Gd_2O_3 可用作动力堆的可燃毒物。

利用钆的核磁特性,把钆的配合物 Gd – DOTA 制成核磁共振成像造影反差剂,可用于医院的透视诊断,可大幅提高图像的清晰度。

3. 镝

镝是 66 号元素的中文名称,这是我国很早就有的一个形声字,念 dí,名词,箭头之意;66 号元素的拉丁文名称传入我国后也音译作镝。镝元素生成于恒星演化核燃烧阶段的中子俘获慢过程、中子俘获快过程和质子俘获过程,地壳丰度 6,居第 42 位。在化学元素周期表中,镝属于 f 区镧系的稳定性稀土金属元素。

1886 年,法国化学家布瓦博德朗用分级沉淀法把不纯的钬土一分为二,并通过光谱分析证明其中有一种新元素。这是人类发现的第 74 种元素,他为此命名的拉丁文名称叫 dysprosium,元素符号——Dy。

镝属于亲氧元素,自然界中无单质存在,常跟钇组稀土混在一处,以氧化物形式蕴藏在富含氧的硅铍钇矿、独居石矿、氟碳铈镧矿与褐钇铌矿中,尤其是与钬更是亲密得难解难分,也多少不等地存在于其他稀土矿物中。

镝的天然同位素有 7 种,名称、符号及所占百分率分别是:镝 – 156(^{156}Dy)占 0.05%,镝 – 158(^{158}Dy)占 0.09%,镝 – 160(^{160}Dy)占 2.29%,镝 – 161(^{161}Dy)占 18.89%,镝 – 162(^{162}Dy)占 25.53%,镝 – 163(^{163}Dy)占 24.97%,镝 – 164(^{164}Dy)占 28.18%。

镝的原子半径(共价半径)159 pm,离子半径 91 pm(+3),原子量 162.5,原子体积 19.1 cm^3/mol,密度 8.55 g/cm^3;比定压热容 172 J/(kg · K),熔点 1 407℃,沸点 2 335℃;电阻率 57.0 μΩ/cm。

金属镝呈银白色,晶体结构类型为金属晶体、六方晶系。密度和硬度较小,有延展性。电阻率较高,传热、导电性稍差;有铁磁性,而且磁矩最大,在 – 268.78 ℃ 以下有超导性。

镝的化学性质比较活泼。在空气中,常温下金属表面容易生成氧化膜;具有可燃性,加热条件下可以燃烧,300 ℃ 以上时生成 +3 价氧化物,1 000 ℃ 以上时生成 +3 价氮化物。与冷水反应缓慢,与热水反应强烈,但都能放出氢气,生成氢氧化镝。在温度较高时,可跟碳、氮、硫、磷、硅、卤素等大多数非金属化合。

镝为碱性金属,与碱不发生作用;溶于稀酸,与稀硫酸、盐酸、草酸、碳酸等均能反应,放出氢气,生成相应的镝盐。氧化物呈碱性,其水合物为碱性氢氧化镝。

镝的化合物类型,主要是镝的非金属化合物、含氧酸盐和无氧酸盐。常见化合物有:氧化镝(Dy_2O_3)、氟化镝(DyF_3)、氢氧化镝[$Dy(OH)_3$]、碳酸镝[$Dy_2(CO_3)_3$]、磷酸镝($DyPO_4$)、六水氯化镝($DyCl_3 \cdot 6H_2O$)等。

利用镝核的中子吸收能力(平均中子吸收截面 1 100 b,热中子能量为 5×10^{-3} ~ 3 eV 时,其吸收截面为 1×10^2 ~ 6×10^3 b),可制作核反应堆中的控制棒、补偿棒与安全棒。

思考题

1. 能用于压水反应堆的易裂变同位素有哪些? 它们分别是怎样生成的?

2. 为什么在压水堆内不直接用金属铀而要用陶瓷 UO_2 作燃料?

3. 简述 UO_2 的熔点和热导率随温度、辐照程度的变化情况。

4. 燃料元件的包壳有什么作用?

5. 对燃料包壳材料有哪些基本要求,现常用什么材料?

6. 为什么锆合金用作包壳时其使用温度要限制在 350 ℃ 以下?

7. 何谓锆合金的氢脆效应? 引起氢脆效应的氢来源于何处?

8. 什么是 UO_2 燃料芯块的肿胀现象,采取了什么防范措施?

9. 控制棒直径做得较细有什么好处?

10. 对用作控制棒的材料有什么基本要求?

11. 通常用作控制棒的元素和材料有哪些?

12. 简单说明 Ag – In – Cd 控制材料的核特性。

13. 为什么选用硼酸作为化学控制材料?

14. 对慢化剂材料的基本要求是什么?

第 5 章 特殊用途的核动力

除了第 3 章介绍的大型商用核反应堆之外,各国的研究人员还开发了各类适用于特殊场合的核反应堆及核动力装置。这些特殊用途的反应堆能提供的电功率大多小于 300 MW,因而按照国际原子能机构(IAEA)的分类,它们属于小型核反应堆。虽然这些小型核反应堆与大型商用核反应堆遵循相同的工作原理,但是为了适应特殊的场合,前者在设计上与后者存在较大的差异。进一步来说,小型反应堆种类繁多,因而各类小型反应堆之间也存在较大的差别。本章选取了一些典型的、用途较广的小型反应堆,如船用(含深海用)、研究实验用和空间用反应堆及其系统进行介绍,也对近十年来的研究热点(如小型模块化反应堆和浮动式核电站)做一个简要的介绍。

5.1 船用核动力

5.1.1 发展概况

自从费米 1942 年在芝加哥大学利用石墨反应堆演示了可控核裂变之后,各国很快意识到核反应堆技术的军事用途。美国于 1946 年就开始进行核动力舰艇研究,重点研发了潜艇用动力堆。1949 年开始建造原型堆 S1W,安装在爱达荷州沙漠中部的阿科海军反应堆试验站。世界上第一艘核潜艇、美国的"鹦鹉螺"号(又称"虬鱼"号)于 1954 年 1 月 21 日在康涅狄格州的格罗顿下水,1955 年 1 月 17 日驶入大西洋试航。从 1958 年开始,美国依次建成了"鳐鱼"级(1-1),"鲣鱼"级(2-2)、"长尾鲨"级(2-3),"鲟鱼"级(2-4)、"洛杉矶"级(3-5)、"海狼"级(3-6)、"弗吉尼亚"级(4-7)快速攻击型核潜艇(鱼雷攻击核潜艇)。其中,括号中第一个数字代表技术特征和用途的代数,第二个数字代表发展时间和级别的代数。除了攻击型核潜艇,美国还依次建成了"华盛顿"级、"艾伦"级、"拉菲特"级、"俄亥俄"级弹道导弹型核潜艇,更加先进的"哥伦比亚"级正在研制中。据报道,截止到 2015 年,世界上现役的各类核潜艇约有 155 艘,其中美国约占一半。

除了核动力潜艇,美国于 1957 年建成了世界上第一艘核动力巡洋舰"长滩"号。1958年 2 月 4 日,美国开始建造世界上第一艘核动力航空母舰"企业"号("企业"级),1960 年 9月 24 日下水,1962 年建成。截止到 2018 年,美国现役 10 艘"尼米兹"级核动力航空母舰("尼米兹"号、"艾森豪威尔"号、"文森"号、"罗斯福"号、"林肯"号、"华盛顿"号、"斯坦尼斯"号、"杜鲁门"号、"里根"号和"布什"号)和 1 艘"福特"级("福特"号)核动力航空母舰。"福特"级是其最新一代的核动力航母,本级舰首舰"福特"号于 2005 年 8 月 11 日开工建造,2013 年 11 月 9 日下水,2017 年 7 月 22 日加入现役。"福特"号满载排水量 106 000 t,配备 2 座 A1B 型反应堆,能提供 20 万千瓦的电力。苏联于 1981 年开始建造"基洛夫"级核动力巡洋舰。法国于 1989 年 4 月 14 日开始建造中型核动力航空母舰"戴高乐"号,标准排水量 35 500 t,1994 年 5 月 7 日下水,2001 年 5 月 18 日正式服役。

除了核动力潜艇和航母,核动力装置也曾被用于民用的水面船只。苏联建造了世界上第一艘原子破冰船"列宁"号,1957 年 12 月下水,1959 年 9 月建成。其后,苏联又建成了多艘原子破冰船。1958 年 5 月,美国开始建造世界第一艘核动力商船"萨凡娜"号,该船于1959 年 7 月下水,1961 年 12 月建成。德国于 1968 年建成了"奥托·哈恩"号核动力商船。日本于 1973 年建成了"陆奥"号核动力商船。然而,由于经济竞争力不够,此后世界上再无新建的核动力民用船只。

5.1.2　系统简介及优势

各国长期的试验研究和实践证明,压水堆最适用于船用核动力。这是由于压水堆结构简单紧凑、体积小、功率密度高,能够满足船用核动力,特别是核动力潜艇空间相对紧张这一基本要求。从技术发展过程来说,世界上主流的大型商用压水堆技术实际上是从潜艇用压水堆上发展起来的,因而船用压水堆与大型商用压水堆的工作原理、设备结构和系统组成大体相同。如图 5.1 所示,船用核动力装置主要由反应堆、主泵、稳压器、蒸汽发生器、汽轮机、冷凝器、给水加热器、给水泵等组成。

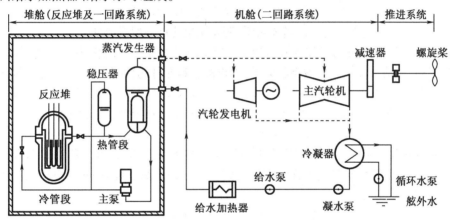

图 5.1　船舶核动力装置原理流程图

反应堆堆芯、主泵、稳压器、蒸汽发生器等组成一回路系统,位于堆舱内。一回路冷却剂在主泵的驱动下反复流经堆芯和蒸汽发生器管内侧,将中子诱发的链式裂变反应释放出的热量从反应堆堆芯带至蒸汽发生器,加热蒸汽发生器外侧的二回路冷却剂。在采用齿轮减速推进方式的船舶核动力装置中,二回路系统主要由主汽轮机组、汽轮发电机组、造水系统和辅助系统组成。主汽轮机组将蒸汽的热能转换为推动船舶航行的机械能,汽轮发电机组生产动力及全船用电,造水系统制造淡水,辅助系统协助完成二回路系统的主要功能。

核动力船舶之所以受到各国海军的青睐,因为与常规动力装置相比,核动力船舶具有如下三个巨大优势。

(1)功率大、排水量大、航速高。例如,常规航母的排水量在 5 万吨左右,航速在 15 ～ 30 kn 间,核动力航母的排水量最高在 10 万吨以上,航速 30 kn 以上。常规潜艇艇长小于60 m,排水量小于 1 000 t,核潜艇艇长可达 170 m,排水量大于 18 000 t。20 世纪 80 年代,美国核潜艇的轴功率达 44 MW,核反应堆的热功率达 250 MW。俄罗斯"台风"级核潜艇排水量达 26 500 t,轴功达 59 MW。常规潜艇的水下航速为 15 ～ 25 kn,核潜艇的水下航速可达30 kn 以上。

（2）续航力长。核动力航母和潜艇的续航力几乎不受燃料的限制。例如，由于发电时必须使用大量空气和蓄电池的限制，常规潜艇潜航距离只占总航程的3%，其最多能潜航740 km。核潜艇潜航距离占总航程的95%以上，其续航力主要受人员耐力和给养的限制。美国和苏联的核潜艇均实现过一次连续潜航20 000 km以上的记录。

（3）对于核潜艇来说，下潜深度深、隐蔽性好是其最主要的性能指标。常规潜艇的下潜深度一般在200～300 m，而核潜艇下潜深度可达400～600 m，最深达到过1 200 m。而且，由于反应堆运行过程中不需要空气，因而核动力潜艇可长期在深水中活动，这大大增加了潜艇的隐蔽性。如果采用先进的降低噪声技术，潜艇更不易被发现。

5.1.3　反应堆的基本特征

虽然船用压水堆与大型商用压水堆遵循相同的工作过程，但两者的设计出发点与需求存在一些差别。大型商用反应堆要着重考虑其经济性，因此发电成本是核电站的一个重要指标。对于船用堆，特别是潜艇用反应堆，首先要满足潜艇的战斗性能要求，即快速性、隐蔽性和长续航力等方面要求，因此设计时首先考虑的是结构紧凑、质量轻、体积小、自然循环能力强、堆芯和燃料元件的功率密度大等特点。具体来说，舰船用反应堆一般具有如下三个特点。

（1）为了提高舰艇速度，增加续航力和减少反应堆的开盖次数，舰船用反应堆采用富集度较高的核燃料，做成细棒状元件或板状元件，以提高燃料元件的功率密度，从而缩小堆芯体积。而且，舰船用反应堆装换料不方便，因此一般不采用分区装料的燃料管理方案。对于高富集铀板状燃料元件，这种元件铀–235的富集度为20%～90%。对于低富集铀棒状燃料元件，采用富集度为3%～7%的二氧化铀棒束燃料组件，燃料棒按正方形或正三角形排列。

（2）采用分散式布置的舰船用压水堆一般采用两条以上环路，每条环路有两台主泵，其中一台为备用。在每一条环路上都装有主闸阀。当一条环路出现故障时，可以关闭主闸阀，而使另一条环路照常工作。

（3）为了提高反应堆的可靠性，减少主泵噪音，舰船用反应堆都力求高自然循环能力，一些先进的舰船用反应堆已经实现了全自然循环。

除此之外，潜艇用的核反应堆还应满足如下一系列特殊要求。

（1）由于潜艇体积和质量的限制，反应堆的质量和体积应比陆上使用的小，设备和回路应尽量简化，布置安排应尽量紧凑。

（2）由于潜艇经常处于海下运动状态，因此要求其核动力设施应能抗摇摆、耐冲击和振动，在40°～50°的倾角下应能正常工作。

（3）反应堆应能随时启动或停闭，并在很短的时间内（几秒）大幅度提升或降低功率，以适应航行和战斗的需要，因而反应堆控制系统应尽可能简单、灵活。

（4）反应堆防护比陆上堆要求更加严格，堆舱应确保密封。

（5）使用长寿命反应堆，尽量减少停堆换核燃料次数。若有可能，尽量做到核潜艇全寿期不换料。

水面舰船的核动力堆要求虽然不如核潜艇高，但基本上相差不多。

5.1.4　系统的布置方式

从一回路和二回路的布置形式来说，压水堆核动力装置可分为分散布置、紧凑布置和一体化布置三种类型。例如，美国的核潜艇和核动力航空母舰采用高富集铀板状燃料元件的分散布置压水堆。俄罗斯的核潜艇、核动力航空母舰和原子破冰船采用低富集铀棒状燃料元件的紧凑布置压水堆。德国的"奥托·哈恩"号核动力货船采用一体化压水堆。

1. 分散式布置

鉴于分散式布置方式成熟,虽然反应堆功率仅为 36 MW,但是核动力商船"陆奥"号的一回路系统采用分散式布置,如图 5.2 所示。在分散式布置下,压水堆的主泵和蒸汽发生器在反应堆压力容器外,与堆芯在空间上分离,这与第 3 章所述的常规大型商用压水堆系统采用相同的方式。这种布置最大的优势在于技术相对简单、成熟,设备维修方便;最大的不足是其体积和质量均较大。对于大型的核动力商船来说,这样的布置能够发挥其优势,而其技术上的不足没有那么突出,毕竟商船的空间较核潜艇要充裕得多。

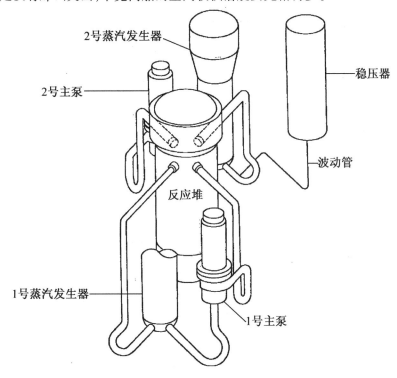

图5.2　"陆奥"号的分散式布置

2. 紧凑式布置

紧凑式布置就是将反应堆和蒸汽发生器用尽量短的管路连接,使其结构简单、占用空间减少,冷却剂自然循环能力提高,又称堆外一体化。图 5.3 所示的是一种压水堆的紧凑式布置示意图。

在紧凑式布置下,反应堆压力容器与蒸汽发生器采用双层短粗套管连接,用大约 0.5 m 长的套管取代了分散布置的几米或十几米长的管路。蒸汽发生器采用 U 形管自然循环式,主冷却剂泵布置在蒸汽发生器的底部,这样减少了空间,结构紧凑。这种布置方式大大减小了主冷却剂管道破裂的可能性,减小了管路的流动阻力损失,增加了自然循环能力。而且,这种布置不存在一体化反应堆的蒸汽发生器检修困难的问题。

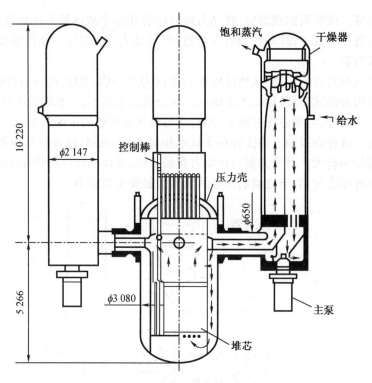

图 5.3　紧凑式布置示意图

　　紧凑式布置兼有分散式布置的检修简便、布置灵活的优点,又有一体化反应堆自然循环能力强的好处,俄罗斯已把这种类型的反应堆成功地用于大型核潜艇上。这种布置存在的问题是反应堆和蒸汽发生器的体积和质量都很大,它们之间的热胀冷缩问题很难补偿。据资料显示,俄罗斯采用波纹管形套管或蒸汽发生器采用滑动支座连接,以此来解决热胀冷缩问题,但这两种方法难度都比较大。

　　3.一体化布置

　　为了进一步减小核动力装置的质量和体积,一体化布置取消了一回路管道。一方面,这样就消除了大口径的主冷却剂管道,从根本上杜绝了主管道破裂相关的事故。另一方面,随着一回路冷却剂管道的取消,一回路冷却剂的流程缩短,减小了流动阻力,不仅可减小主泵的功率,而且提高了一回路冷却剂的自然循环能力。在发生小破口事故或主泵断电事故时,靠自然循环就能维持堆芯的冷却。

　　这种布置的缺点是压力容器内的结构复杂,设备维修比较困难,特别是蒸汽发生器堵管作业比较困难。因此要求各设备要高度可靠,对管材、焊接质量和二回路水质等都有较严格的要求。然而,这些缺点与其优势相比,仍然是可以接受和克服的。目前舰船核动力的一个重要发展趋势是采用紧凑式布置和一体化布置。

　　(1)一体化Ⅰ型

　　CAP 堆是法国较早开发的一体化压水反应堆,主要用于核动力航空母舰上,其结构形式如图 5.4 所示。这种布置将堆芯、蒸汽发生器和稳压器全部放在一起,蒸汽发生器直接放在堆芯容器的顶盖上,以反应堆的顶盖作为 U 形管蒸汽发生器的管板。主循环泵与压力容器直接连接,采用同一种材料,无焊接问题。将 CAP 堆采用的这种布置称为一体化Ⅰ型,其基本特征是:无一回路管道;蒸汽发生器和反应堆分属不同的压力容器;需要主泵实现冷却剂在反应堆与蒸汽发生器之间的强迫循环。

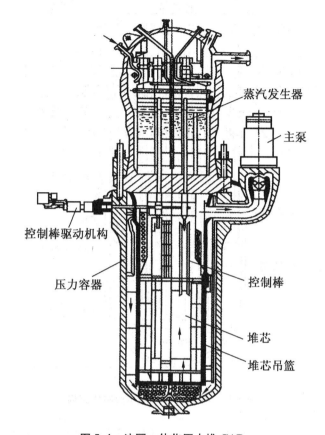

图 5.4　法国一体化压水堆 CAP

（2）一体化 Ⅱ 型

为了进一步提高核动力装置的紧凑度,一回路系统的布置可以进一步一体化,如图 5.5 所示,这样的布置称为一体化 Ⅱ 型。在这样的布置下,蒸汽发生器与反应堆堆芯被布置在反应堆压力容器内。由于蒸汽发生器的压力容器与反应堆压力容器合二为一,且传热管管束被浸没在一回路冷却剂中,因而一回路冷却剂往往流经传热管管束的外侧,而二回路冷却剂流经管束内侧。根据反应堆功率水平的不同以及空间的宽裕程度不同,一回路可采用强迫循环,也可以采用自然循环。

图 5.5 所示的 MRX 反应堆就是典型的一体化 Ⅱ 型结构。MRX 反应堆的热功率是 100 MW,整个堆芯布置 19 个六角形燃料组件,堆芯通过一回路冷却系统的水进行冷却。燃料组件由燃料组件 A 及燃料组件 B 两种组成。燃料组件 A 由 456 根燃料棒、37 根含钆燃料棒组成。燃料组件 B 有两种,一种是由 468 根燃料棒、25 根含钆燃料棒、54 根硼硅玻璃棒组成;另外一种是无硼硅玻璃棒,而含 54 根控制棒。支承燃料组件的堆内结构大致分为上部堆芯结构和下部堆芯结构。

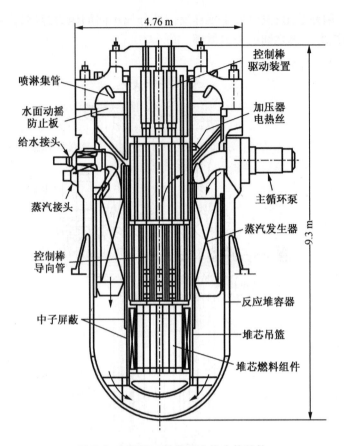

图 5.5　MRX 一体化压水堆本体结构

堆芯内产生的热能传给沿堆芯内上升的一回路冷却剂,冷却剂在堆芯上部的上空腔混合,然后由设置在反应堆容器筒体上部的一回路冷却剂泵唧送,通过设置在堆芯上方周围环形布置的蒸汽发生器,一回路水在蒸汽发生器内加热二次侧水,使二次侧水产生蒸汽驱动汽轮机做功。一回路的冷却剂从堆芯吊篮和反应堆容器之间的环形空间向下流,在反应堆容器下部空腔混合后向上进入堆芯。

(3)一体化Ⅲ型

当核动力装置的功率水平很小时,整个核动力装置的紧凑度可进一步提高,甚至一回路系统和二回路系统可基本布置在一个容器之中,如图 5.6 所示,称之为一体化Ⅲ型。该装置放在一个由两个 2.2 m 直径的钛合金球形壳体组成的容器中,容器下部的反应堆压力容器内布置一体化的压水堆堆芯和蒸汽发生器,上部的功率转换系统容器包容了透平(汽轮机)、发电机和其他的一些附属设备。与一体化Ⅱ型相比,一体化Ⅲ型这种高度一体化的布置不仅把蒸汽发生器布置在反应堆内,而且把汽轮机和发电机也布置在压力容器内。这种一体化布置把整个动力装置布置在一起,这样大幅度减少管路,使装置小型化。

该反应堆的额定热功率为 750 kW·h,装置输出有效电功率为 150 kW,装置效率 20%。反应堆在 750 kW·h 功率下可运行四百多天,而在 30% 的有效运行负荷下可运行大约 4 年。反应堆的活性区由单束燃料组件组成,其当量直径为 36.8 cm,有效高度 34.4 cm。为了保证反应堆有 5 500 MW·d/t 的燃耗,其^{235}U 的富集度为 11%。燃料包壳采用锆 - 4 合金,燃料棒外径 9.5 mm,燃料棒节距 17 mm,堆芯内共装 368 根燃料元件和 24 根控制棒。

由于反应堆的功率水平很小,因而整个一回路系统依靠冷却剂的自然循环常可实现满功率运行,这大大增加了核反应堆的安全性。另一方面,其冷却剂密度的负反应系数大,冷却剂的密度每减少 1% 相应于 0.4% 的负温度系数,这使得反应堆有较好的功率变换性能,而不需要通过控制棒调整功率。

这一高度一体化的核动力装置称为 X 型深海反应堆(DRX),它是一个用来提供水下动力源的小型核动力装置。开发这种反应堆的目的是将其装在小型潜器上。这样的潜器全长 24.5 m、型宽 4.5 m、型深 6 m,最大下潜深度 6 500 m。潜器上布置 6 个推进器,具有前进航速为 3.5 kn,升降航速为 1.5 kn、侧移航速为 1.5 kn 等机动能力,可连续工作 30 天。这种小型潜器具有海底勘探、水下标本采集、水下电缆铺设等多种功能。如果用在军事上,可进行水下侦查、监控等多项作战任务。因此这种水下潜器无论在军事上和民用上都有很大的开发和应用价值。

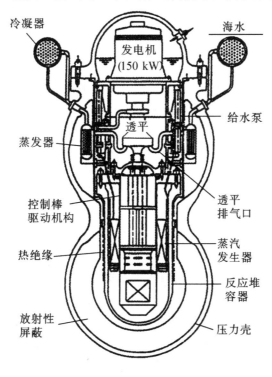

图 5.6 DRX 反应堆装置

5.2 浮动式核动力

5.2.1 概述

随着新需求的出现,浮动式核动力是最近十年内发展较快的一种核动力装置,虽然这一概念最早可以追溯到 20 世纪 50 年代。与船用核动力相同的是,这类核动力装置通常将核动力装置放置在大型驳船或浮动平台上,具有可移动的能力。与船用核动力装置不同的是,浮动式核动力装置的主要用途是提供电力,这些大型船舶和浮动平台移动时的动力通常是由外部动力源提供的,而并不是由核动力装置本身提供的。

本质来说,浮动式核动力装置是一种发电设施,这一点与陆地上的核电站是相同的,因而又常被称为浮动式核电站。它可视为是陆上核电站在厂址上的延伸,因而更多的被纳入民用核设施的范畴内,并受到民用核设施监管当局的监管。浮动式核动力潜在的主要用途是为没有电网覆盖的地区或者特殊场所提供电力,如海岛、偏远的海滨地区和海上石油开采平台,甚至南极和北极地区。除提供电力之外,因为大多需要在偏远的地区运行,因而浮动式核电站也常用于海水淡化等用途。从这个角度来说,本书将被放置在船舶上,主要用于产生推力来驱动船舶运动的核动力装置称为船用核动力,而放置在船舶或浮动平台上,主要用于发电的核动力装置称为浮动式核动力。

浮动式核动力装置不是为了产生推力,推进系统与核动力装置一回路系统的关系并不密切,因而浮动式核动力装置本身与上一节所述的船用核动力装置比较接近,而与陆上用的核反应堆差异更大一些。这是由于浮动式核电站毕竟是要被放置在大型船舶或浮动平台上,从设计的角度来说,核反应堆布置明显受到船舶空间的制约,在这一点上与陆上核电厂产生了明显的差异,而与船用核动力比较接近。另一方面,既然整个核动力装置要放置在船舶或浮动平台上,那么核反应堆和安全系统等的热工水力性能和过程一定会受到海洋的影响,而不得不考虑船舶和浮动平台摇摆、起伏等的影响,这些因素在陆上核电厂的设计中是不需要考虑的,而船用核反应堆和浮动式核电站必须考虑。

俄罗斯、中国、美国、法国和韩国均提出了不同的浮动式核电站的设计。整体而言,基本上有不同的思路,俄罗斯和法国等主要依托于其船用核动力装置技术,而美国和韩国依托于浮动式平台。目前,俄罗斯正在积极推进世界首座浮动核电站的建造工作,名为"罗蒙诺索夫"号(Akademik Lomonosov),主要用于给俄罗斯北部偏远地区供电和提供淡水。

5.2.2   KLT‐40S

俄罗斯的"罗蒙诺索夫"号浮动式核电站采用的是 KLT‐40S 型压水堆,由 Afrikantov OKB Mechnical Engineering(OKBM)设计。这类反应堆是从其成熟的船用核动力装置演化出来的,整体核动力装置采用紧凑式布置,如图 5.7(a)所示。与第 5.1 节中所示的紧凑式不同的是,KLT‐40S 的紧凑式布置中,反应堆、蒸汽发生器和主泵均位于不同的容器中。三台蒸汽发生器和三台主泵紧密围绕在压力容器周围。

KLT‐40S 的反应堆热功率为 150 MW,提供 38.5 MW 的电功率。堆芯的直径为 1.22 m,活性区高度 1.2 m,由 121 个六棱柱的燃料组件组成。反应堆运行压力 12.7 MPa,蒸汽流量 240 t/h,温度 290 ℃,压力 3.82 MPa。KLT‐40S 采用封闭的盒式燃料组件,对边距为 98.5 mm,如图 5.7(b)所示。每个燃料组件内含有 69 根燃料棒,7 根控制棒和 15 根镉可燃毒物棒。每根燃料棒的直径为 6.8 mm,锆合金包壳厚度为 0.5 mm,采用三角形排布,节距 9.5 mm。三角形排布方式较常见的正方形排布更加紧凑,有利于提高堆芯功率密度。

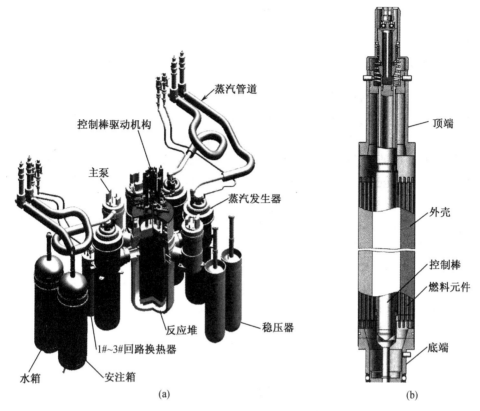

图 5.7　KLT－40S 一回路布置及其燃料组件

（a）一回路系统布置示意图；（b）六棱柱燃料组件

5.3　研究试验用核反应堆

5.3.1　概述

　　研究性反应堆又叫研究试验用反应堆,简称研究堆,其主要用途是进行反应堆、物理、化学、生物学、医学的有关研究,生产放射性同位素,以及开展中子活化分析、中子照相、中子嬗变掺杂的研究和应用等。据国际原子能机构（IAEA）统计,截止到 2018 年,全世界共有 830座各类型的研究堆,其中,正在运行的有 225 座（27.1%）,正在建造的和计划建造的分别为9 座（1.1%）和 14 座（1.7%）,正在退役的和已经永久关闭的各 61 座（7.3%）,已经退役的430 座（占 51.8%）,其他的处于临时关闭中。

　　研究堆通常设计成常压下运行的池式反应堆,或较高压力下运行的水罐式反应堆。与常见的发电和推进压水堆相比,研究堆在中子通量密度的大小和反应堆结构方面有所不同。

　　（1）不同的研究堆具有不同范围的中子通量密度水平。具体来说,进行反应堆物理研究用的零功率堆中子通量密度为 $10^7 \sim 10^{10}/(\mathrm{cm}^2 \cdot \mathrm{s})$;进行反应堆工程研究的中子通量密度为 $10^{13} \sim 10^{14}/(\mathrm{cm}^2 \cdot \mathrm{s})$;进行物理、化学、生物学、医学研究的中子通量密度为 $10^{11} \sim 10^{12}/(\mathrm{cm}^2 \cdot \mathrm{s})$。总的来说,研究堆是向高中子通量密度方面发展。

（2）具有充足的实验空间,反应堆堆芯周围建有许多不同实验用途的水平和/或垂直中子孔道。

5.3.2　TRIGA

TRIGA(Training research isotopes general atomics)堆是由美国通用原子公司(GA)从20世纪80年代发展起来并为其垄断的一种具有独特性能和广泛用途的研究性反应堆,主要用于生产医用和工业用同位素、物质特性研究、教学与训练等。目前全世界已有24个国家和地区建造了66座这种类型的反应堆,是全世界范围内使用最多的研究堆之一。

TRIGA反应堆是游泳池式反应堆(也称为池式反应堆),如图5.8所示,它是一种将堆芯安装在水池内的实验用反应堆。水池中水深通常为6～10 m,反应堆堆芯被置于池底或悬在池中。水池中的水既可作为慢化剂、冷却剂使用,也作为反射层和部分防护层使用。除了顶面之外,水池周围浇灌重混凝土屏蔽层。

池式反应堆的特点如下:

（1）安全性高,正常运行和事故条件下均可依靠水池中的自然循环导出堆芯热量;

（2）系统简单,一回路依靠水池的自然循环,无复杂的各类高、低压安注安全专用设施;

（3）使用灵活方便,能满足多方面的工程或物理试验要求;

（4）功率水平较低。

TRIGA反应堆的热功率在0.1～16 MW之间,瞬时脉冲可达22 000 MW。这得益于其以氢化锆与铀均匀混合物为燃料,而且具有很高的固有安全性。铀－氢化锆(UZrH$_x$)是把适当的铀锆合金放在氢气流中加热到约800 ℃充氢气而制成的,铀－235的富集度为20%或90%。1991年,我国核动力研究设计院也建成了一个铀－氢化锆脉冲堆,其稳态功率为1 000 kW,热中子通量为$1.4 \times 10^{13}/(cm^2 \cdot s)$,快中子通量为$2.4 \times 10^{13}/(cm^2 \cdot s)$。

与传统的UO$_2$燃料相比,氢化锆燃料具有如下六个方面的特点:

（1）氢化锆燃料使反应堆具有瞬发反应性负温度系数,而不是缓发反应性负温度系数,具有更好的安全性。

（2）氢化锆燃料中的氢具有很强的慢化作用,使堆芯具有更好的慢化能力和更高的功率密度。

（3）氢化锆燃料具有更大的导热系数和更少的储能,使燃料中心和平均温度更低,缓解事故的后果。

（4）氢化锆燃料具有良好的化学稳定性。1 200 ℃的氢化锆燃料突然被水冷却时仍然是安全的。

（5）氢化锆燃料裂变气体的份额很少,比UO$_2$燃料的低2～4个数量级;且具有良好的放射性裂变产物的包容性,即使在所有包壳全部移除的情况下,氢化锆燃料本身仍然能保留99%以上的裂变产物。

（6）氢化锆燃料中的氢随着温度的不同会从温度高的区域向温度低的区域扩散迁移,会对中子性能产生影响,例如展平周向功率分布,改变局部区域的氢－锆比。

除了氢化锆燃料的这些特点之外,相比于其他常见研究堆采用的铝包壳,TRIGA堆采用了不锈钢或Alloy 800作为包壳,其包壳的耐温能力从650 ℃提高到了950 ℃。由于TRIGA是研究堆,所以与其他的用于发电和提供动力的反应堆相比,TRIGA反应堆周围存在大量的水平通道,如图 5.8 所示,这样的通道在研究堆中是非常普遍的,而在非研究堆中是不存在的。

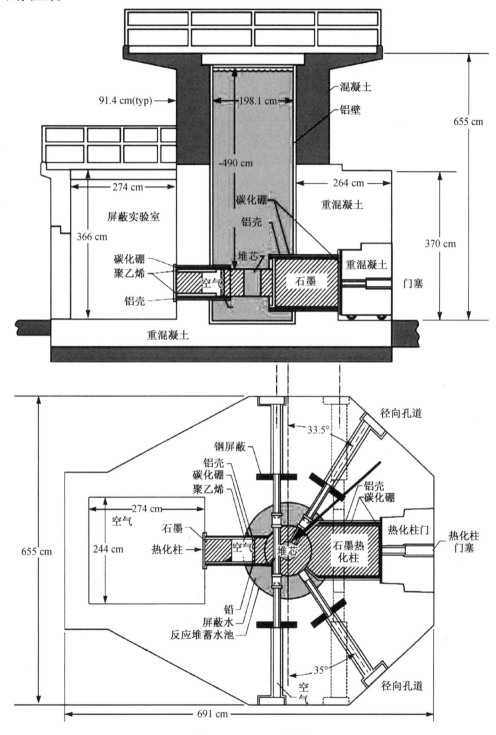

图 5.8　TRIGA 反应堆

5.4　小型模块化反应堆

5.4.1　概述

小型反应堆的概念可追溯到 20 世纪 50 年代,主要的兴趣是其军事用途,例如船用核反应堆。由于小型反应堆的功率太小,经济性一般较差,小型反应堆淡出民用发电领域,仅在特殊的场合下继续发展。随着 1979 年三哩岛事故的发生,大型反应堆功率水平与安全性之间的矛盾开始凸显出来,民用发电领域也开始关注小型反应堆。

在 20 世纪 80 年代,各国提出了各类模块化或固有安全的小型反应堆的设计,如模块化高温气冷堆(HTR – Module)等。但是,受到全球核工业不景气的影响,这些小型化反应堆一直停留在概念设计阶段和试验堆阶段。相对于轻水反应堆领域,模块式高温气冷堆在整个 20 世纪 90 年代一直缓慢但不间断地发展,特别是中国和日本的高温气冷堆,分别建成了 HTR – 10 和 HTTR 两座高温气冷堆的试验堆。

在 2000 年前后,小型反应堆凭借其安全性独特的优势,在学术界和核工业界再次被关注,并专门成立了小型模块化反应堆国际会议,每隔两年举行一次。模块式高温气冷堆在我国得到了突破性的发展,模块式高温气冷堆核电站(High Temperature gas-cooled reactor – pebble bed module,HTR – PM)正在建造中。除了模块化高温气冷堆,小型模块化压水堆也参与到了小型模块化反应堆的发展中来。美国、中国等国家先后提出了各种小型模块化反应堆的概念设计,如 NuScale、ACP100 等。

与大型商用反应堆相比,小型模块化反应堆最大的优势在于其很高的安全性,甚至完全取决于固有安全和非能动安全。在安全性这一点上,小型模块化反应堆可取消厂外应急,也就是达到第四代核能系统的安全标准。小型模块化反应堆之所以能达到这样的安全性,一方面,每一种反应堆都充分利用了其堆型各自的技术优势;另一方面,反应堆的功率往往均比较小,一般很难跨越小型堆的限制,但为固有安全性或非能动安全提供了条件。

功率水平的降低使小型反应堆丧失了大型商用反应堆的规模经济效应,这导致其建造成本的上升,是小型反应堆的先天不足。为了从一定程度上弥补反应堆功率水平低的不足,特别强调了模块化这一特征,试图用这一特征破除经济性困局,如图 5.9 所示。通过模块化设计、建造可以利用"学习曲线","多机组","电厂设计","建造时间"等效应,小型模块化反应堆的建造成本可与大型商用反应堆的基本相当。

需要说明的是,如果严格按照国际原子能机构的分类,电功率小于 300 MW 的反应堆均属于小型反应堆,本章中所介绍的反应堆都在小型反应堆的范畴之内,如船用反应堆、空间反应堆等。为了缩小小型模块化反应堆中"小型"二字所涵盖的范畴,本节所述的小型模块化反应堆应该限定在民用发电领域,主要用于发电而非其他领域。如果将小型模块化反应堆的概念按照字面无限扩大,这样会导致最具各自特点的小型反应堆全部落入一个标签上,这实际上是不那么恰当的。

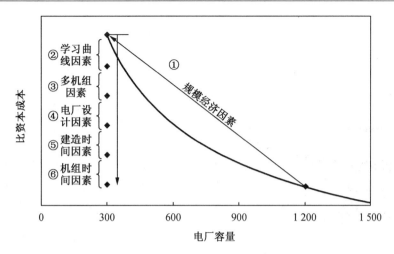

图 5.9　小型模块化反应堆的建造成本定性分析

5.4.2　HTR – PM

球床模块式高温气冷堆(HTR – PM)核电站是我国第一座模块式高温气冷堆示范电站,也将成为世界上最先投入工业应用的准第四代先进核能发电系统。HTR – PM 示范工程受到我国"大型先进压水堆及高温气冷堆核电站"重大专项的支持,由华能集团、中核建和清华大学共同投资建设。

在 HTR – 10 的设计和运行经验的基础上,清华大学核能与新能源技术研究院独立设计了 HTR – PM,它是小型模块式反应堆的典型代表。相比其他轻水反应堆核电厂,HTR – PM 一个显著的特点是采用"两堆带一机"的总体结构设计方案。一个 20 万千瓦的 HTR – PM 核电厂包含 2 套结构相同的蒸汽供应系统,以及 1 套汽轮机发电系统。2 套蒸汽供应系统结构相同,回路相互独立,各包括 1 个 250 MW 反应堆、1 台蒸汽发生器、1 台氦风机以及其他相关设备和管路。图 5.10 为反应堆和蒸汽发生器的布置示意图。

HTR – PM 反应堆是石墨慢化、氦气冷却的模块化球床式高温气冷反应堆,由球床堆芯、石墨反射层、碳砖、金属堆内构件、控制棒及其驱动机构、吸收球停堆系统和反应堆压力容器等组成,如图 5.10 所示。反应堆堆芯是由陶瓷堆内构件砌体构成的近似圆柱形的腔室,保证堆芯活性区等效高度为 11 m,外直径约为 3 m,堆芯内装燃料元件球为 420 000 个。

在正常运行条件下,低温冷却剂氦气(250 ℃)经主氦风机增压后,通过热气导管壳体的环形流道,进入反应堆压力容器下部。流过堆芯底部金属支承结构,对堆底支承结构进行冷却后进入侧反射层的冷氦气孔道,向上流动并在顶反射层的冷气联箱汇集后向下进入堆芯。经过堆顶的空腔,氦气向下流过球床堆芯,带走堆芯发热。高温氦气通过底反射层的流道汇集于下部热气混合室,与少量用于冷却燃料卸料管、控制棒孔道和反射层结构的缝隙的冷氦气混合成平均温度 750 ℃的高温氦气。高温氦气汇集至热气导管入口后,经热气导管进入蒸汽发生器,将一回路的热量传递给二回路。经蒸汽发生器冷却后,750 ℃的高温氦气成为 250 ℃的冷氦气,向上流动进入主氦风机吸入口,完成了反应堆冷却剂的闭合循环流程。

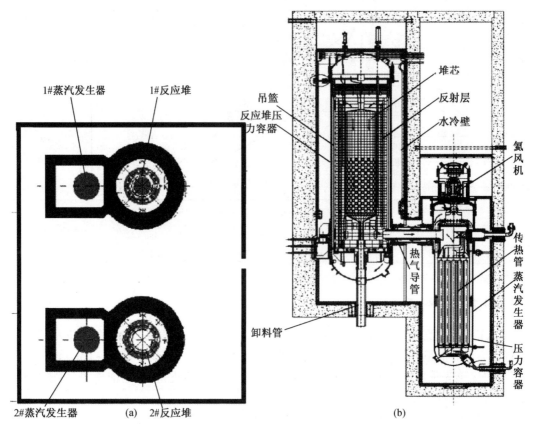

图 5.10　HTR – PM 核电站

(a)反应堆与蒸汽发生器模块;(b)系统部件与流程示意图

HTR – PM 是目前模块式高温气冷堆技术的典型,是具有固有安全性的小型模块化反应堆,其安全性可表述为:在任何运行工况和事故情况下,仅利用堆芯的热传导、对流和辐射三种方式导出堆芯余热,保证燃料元件最高温度不超过其安全限值 1 620 ℃。

除了安全性,HTR – PM 其他的主要技术特征如下:

(1)采用全陶瓷型多层包覆颗粒(TRISO)球形燃料元件,它具有在不高于 1 620 ℃ 的高温下阻留放射性裂变产物释放的能力。

(2)全石墨堆芯结构,使堆芯结构部件能承受高温,反应堆出口温度高达 750 ℃。

(3)采用单区球床堆芯设计和燃料元件连续装卸、多次循环的燃料管理模式。

(4)设置控制棒系统和吸收球停堆系统两套独立的停堆系统,控制棒和吸收小球都依靠重力下落实现停堆功能,提高了停堆系统的可靠性。

5.4.3　NuScale

NuScale 是以压水堆 60 多年的商业运行为基础创新设计出的小型模块化反应堆。它的设计目的在于实现最高安全标准的前提下,能更加灵活方便地申请、建造和运行。从布置方式上来说,NuScale 是一种采用一体化(Ⅱ型)布置的压水堆,热功率为 160 MW,如图 5.11 所示。反应堆压力容器直径为 2.7 m,高约为 20 m,堆芯由 37 个燃料组件和 16 个控制棒组件构成,燃料组件采用 17×17 几何布局。堆芯上方有一段上升段热管道,一个呈螺旋形盘绕的蒸汽发生器以及稳压装置。螺旋形蒸汽发生器由两个独立的管束构成,每个管束都有自己的冷却水进口和蒸汽出口。稳压装置位于安全壳容器的顶部,利用电加热和喷淋方式维持压力的稳定。

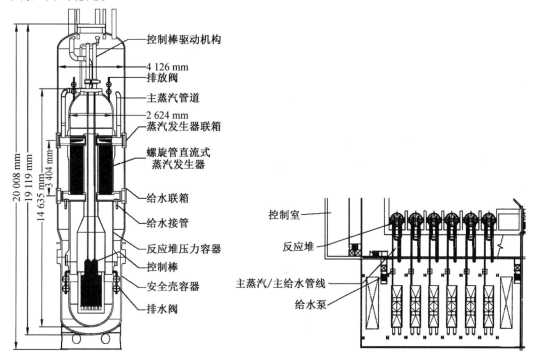

图 5.11　NuScale 核电站反应堆及压力容器　　　图 5.12　NuScale 核电站六个模块的布置

与图 5.3 所示的一体化布置强迫循环方式不同的是,作为模块化小型堆,NuScale 一回路系统能够完全依靠自然循环运行,主冷却剂向上流过堆芯并被加热,进入上升段热管道,在蒸汽发生器中将热量传递给二回路系统并被冷却,向下流至下封头处,最终回到堆芯,在此过程中依靠上升段和下降段的密度差驱动完成循环。

为了增强采用 NuScale 技术的核电厂的经济性,一座 NuScale 核电站可由 1～12 个模块组成。图 5.12 所示的是 6 个 NuScale 反应堆和汽轮机模块。所有反应堆模块及其安全壳全部浸没在一个大水池中,水池能够提供非能动的冷却以及余热排出。需要说明的是,这个水池能够吸收全部 12 个模块一个月以上的余热排放,这就极大降低了事故工况下堆芯损毁的概率。而且,水池也形成了一道有效的安全屏蔽,减少了辐射的外泄。这样的设计也会面临一些问题,比如容器的保温和腐蚀问题。

与大型商用压水堆相比,NuScale 的技术特性可以归纳如下:

(1)采用一体化布置,结构紧凑,小巧的体型使反应堆浸没在水池中,降低了堆芯熔毁的概率,大幅提升了核电厂的安全性。

(2)反应堆在满功率条件下实现了全自然循环,取消了泵及相关管路等设备,不仅减小了维护困难和潜在事故的可能性,而且提高了安全性。

(3)模块式设计、布置、建造和管理。多个模块可以同时平行制造、安装,加快了总体进度,缩短了建造周期,降低了建造成本。而且,每个模块均独立运行,不同数量的模块可以组成数个机组,分别用来支持供电、供热或者淡化海水等。

(4)利用成熟的压水堆技术,可在现有的监管框架下获得建造、运行许可证明。现在大型压水堆的相关操作数据、经过验证的方法,以及现有的法规标准都可直接适用于 NuScale 核电厂。

5.5 空间核动力

5.5.1 概述

人造卫星、宇宙飞船和空间站等使用的仪器设备需要能源来维持其运行,人类在太空中的旅行以及在行星表面的活动等也需要能源。在太空中,人类可使用的常规能源主要包括化学能和太阳能等。随着人类对太空进一步的开发和利用,需要的能源及其功率变得越来越大,要求使用的寿命也越来越长。然而,这些常规能源的功率和寿命受到限制,很难满足长期工作的需要。

如图 5.13 所示的是空间电源的功率水平与使用时间的示意图。从图中可以看出,由于受到质量和体积的限制,化学能虽然能覆盖兆瓦级及其以下的功率范围,但运行时间基本被限制在几个月的水平以下。虽然太阳能不易受到运行时间的限制,能以天甚至年为单位运行,但是其功率水平一般在几千瓦至 100 千瓦之间。以反应堆和核热源为代表的空间核动力,尤其是核反应堆电源,它可在很大的功率范围内和很长的时间范围工作,且几乎不受到外界条件的影响。

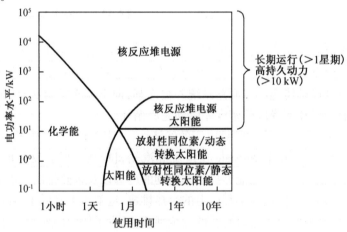

图 5.13 典型空间电源的功率水平与使用时间

正是空间核动力在功率范围和运行时间这两个性能上的明显优势,各国实际上从 20 世纪 60 年代就开始在航天活动中使用空间核动力。例如,1961 年美国国防部在其导航通信卫星上装备了 ^{238}Pu 放射性同位素电源 SNAP－10A。从 1970 年起,苏联先后成功发射了装有 BUK 型和 TOPAZ－I 型空间核反应堆的军事侦察卫星和宇宙飞船。空间核动力发展到现在,根据其应用形式,它可分为空间核热源、空间核电源、核推进和双模空间核动力系统四大类。

（1）空间核热源主要包括放射性同位素热源和星表核供热两种形式。空间核热源中的放射性同位素热源是利用放射性同位素衰变热制成的热源。星表核供热通常利用星球表面的核电站既供电也供热。

（2）空间核电源主要包括放射性同位素电源、空间核反应堆电源和星表核电站三类，主要目的是产生电力。

（3）核推进包括核热推进和核电推进，两者主要的差别在于核热推进通常是利用固态或气态的反应堆直接加热推进剂推动火箭或宇宙飞船飞行，而核电推进须将核反应堆发出的热能先转换为电能，然后利用电火箭发动机进行推进。

（4）双模空间核动力兼有供电和推进两种工作模式，从而保持核热和核电推进的两种优势。

对于这四种应用形式，从需求上来讲，主要是电力和推进，而电力既可用于设备供电，也可用于推进。然而，从源头来说，实际上只有衰变源（同位素）和裂变源（反应堆）这两种热源。对于同位素热源，由于它通常是放射性同位素电源的重要组成部分，因而在本书中将其与放射性同位素电源合并介绍。对于反应堆热源，星表核供热反应堆与星表核电站通常是耦合在一起的，而且星表核电站与用于发电的空间核反应堆电源以及地球上的核电站基本上具有大体相同的结构。因为这些反应堆的主要用途是供电，因而，这些反应堆合并为一类，并以核电推进的反应堆作为代表介绍这类空间反应堆。因为运行温度的不同，核热推进的反应堆与核电推进的反应堆在设计上存在明显的差异，因而核热推进用反应堆单独进行介绍。双模运行的空间核动力既要考虑核热推进的需求，又要考虑发电的需求，在堆芯的设计上与上述两种存在一定的联系，因而也独立成节进行介绍。

5.5.2 核电源与热电转换技术

1. 同位素方案与热温差发电技术

同位素电源是利用放射性同位素衰变的热量产生电能。虽然该类电源功率较小，但是其具有工作寿命长、安全可靠和能在恶劣条件下工作这三大优点。对于同位素电源，最核心的问题是放射性同位素的选择。放射性同位素的选择需要考虑核素获取的容易程度、半衰期、放热密度、辐射水平和材料的稳定性等特性。

在 20 世纪 50 年代初期，最先被选中的核素为铈 – 144，因为它可以从核电站的乏燃料中大量提取。但是，它的半衰期只有 10 个月，再加上强烈的 β、γ 放射性，最终由它制成的核电池 SNAP – 1 始终没有用于航天。到了 20 世纪 50 年代末期，人们已经能够从核武器项目中获取大量的钋 – 210，其放热量高达 141 W/g，因此很快用它制成了核电池 SNAP – 3。但是同样由于其半衰期只有 4.5 个月，这些核电池也没有用于航天。为了延长核电池的工作时间，半衰期为 28.6 年的锶 – 90 被选中，但是其放射性很强，需要笨重的屏蔽层。直到 60 年代，钚 – 238 才被确认为最合适的放射性核素，其各方面特性均完美符合航天探测的要求：长半衰期（88 年）、低放射性、高功率密度（0.55 W/g）和良好的稳定性。

采用钚作为同位素电池的热源比较安全，因为这些同位素在其衰变过程中只放出 α 粒子，并没有"硬"的 γ 射线辐射。在外形上，核电池虽有多种形状，但最外面部分大都由合金制成，起保护电池和散热的作用；次外层是辐射屏蔽层，防止辐射线泄漏出来；第三层是换能器，在这里热能被转换成电能；最后是电池的心脏部分，放射性同位素原子在这里不断地发生蜕变并放出热量。

图 5.14 所示的多用途核热源 – 放射性热电转换机(GPHS – RTG)核电池,是目前核电池的成熟形式。它是最大的采用钚 – 238 做热源的航天用途核电池,长 114 cm,直径 42.2 cm,重 55.9 kg,寿期初的电功率为 300 W,额定输出电压为 28 ~ 30 V。其热源由 18 块多用途核热源模块构成,周围共布置 572 个锗 – 硅热电转换单元。为了提高供电的可靠性,热电转换单元产生的电流被分为独立的两路分别输出。GPHS – RTG 最初被 NASA 用于伽利略木星探测任务。在伽利略 14 年的运行中,2 个 GPHS – RTG 核电池为其提供了充足的电力。正是由于 GPHS – RTG 卓越的性能,后来的 Ulysses,Cassini 和 New Horizons 宇宙飞船均采用了此类电池。

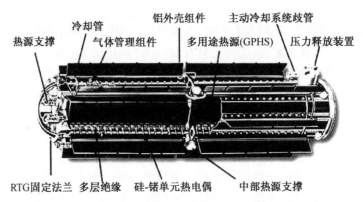

图 5.14　多用途核热源 – 放射性热电转换机(GPHS – RTG)示意图

对于 GPHS – RTG,最重要的是核热源和热电转换机。图 5.15(a)所示的是多用途核热源的基本结构。它采用模块化设计,每个模块包含两个单体,提供 250 W 的热功率。每个单体包含两个 $^{238}PuO_2$ 燃料芯块。燃料芯体在铱包壳的包裹下被置于石墨缓冲罐之中。

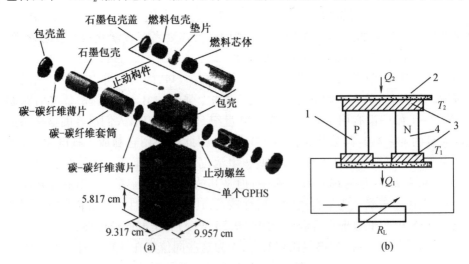

图 5.15　GPHS – RTG 的内部结构

(a)GPHS 模块结构;(b)P – N 型温差电转换示意图

图 5.15(b)显示的是热电转换机的工作原理。当两种不同金属构成回路,若两个接点

存在温差时,回路中将产生电流,由此热能直接转换成电能,这种现象称为塞贝克效应,也称为温差电转换或热电偶转换。在实际使用中,常采用半导体材料进行热电转换,将一个 P 型(富空穴型材料)温差电元件 1 和一个 N 型(富电子型材料)温差电元件 4 在热端用金属导体 3 连接起来,在其冷端分别连接导线,构成一个温差电单元或单偶。在温差电单体开路端接入电阻为 R_L 的外负载,如果在温差电单元的热端输入热流 Q_2(温度 T_2),冷端散热 Q_1(温度 T_1),在温差电单元热源和冷端之间就建立了温差,则将会有电流流经电路。为了绝缘,通常在金属导体 3 外部要放置绝缘体 2。由于单个转换器功率太小,一般将多个转换器串联使用。

2. 反应堆方案

放射性同位素电源虽然已经得到了广泛的应用,但是其最大的不足是功率水平低,无法满足大功率的需求。空间核反应堆电源最大的优势是能量密度大,容易实现大功率(数千瓦到数兆瓦)供电,在高功率下其单位功率质量甚至优于太阳能电池阵 – 蓄电池组联合电源。反应堆电源功率调节范围大,能够快速提升功率,机动性高,隐蔽性好。反应堆电源不依赖外部条件,属于自主能源,可全天候连续工作。反应堆电源环境适应性好,具有很强的抗空间碎片撞击的能力,可在尘暴、高温和辐射等恶劣条件下工作。

(1)TOPAZ – Ⅱ空间核反应堆与热离子转换技术

图 5.16 是俄罗斯研制的 TOPAZ – Ⅱ空间反应堆,这种反应堆的寿命一般可达 1～3 年,重 1 000 kg 左右。TOPAZ – Ⅱ是一个氢化锆慢化的超热中子反应堆,反应堆堆芯由 37 根燃料元件组成,燃料采用富集度 96% 的二氧化铀,燃料装载量 27 kg。该反应堆的热功率为115 kW,电输出功率5.5 kW。堆芯采用22% 钠和78 % 钾的液态合金(NaK)进行冷却。反应堆出口温度 843 K,入口温度 743 K,冷却剂质量流量 1.3 kg/s。反应堆堆芯高 37.5 cm,直径 26 cm,堆芯周围是铍反射层。在反射层中含有 3 个安全转鼓,9 个控制转鼓。反应堆的功率是通过外侧的铍反射转鼓的转动来控制的,每个反射转鼓有 116 度扇面的碳化硼作为中子吸收体,通过控制鼓转动改变扇面吸收体的位置来达到控制反应堆的目的。

该反应堆使用的燃料元件同时也是一个热电转换器,热电转换器的原理如图 5.17(a)所示。这种热电转换器称为热离子热电转换器,通过这一热电转换器把燃料产生的热能直接转换成电能。热离子热电转换器与燃料元件一起构成了热离子燃料电池,它由燃料芯块、发射极和集电极等组成,发射极和集电极布置在燃料芯块的外侧,如图 5.17(b)所示。燃料元件的中心部位是带有空洞的 UO_2 燃料芯块或 UN 燃料芯块。把燃料芯块制成带孔的形式,以防止燃料芯块发生融化事故。紧靠燃料芯块的外侧是作为热电子发射体的金属钨,这一层金属钨作为电子发射极被装配在与燃料块紧相邻的位置上。位于金属钨外侧的一层是金属铌(Nb),在钨层与铌层之间有空隙,空隙中充注了气体铯(Cs),这样做是为了防止空间电荷效应引起发电率的降低。铌层是作为集电极,在铌层的外侧是铌 – 锆耐热合金屏蔽层。在铌层与铌 – 锆合金层之间也设有间隙,间隙充有氦气(He),以防止冷却剂的温度上升过高。这样由发射极和集电极组成了二极管,构成热离子热电直接转换燃料元件。裂变能将钨加热到 1 500～2 000 ℃,钨电极便发射出大量电子,发射出的电子穿过电极空间到达接收极,通过接收极形成电流,再通过负荷构成闭合电路,把热能转换为电能。

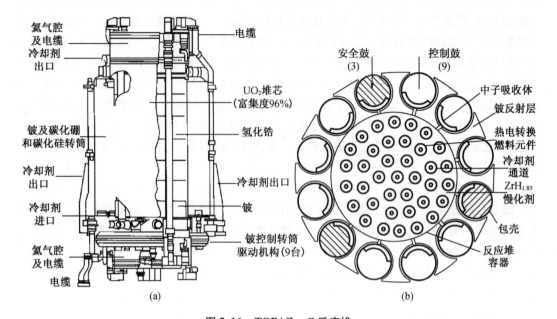

图5.16 TOPAZ-II反应堆

(a)反应堆的整体结构示意图;(b)横截面示意图

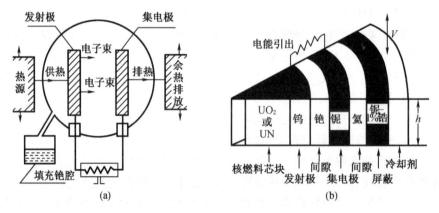

图5.17 TOPAZ-II反应堆热电转换原理及结构示意图

(a)热电转换原理图;(b)热电转换燃料元件的构成

(2)SAFE-400空间核反应堆与布雷顿循环技术

美国SAFE-400空间核反应堆是一个热功率为400 kW,电功率为100 kW的热管冷却式反应堆。SAFE-400反应堆堆芯结构如图5.18所示,它包括127个燃料模块,39个反射栅元,6个径向反射区以及6个控制鼓,总质量541.5 kg。如图5.18所示,燃料区最外一圈为39个反射栅元,由BeO构成。再外面为六个径向反射层,反射层的基体为Be,厚10.5 cm,外面用厚度为1 mm的NbZr包裹,总高度为56 cm,比堆芯活性区高6 cm。在每个径向反射层中均有一个直径为12 cm,高度为54 cm的控制鼓,其基体为Be,外面是厚度为1 mm的NbZr。控制鼓中的中子吸收体是厚度为1.5 cm的B_4C,沿控制鼓外侧分布在120度的范围内。六个控制鼓提供的负反应性能够使堆芯依然保持次临界,即使整个堆芯被水淹没。

反应堆满功率正常运行时,燃料的最高温度为 1 280 K,燃料包壳的最高温度为 1 274 K,热管的温度为 1 200 K。换热器将热管带来的热量传递给气体工质,然后由布雷顿循环推动汽轮机发电。由于整个堆芯采用钼钠热管冷却,反应堆的一回路不再需要主泵驱动,即堆芯拥有完全的自然循环能力,这极大地提高了反应堆的固有安全性。为进一步保证堆芯的冷却能力,SAFE - 400 仍然保留了一套非能动余热排出系统。SAFE - 400 反应堆的结构材料为钼(Mo),相比另外两种候选材料 NbZr 和 MoRe,钼在高温下具有更高的强度,更大的导热系数,更小的中子吸收截面,并且在高温条件下并不需要特别高的真空度。但是,目前缺乏钼的抗辐照特性参数,其制造和焊接都有一定难度。在低温下钼的强度不足,因此需要一直保持其高温。

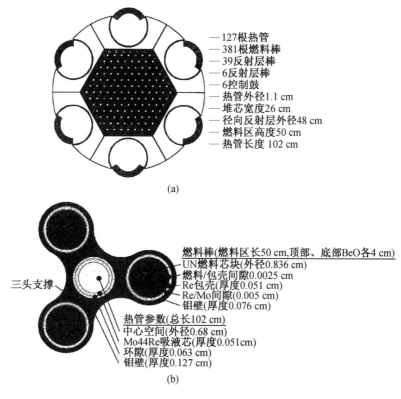

图 5.18 SAFE - 400 反应堆

(a)堆芯布置;(b)燃料模块

如图 5.19 所示,每个燃料模块由 3 个燃料栅元和 1 根热管构成。SAFE - 400 反应堆的燃料为 UN,燃料芯块的富集度为 97%,实际密度为理论密度的 96%。选择 UN 作为燃料,是因为在 UN 中铀的质量份额更大,从而减少燃料质量;另外,UN 具有更大的导热系数,可以减小燃料模块中的热应力。燃料芯块外面是一层用铼(Re)制成的燃料包壳,包壳和芯块间留有间距为 0.002 5 cm 的用氦气填充的间隙。UN 和 Re 的材料相容性已在 1989 年的 SP - 100 材料试验中得到证实。包壳的外面是钼墙,可以视作第二层燃料包壳。钼墙和铼包壳间也有一层厚 0.005 cm 的用氦气填充的间隙。燃料芯块在包壳中堆叠成一根长 50 cm 的燃料棒,上下两端再分别加上 4 cm 厚的 BeO 芯块作为轴向反射层。三个燃料栅元由同一个处于中心的热管冷却。热管一共有四层,中心一层为钠蒸汽空间,第二层为 MoRe 制成的灯芯,第三层为由钠填充的环形间隙,最外面一层是钼墙。热管蒸发段的长度为 58 cm,冷凝段为 40 cm,在堆芯和换热器的两端再分别加上 2 cm 的连接段,总长 102 cm。

如图 5.19 所示,热管将热量从堆芯带出后,将热管管外二回路侧压力为 2.4 MPa 的氦气 – 氙气的混合物加热至 827 ℃。高温高压的 He – Xe 混合气体在透平中膨胀做功,推动发电机发电。从透平中排出的 He – Xe 混合气体温度和压力分别降低至 666 ℃ 和 1.5 MPa 左右。低压的排气仍然具有较高的温度,因而通过回热器将其含有的热能传递给另一侧从压气机中流出的高压 He – Xe 混合气体,排气的温度最终降至 320 ℃ 左右。由于排气的温度仍然较高,直接进行压缩将消耗大量的能量,因而须经过辐射预冷器的冷却,并最终被冷却至 186 ℃。为了能获得再次通过后续回热器和热管换热器的动力,低温低压的 He – Xe 混合气体被送入气体压缩机再次加压至 2.4 MPa 的水平上。经压气机加压的高压低温的 He – Xe 混合气体在回热器高压侧和热管换热器重新被加热,并进入下一个循环中。

从热力循环的角度来说,这个循环最基本的是由定压吸热过程(回热器,反应堆/热管换热器,)、绝热膨胀过程(透平)、定压放热过程(回热器,辐射预冷器)和绝热压缩过程(压气器)组成,常被称为带回热的闭式布雷顿循环。它不仅被用于空间核动力,而且也常用于模块式高温气冷堆用于发电。除了布雷顿循环,空间核动力还能采用朗肯循环和斯特林循环等动态转化技术来进行热能至机械能乃至电能的转换。

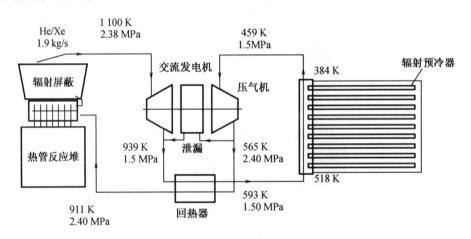

图 5.19 He – Xe 布雷顿循环

5.5.3 核热推进反应堆

1. 核热推进简介

随着空间活动规模的不断扩大,要求航天器的飞行时间不断延长、载荷不断提高。传统的化学能由于比冲小(当前比冲最高的液氢液氧火箭发动机最高比冲约为 450 s)、能量密度低,已很难适应未来空间活动的需要。而采用氢气作为工质的核热推进,比冲可达 1 000 s,速度增量大于 22 km/s,超过了第三宇宙速度,可广泛用于将来的空间任务,包括太阳系内和星际间的空间任务。由于核热推进的独特优势,美国和俄罗斯投入大量时间、人力和经费进行研究,设计了多个堆芯方案。这些堆芯方案经历了从均匀堆到非均匀堆、石墨基体燃料到金属基体燃料和三元碳化物燃料、元件简单结构设计到复杂设计的发展过程,目的在于使堆芯结构更紧凑,体积、质量更小,但性能指标更高。这些堆芯方案将是核热推进进一步研究和发展的基础。

根据燃料存在的形态,核热推进堆芯方案可分为固态反应堆芯、液态反应堆芯以及气态反应堆芯。液态反应堆运行过程中允许燃料的融化。相对于固体堆而言,尽管液态堆芯和气态堆芯中工质温度和比冲高,但是液态和气态反应堆芯结构复杂,研制难度较大,目前仅进行可行性研究。与气态以及液态堆相比,固态堆结构设计简单,这种堆型在原理以及结构上和高温气冷堆有很多的相似性,有大量的设计与实验数据可以作为支撑,在技术上也具有很大的可行性。由于固态反应堆技术相对成熟,20 世纪多种实验堆芯已经被建造过,同时对固态核热推进反应堆也做了很多研究。

对于核热推进系统中最重要的核热反应堆来说,它的设计和发展主要面临以下三个问题:

(1)为了提高反应堆的比冲,反应堆出口温度一般大于 3 000 K。堆芯材料和燃料需要耐受高温和抗腐蚀,同时还面临氢气在高温下的强还原性。

(2)推重比是衡量航天器性能的重要指标,为提高推重比,增大航天器的有效载荷,需要合理小型化反应堆以控制核热反应堆的质量。

(3)核热推进反应堆的屏蔽不同于地面反应堆,为控制屏蔽材料的质量,需要寻找轻质高性能屏蔽材料,同时优化全系统的辐射屏蔽结构。

2. 核热推进的基本工作原理

核热推进是利用核裂变的热能将工质加热到很高的温度,然后通过缩放喷管加速到超音速流而产生推力的火箭发动机。其工作原理与液体火箭类似,不同的是核热推进用能量密度很高的核反应堆取代了化学燃烧。图 5.20 为核热推进的原理示意图。泵将工质(氢)从贮箱中抽出,并通过管道送入喷管环腔。工质依次流过喷管环腔、反射层等,然后进入涡轮机做功,从而驱动泵进行工作。在流动过程中,工质依次冷却喷管、反射层等结构,带走堆芯产生的热量,防止这些设备因堆芯高温而损坏。在这一过程中,工质的物理状态也相应地从泵出口的液态迅速变为高温气态。从涡轮机排出后,工质向下通过反应堆堆芯,被加热到很高的温度(约 3 000 K),最后经喷管排出,产生推进动力。火箭发动机的比冲与工质温度的平方根成正比,与工质相对分子质量的平方根成反比。氢气具有优良的导热性能,其导热性功能与金属材料相当,高温下易分解为氢原子,进一步吸收热量,同时氢原子质量轻。因此,为增大比冲,核热推进一般采用氢气作为工质。

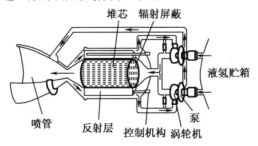

图 5.20　核热推进系统的原理图

3. 典型的核反应堆设计

自 20 世纪 50 年代开始,美国和苏联对核热推进系统及其所用的核反应堆进行了一系列研究,并取得了大量的研究成果。其中,具有代表性的堆芯方案有美国的 NERVA 方案、CERMET 方案、颗粒球床反应堆(Particle Bed Reactor,PBR)方案、MITEE 堆芯方案以及苏联的 RD-0410 方案。

(1)NERVA 方案

NERVA(Nuclear engine for rocket vehicle application)是美国于 1955 年开始的 ROVER/NERVA 计划中所设计的反应堆方案。图 5.20 所示的是 ROVER/NERVA 计划开发的包含反应堆在内的推进系统。图 5.21 为其燃料元件和燃料结构示意图。NERVA 反应堆采用六角形的燃料元件,元件轴向上有 19 个工质流道。在最初的设计中,燃料采用热解碳包覆的 UC$_2$ 颗粒,直径约 0.2 mm。这些燃料颗粒均匀地弥散在石墨基体中,通过挤压和热处理制成燃料元件。石墨虽具有较高的熔点,但易与高温氢气发生化学反应,导致燃料元件被腐蚀和燃料的流失。为保护石墨基体,通常采用化学气相沉积方法在燃料元件的外表面和工质孔道内壁沉积一层 ZrC 保护层。早期设计的 NERVA 堆芯只装燃料元件。但由于石墨的慢化能力较差,堆芯的体积和质量均较大。为提高推重比(推力与反应堆重量之比),在后期设计的 NERVA 堆芯中加入了支柱元件,其外形尺寸与燃料元件完全相同。支柱元件不但起支承连接燃料元件的作用,其内部的氢化锆套管还提供了额外的中子慢化能力,有助于减小堆芯体积和质量。氢气在进入燃料元件前,首先流过支柱元件被预热,一方面使支柱元件保持在较低的温度,另一方面为涡轮泵提供驱动力。堆芯内元件的尺寸、数目及燃料元件与支柱元件的比例可根据核热推进所需的功率和推力水平决定。

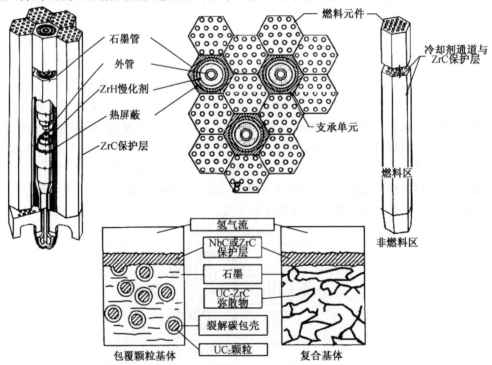

图 5.21　NERVA 核反应堆燃料元件和燃料结构示意图

NERVA 堆一般采用铍或氧化铍作反射层,采用位于侧反射层内的转动鼓作主要的反应性控制手段。在 ROVER/NERVA 计划中,所设计的反应堆热功率300~400 MW,推力为60~910 kN。在 20 世纪90 年代初的太空探索计划(Space Exploration Initiative)中,研究人员对 NERVA 反应堆的燃料进行了改进。新型的 NERVA 反应堆的燃料不再采用包覆颗粒弥散于石墨基体的形式,而是改用熔点更高的二元碳化物(U,Zr)C 或三元碳化物(U,Nb,Zr)C 的固溶体与石墨的混合物。这种燃料一方面提高了许可工作温度,从而提高了工质温度;另一方面改善了碳化锆保护层与燃料的热膨胀系数的匹配,解决了碳化锆保护层在温度急剧变化时的破裂问题。这种改进后的 NERVA 又称为 NDR(NERVA Derived Reactor)。

(2)CERMET 方案

美国通用电气公司设计了一种采用金属陶瓷燃料的反应堆,称为 CERMET 堆。CER-MET 反应堆采用将 UO_2 弥散于高温难熔金属(如钨、铼、钼等)的燃料,UO_2 的体积份额可达60%。由于难熔金属具有较大的热中子吸收截面,CERMET 堆均设计成快堆,其堆芯结构如图 5.22 所示。CERMET 堆功率可根据需要设计成不同的功率水平和推力。例如,对于堆功率为 2 000 MW 的反应堆,它能产生推力为 445 kN,堆芯长约为 86 cm,直径为 61 cm,堆内共有 163 个六角形的燃料元件。燃料元件截面宽约为 4.75 cm,轴向有 331 个直径为0.17 cm 的工质流道。燃料元件的外表面和工质流道内壁包覆钨铼合金,以抵抗高温氢的侵蚀。CERMET 堆的金属陶瓷燃料对裂变产物有较强的包容能力,与高温氢气的相容性较好,有较长的寿命和多次启动的潜力。但 CERMET 堆的一个不利因素是裂变材料装量大,且金属基体燃料的密度较大,造成整个堆芯的质量较大。

为减小堆芯质量,曾提出了两种两区堆芯设计方案:一种为轴向两区设计,堆芯上部温度较低,采用密度较小、熔点稍低的钼作为基体材料,而堆芯下部温度较高,采用高熔点的钨或铼作基体材料;另一种为径向两区设计,堆芯内区采用钨或铼基体燃料,外区采用钼基体燃料。工质在堆芯内首先流过外区,然后转向通过内区,最终排出堆芯。两区设计能显著降低堆芯质量,提高系统性能。

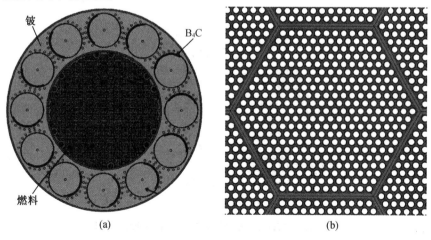

(a)　　　　　　　　　　　　　　(b)

图 5.22　CERMET 型反应堆结构示意图

(a)反应堆横截面;(b)燃料组件横截面 ANL-2000

（3）PBR 方案和 MITEE 方案

MITEE 是在颗粒球床反应堆（PBR）概念的基础上发展起来的，其反应堆功率 75 MW，反应堆进出口温度为 30 K 和 3 000 K。两者的主要差别是 MITEE 采用单独压力管式设计，这样做有以下几个优点：

①反应堆更加紧凑、更轻；

②有利于研究，可以只对单根压力管元件进行测试；

③一根或两根压力管元件失效，可以不用停堆。

MITEE 堆芯是目前质量最小的核热推进堆芯方案，其反应堆质量仅为 100 kg。该型反应堆着眼于缩小核反应堆的体积、减小结构质量和提高堆芯的换热效率，同时适当减小推力以减小反应堆功率和降低研制难度。如图 5.23 所示，MITEE 堆芯由 37 个六角型的燃料元件和 24 个相同形状、相同尺寸的反射层元件构成。

与 PBR 不同的是，MITEE 的燃料元件取消了颗粒床结构，而是采用了类似于 CERMET 堆的金属基体燃料。这种燃料是将裂变材料 UO_2 颗粒均匀弥散在金属陶瓷薄板中，并在薄板上钻换热孔，然后将薄板卷成 35 层的圆筒，构成燃料元件的燃料区。在燃料元件中心是工质排气孔道，每个燃料元件均有出口喷管，单独产生推力，然后集中在一起形成总的推进动力，并非如 PBR 仅有一大喷管，这样就大大降低了研制和试验研究的难度。小喷管质量轻，强度、工艺问题较易解决，传热和推力模拟试验均可以单个燃料元件的形式进行。MITEE 燃料元件的燃料区分为外部区、中间区和内部区。外部区由铍基体制成，基体中包含适量的石墨纤维，石墨纤维经 UO_2 浸渍。在基体上钻有控制工质流量的小孔。外部区处于低温区域。中间区是以钼金属为基体（金属粉末加约 50% 容积的 UO_2）的烧结板，上面同样钻有小孔。孔隙率根据换热要求而定。中间区处于较高温度区域，层数约占燃料区总层数的 2/3。内部区是以钨金属为基体、其中弥散 UO_2 颗粒的高温烧结板，上面同样钻有小孔。内部区处于高温区域，层数约占总层数的 1/3。钨采用同位素 W – 184，以减少对热中子的吸收。

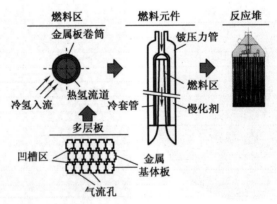

图 5.23 MITEE 反应堆及燃料元件结构示意图

5.5.4 双模/多模式核动力

对于一个典型的核热推进系统，通常情况下，它只是在飞船运行的初始阶段、最终阶段或者中间变轨的时候需要运行几分钟的时间,其在中间的大部分时间内推进装置是不进行工作的。因此在每次需要工作的时候都需要将反应堆重新启动进行加热,在使用结束后还需要将反应堆停闭。多次的重启和停闭会对反应堆的结构产生很大的应力,同时反应堆内的辐照损伤在低温条件下较为严重,多次将反应堆处于低温环境中会降低反应堆的寿命。还有,在反应堆停闭的过程中为了使反应堆的余热导出,需要一定的推进剂进入反应堆冷却剂通道进行冷却。这样把推进剂仅用作冷却剂而不去产生推力无疑是对推进剂的一种浪费。

此外,在整个任务过程中太空飞船系统中有很多设备需要供电。比如通信装置、计算机、雷达等。为提高核能利用效率,有研究提出在推进装置上添加一个发电回路。发电回路使用布雷顿循环作为发电循环,以 He - Xe 作为冷却剂。由于推进装置堆芯内部的温度较高,可以达到 2 000 ℃ 以上,因而布雷顿循环的效率也较高,有望达到 50% 以上。这样的话,只需要将反应堆开启一次,当需要对系统提供推进的时候只需用涡轮泵向反应堆内部提供推进剂,当不需要推进的时候可以将反应堆切换到发电工况,在低功率条件下运行。这样在整个运行过程中只需要将反应堆启停一次,有效保护了反应堆的结构完整性,保证了堆芯的使用寿命,同时避免了因需要排出反应堆的衰变热导致的推进剂的浪费。

图 5.24 所示的是基于这种双模工作方式下 CERMET 和 MITEE - B 的燃料组件设计示意图。两种反应堆燃料组件的设计具有一定的相似性,即在燃料组件中心区域出现了一个环形结构。以 MITEE - B 的燃料组件为例,在推进模式下,温度约为 40 K 的 H_2 推进剂仍然从外侧径向向内流过 Mo/UO_2 和 W/UO_2 燃料区域,直至燃料中心的空心区域,被加热到 3 000 K 后从喷嘴中喷出产生推力。如图 5.25 所示,除了燃料组件内的不同之外,推进模式下的其他布置与原核热推进模式的相同。

在供电模式下,燃料组件中无 H_2 推进剂通过燃料区域,但是有 He/Xe 混合气体通过处于 [7]LiH 慢化剂最内侧的 8 根氦管中,被燃料发出的热量加热至 850 K 利用布雷顿循环发电,如图 5.25 所示。关于布雷顿循环发电的工作原理详见 5.5.2 节。在供电模式下,MITEE - B 能提供 1 kW ~ 20 kW 的电功率。

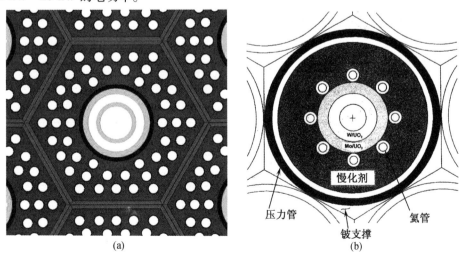

图 5.24　核热推进系统双模模式下燃料组件设计

(a)双模的 ESCORT 设计(CERMET);(b)双模的 MITEE - B 燃料组件

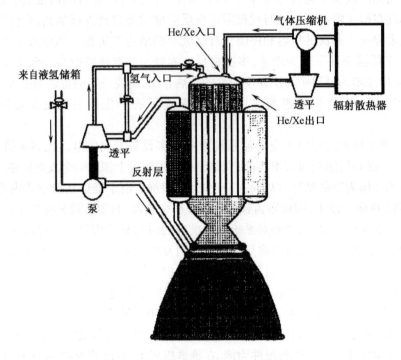

图 5.25　双模模式下的核反应堆系统

思考题

1. 什么是紧凑式布置压水堆,什么是一体化布置压水堆?
2. 一体化压水堆与分散式压水堆相比有哪些优缺点?
3. 与常规船用动力装置相比,船用核动力装置的优势和不足有哪些?
4. 简述船用核动力装置与电站核动力装置的差异。
5. 简述空间用核反应堆的基本特征。
6. 氢化锆燃料的主要特征是什么?

第6章 核反应堆物理和热工基础

本章从核反应堆物理学与热工水力学两个方面介绍核反应堆的工作原理。这两个方面是核反应堆理论的两大基石,也是理解核反应堆的基础。由于目前世界上85%以上的商用核电厂是以水作为冷却剂的热中子反应堆,因此本章介绍的反应堆物理与热工基础主要适合这种反应堆。第6.1和6.2节分别介绍了链式裂变反应和临界等基本概念,中子慢化和中子扩散的基本原理,中子随时间变化的基本规律,乃至温度效应和中毒效应,这属于核反应堆物理学的内容。第6.3和6.4节介绍了核反应堆堆芯内热量产生、迁移过程的基本规律,属于核反应堆热工水力学的内容。

6.1 可控自持的链式裂变反应

6.1.1 中子慢化与随能量的变化

1. 慢化原理

由第1章的介绍可知,裂变产生的中子具有非常高的能量,其平均值约为2 MeV,故常被称为快中子。如果反应堆内引起裂变反应的主要是这种快中子,那么这种反应堆常被称为快中子反应堆,例如钠冷快堆、铅－铋冷快堆、气冷快堆等。随着反应堆内出现冷却剂,堆内快中子的平均能量会有所降低,但依然维持在较高的水平上,例如,钠冷快堆内中子的平均能量在0.1 MeV的水平上。

快中子与原子核发生相互作用的概率常远远低于低能中子,这导致为了维持相同的功率水平,需要反应堆内中子的数量维持在更高的水平上。而且,在实际工程设计中,大量快中子引起材料损伤而失效是一个棘手的问题,工程技术难度较大。基于这样的原因,以低能中子诱发裂变为主的反应堆被率先开发出来,并得到了广泛的应用。这种低能中子常被称为热中子,因为它们的能量水平与原子核热运动的能量水平比较接近。反应堆内诱发裂变的主要是热中子的反应堆称为热中子反应堆。

为了更加有效地降低裂变中子的能量或速度,反应堆内需要慢化中子速度的材料,即慢化剂。在热中子反应堆内,中子的慢化主要靠中子与慢化剂原子核(常称为靶核)的散射反应,特别是弹性散射反应。高能中子由于散射碰撞等而降低速度的过程称为慢化过程。对于热中子反应堆来说,慢化过程是一个重要的物理过程。

在高能中子被慢化成热中子之前,中子的能量比靶核的热运动能量大得多时,忽略靶核的热运动及化学键的影响,并认为中子是与静止的、自由的靶核发生散射碰撞。中子与靶核的弹性散射可看作是两个弹性刚球的相互碰撞,如图6.1所示。在这样的系统中,碰撞前后其动量和动能守恒,可用经典力学的方法来处理。

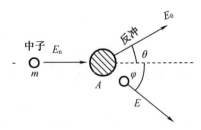

图6.1 中子与慢化剂核的弹性碰撞过程

在热中子反应堆内,中子能量从裂变时的兆电子伏特数量级,通过这种弹性碰撞慢化降低到了热中子的电子伏特数量级,需要跨越 7～8 个数量级。为了计算方便,在反应堆物理分析中常用一个叫做对数能降的无量纲数,其定义为

$$u = \ln \frac{E_0}{E} \tag{6.1}$$

式中,E_0 为选定的参考能量,一般取 $E_0 = 2$ MeV(裂变中子的平均能量),或取 $E_0 = 10$ MeV(假定的裂变中子的上限能量)。当 $E = E_0$ 时,$u = 0$。

由 u 的定义可知,中子在弹性碰撞后能量减少,对数能降增加。一次碰撞引起对数能降的增加量 Δu 为

$$\Delta u = u' - u = \ln \frac{E_0}{E'} - \ln \frac{E_0}{E} = \ln \frac{E}{E'} \tag{6.2}$$

式中,u 和 u' 分别为碰撞前和碰撞后的对数能降。由于单个中子的碰撞有很大的随机性,因而对于整个反应堆来说,对数能降的统计平均值更具实际意义,常称为平均对数能降增量,用 ξ 来表示,即

$$\xi = \overline{\ln E - \ln E'} = \overline{\ln \frac{E}{E'}} = \overline{\Delta u} \tag{6.3}$$

对于质量数 $A > 10$ 的靶核,可采用下列近似式来计算 ξ:

$$\xi = \frac{2}{A + \frac{2}{3}} \tag{6.4}$$

由此可知,ξ 只与靶核的质量数 A 有关,而与中子的能量无关。若用 N_c 表示中子从初始能量 E_1 慢化到能量 E_2 所需要的平均碰撞次数,利用平均对数能降增量可容易地求出 N_c 为

$$N_c = \frac{\ln E_1 - \ln E_2}{\xi} = \frac{1}{\xi} \ln \frac{E_1}{E_2} \tag{6.5}$$

当中子能量由 2 MeV 慢化到 0.025 3 eV 时,所需要的中子与轻、重核的碰撞次数显然是不同的。对于氢核、石墨核以及铀－238 核,碰撞次数分别是 18 次、114 次和 2 172 次。

2. 慢化剂的选择

由式(6.4)可知,从中子慢化的角度来说,慢化剂应为质量数小的轻元素,因为它们具有大的平均对数能降增量 ξ 值。此外,它还应该有较大的散射截面,因为它代表着中子与原子核发生碰撞散射的概率。否则,ξ 再大也无实际价值,因为只有当中子与核发生散射碰撞时,才有可能使中子的能量降低。综合这两个因素,慢化剂应当同时具有较大的宏观散射截面 Σ_s 和平均对数能降增量 ξ。通常把乘积 $\xi\Sigma_s$ 叫作慢化剂的慢化能力。表6.1 给出常用慢

化剂的慢化能力。

除了要求有大的慢化能力外,还应要求慢化剂具有小的吸收截面。因为吸收截面大意味着中子被原子核吸收的概率就大,中子与原子核弹性碰撞的相对概率就低,这样的慢化剂在堆内也是不宜采用的。为此,定义一个新的量 $\xi\Sigma_s/\Sigma_a$,它被称作慢化比。从反应堆物理观点来说,它是表示慢化剂优劣的一个重要参数,好的慢化剂不仅应具有较大的 $\xi\Sigma_s$ 值,还应具有大的慢化比。

表 6.1　不同材料的慢化能力和慢化比

慢化剂	水	重水	氧	铍	石墨
$\xi\Sigma_s/\mathrm{cm}^{-1}$	1.53	0.170	1.6×10^{-5}	0.176	0.064
$\xi\Sigma_s/\Sigma_a$	72	12 000	83	159	170

从表 6.1 可以看出,重水具有良好的慢化性能,但是其价格昂贵。水的慢化能力 $\xi\Sigma_s$ 值最大,因而以水作慢化剂的反应堆具有较小的堆芯体积。但水的吸收截面较大,因而水堆必须用富集铀作燃料。石墨的慢化性能也是较好的,但它的慢化能力小,因而石墨堆一般具有比较庞大的堆芯体积。当然,慢化剂的选择还应从工程角度加以考虑,如辐照稳定性、价格低等。目前动力堆中最常用的慢化剂是水,它是价廉而又最易得到的慢化剂。

3. 反应堆中子能谱

随着中子的慢化,堆内中子数量按能量具有稳定的分布,称之为中子能谱。理论分析表明,对于高能范围($E>0.1$ MeV),中子能谱可以近似地用裂变谱 $\chi(E)$ 来表示;在 $E<1$ eV 的热能区中,中子能谱可以近似地用麦克斯韦谱来表示;在中能区(1 eV ~0.1 MeV)内,中子被逐渐慢化,因而该能区也被称为慢化能区,在这个能区,中子能谱分布近似按照 $1/E$ 规律变化。这三种能谱比较符合实际的简化能谱,但是中子能谱实际上会受到较多因素的影响,典型的热中子和快中子反应堆内中子能谱如图 6.2 所示。

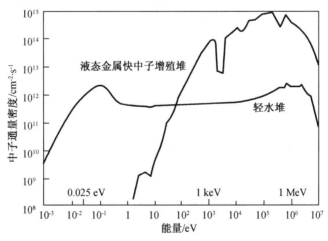

图 6.2　热中子与快中子反应堆能谱示意图

6.1.2　中子循环及临界条件

对于铀为燃料的热中子反应堆,当铀－235或铀－238与中子相互作用而发生裂变反应时,裂变物质的原子核通常分裂为两个中等质量数的核(称为裂变碎片)。与此同时,平均产生2~3个新的裂变中子,并释放出约200 MeV能量。这些裂变中子又会诱发周围其他铀－235或铀－238的裂变,在适当的条件下,这个过程犹如一环扣一环的链条可继续下去。因而,这个过程被称为链式裂变反应,如图6.3所示。如果每次裂变反应新产生的中子数目大于引起核裂变所消耗的中子数目,那么一旦在少数原子核中引起了裂变反应之后,就有可能不再依靠外界条件而使裂变反应不断地进行下去,这样的裂变反应称作自持的链式裂变反应。核反应堆就是一种能以可控的方式产生自持链式裂变反应的装置。

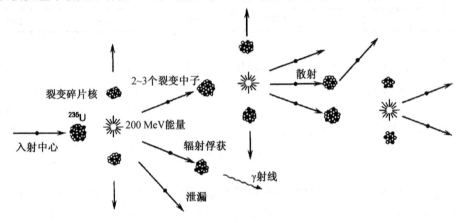

图6.3　链式裂变反应示意图

为了定量地描述自持的链式裂变反应过程及其过程中裂变中子数目变化情况,引入有效增殖系数 k_{eff} 这一概念,其定义为

$$k_{eff} = \frac{堆内一代裂变中子总数}{堆内上一代裂变中子总数} \tag{6.6}$$

下面以铀(铀－235和铀－238)为燃料的热中子反应堆为例来简单地推导有效增殖系数的表达式。设反应堆内部上一代有 N 个裂变中子,这些裂变中子是快中子,也能引起^{235}U及^{238}U(主要是^{238}U)裂变。为了区别于热中子诱发的裂变,这些快中子诱发的裂变称为快裂变。快裂变可使中子数目变为 $N\varepsilon$ 个;其中,ε 反映了快中子引起的快裂变反应的概率,称为快中子增殖系数,其定义为

$$\varepsilon = \frac{热中子和快中子引起裂变所产生的快中子总数}{仅由热中子裂变所产生的快中子数} \tag{6.7}$$

它由燃料性质所决定。按定义,其值比1大。对于天然铀,ε 约为1.03。

这 $N\varepsilon$ 个快中子,当反应堆的体积是有限大小的时候,有一部分泄漏到反应堆外了。假设快中子不泄漏概率为 P_F(恒小于1),那么留在堆内的快中子有 $N\varepsilon P_F$ 个,泄漏出去的有 $N\varepsilon(1-P_F)$ 个。堆内的这些中子在慢化过程中经过^{238}U共振能区时,又被吸收一部分,这主要发生在6.6,20及38 eV附近。令 p 为一个中子经过共振能区而不被吸收的概率,即逃脱共振吸收概率,则慢化成热中子的有 $N\varepsilon P_F p$ 个。这些热中子由于泄漏还要损失掉一部分,

故留在堆内的热中子数还须乘以一个小于 1 的因子 P_T 而成为 $N\varepsilon P_F p P_T$ 个,其中 P_T 称为热中子不泄漏概率。

考虑到一部分热中子被堆内结构材料、慢化剂等吸收,燃料吸收的热中子数还应乘以一个小于 1 的热中子利用系数 f 而为 $N\varepsilon P_F p P_T f$ 个。f 的定义为

$$f = \frac{\text{燃料吸收的热中子总数}}{\text{被吸收的热中子总数}} \tag{6.8}$$

被燃料吸收的热中子中,有一部分铀核俘获但不引起裂变,不产生新的中子,燃料核热中子裂变因数 η 的定义为

$$\eta = \frac{\text{燃料核热裂变产生的裂变中子数}}{\text{燃料核吸收的热中子总数}} \tag{6.9}$$

这样,$N\varepsilon P_F p P_T f$ 个被燃料核吸收的热中子所产生的裂变中子就有 $N\varepsilon P_F p P_T f\eta$ 个。这就是热中子反应堆从这一代 N 个热裂变中子出发,到产生下一代热裂变中子的循环过程,整个中子循环过程如图 6.4 所示。

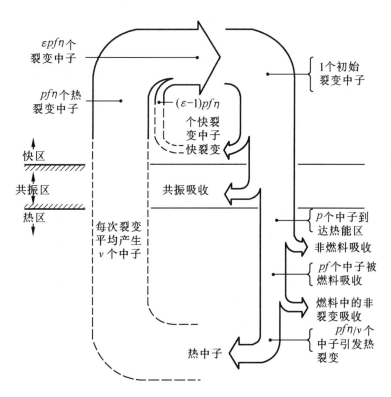

图 6.4 热中子反应堆中子循环过程

将上述分析中得到下一代中子数目代入式(6.6)可得

$$k_{\text{eff}} = \frac{N\varepsilon P_F p P_T f\eta}{N} = \varepsilon P_F p P_T f\eta = \varepsilon p f\eta P \tag{6.10}$$

其中,中子不泄漏概率 $P = P_F P_T$,对于一个无限大反应堆,中子无泄漏,$P = 1$。对于无泄漏的反应堆,其增殖系数称为无限大反应堆的增殖系数,简称无限增殖系数,记为 k_∞。因而,

式(6.10)变为

$$k_{\infty} = \varepsilon p f \eta \tag{6.11}$$

因为无限增殖系数只与四个参数有关,所以(6.11)称为四因子公式。实际上,在热中子反应堆内材料组分、几何结构、尺寸大小完全确定以后,ε、P_F、p、P_T、f、η 等参数就完全确定了,这意味着反应堆内中子总数随时间的变化也就完全确定。当下一代中子数目与上一代中子数目保持不变时,反应堆内的中子数量随时间既不增加,也不减少,实现了自持链式裂变反应,即

$$k = k_{\infty} P = 1 \tag{6.12}$$

式(6.12)常称为反应堆的临界条件。$k = 1$ 时的反应堆堆芯的大小称为临界尺寸;临界时反应堆内所装载燃料的质量称为临界质量。

反应堆的临界尺寸与反应堆内的材料有关。例如,与采用天然铀作燃料的反应堆相比,采用富集铀的反应堆由于铀－235 的含量较高,堆内热中子利用系数更大,相同条件下其 k_{∞} 会更大,因而其临界尺寸会小于用天然铀作燃料的反应堆。决定临界尺寸的另一个关键因素是反应堆的几何形状。在相同的体积下,不同的几何形状的表面积不同,因而中子的泄露概率就不同,这导致反应堆的有效增殖系数就不同。在体积相同的所有的几何形状中,球形的表面积最小,亦即球形反应堆的中子泄漏损失最小。实际上,为了建造的方便,大型商用反应堆均设计成圆柱形的。一个热功率为 3 400 MW 的压水堆,其堆芯的等效直径和高度分别约为 3.4 m 和 3.7 m,UO_2 燃料的装量约为 90 t。

6.1.3　中子数目随时间的变化

核反应堆内部中子数目随时间的变化是涉及反应堆运行和安全的关键问题之一。如果将反应堆内的中子视为一个整体,那么它主要涉及两个因素:反应堆的有效增殖系数和中子的平均寿命。为了简要地分析反应堆内中子数目随时间的变化,设 t 时刻堆内平均中子密度为 $n(t)$,反应堆的有效增殖系数记为 k。经过一代增殖,平均中子密度变为 $kn(t)$,净增加 $n(t)(k-1)$。如果堆内瞬发中子的平均寿命(即平均每代时间)记为 l_0,则堆内中子密度的变化率为

$$\frac{\mathrm{d}n(t)}{\mathrm{d}t} = \frac{k-1}{l_0} n(t) \tag{6.13}$$

如果 $t = 0$ 时刻 k 发生阶跃变化后保持常数,则式(6.13)积分后得 $t \geq 0$ 后随时间变化平均中子密度:

$$n(t) = n_0 \exp\left(\frac{k-1}{l_0} t\right) \tag{6.14}$$

式中,n_0 为 $t = 0$ 时的中子密度,l_0 恒正。当 $k > 1$ 时,反应堆处于超临界状态,$n(t)$ 将按指数规律随 t 增长;当 $k < 1$ 时,反应堆处在次临界状态,$n(t)$ 将按指数规律衰减;$k = 1$ 时,反应堆处临界状态,中子密度达到动态平衡,中子密度随时间保持不变。

为了定量地考查 k 的影响,假设 $\Delta k = k - 1 = 0.01$,热中子寿期 $l_0 = 10^{-3}$ s,即假设所有中子均为瞬发中子,因此反应堆内的中子数目(即功率)每隔 0.1 s 就增长 e 倍,即在 1 s 内总的增加倍数是 $e^{10} = 2.2 \times 10^4$ 倍。反应堆功率增长这样迅速,使得反应堆控制非常困难。

但是,将所有中子都看作瞬发的这一假设显然是不正确的,除了瞬发中子,裂变过程还

会释放少量的缓发中子。虽然缓发中子数量很小,但它的缓发时间是相当长的,可以达到几十秒钟,比热中子寿期(10^{-3} s)要大得多,因而不能忽略。考虑缓发中子的缓发时间后平均代时间可以写成

$$\bar{l}_0 = \beta(t + l_0) + (1 - \beta)l_0 \approx \beta t \approx 0.1 \text{ s} \tag{6.15}$$

其中,l_0 即为前面所述之瞬发中子的寿期。

依然以 $\Delta k = 0.01$ 为例考查包含缓发中子作用后的中子密度随时间的变化。计算表明,考虑缓发中子后,中子数目(即功率)增加 e 倍需要大约 10 s。这样对反应堆进行适当的控制不是很难的事情。通过这个例子,便说明了缓发中子效应对动力学过程的重要作用。

为了定量地描述中子数目随时间的变化,通常采用中子密度的相对变化率直接定义反应堆周期 T,如式(6.16)所示:

$$T = \frac{n(t)}{\mathrm{d}n(t)/\mathrm{d}t} \tag{6.16}$$

由此可知,反应堆周期是一个动态参量,当反应堆的功率水平不变(临界)时,周期为无穷大;只有当功率水平变化时,周期才是一个可测量的有限值。

正因为反应堆周期的大小直接反映堆内中子增减变化速率,所以在反应堆运行中,特别是在启动或功率提升过程中,对周期的监督十分重要。周期过小时,可能导致反应堆失控。为此,通常在反应堆控制台上都装有专用的周期指示仪表以对周期进行监督,一般将周期限制在 30 s 以上。与此相对应,堆上还装有周期保护系统。当因操作失误或控制失灵而出现短周期时,保护系统立即自动动作,强迫控制棒插入,以使 k 迅速减小。如果出现更短的周期,则将使安全棒下落,实现紧急停堆。

6.1.4 中子的空间分布

1. 中子在堆内的运动

除了分析反应堆内中子总数的变化之外,反应堆物理分析还须确定堆内这些中子在空间上的分布,这决定着反应堆的核功率分布,是反应堆物理设计的基本内容。核反应堆物理分析表明,中子与反应堆内燃料、结构材料、慢化剂等原子核间的无规则碰撞,中子在堆内的运动是一种随机的但具有统计规律的运动。中子在反应堆内的运动与空间位置、速度(能量)和运动方向有关。然而,为了能简要地说明中子在空间上的分布特征,在此假设中子全部都是热中子,而且具有相同的速度(能量),而且热中子在堆内的运动是各向同性的。这个假设对于大型商用热中子反应堆来说是基本合理的。

为了定量地描述中子在空间上的分布,引入中子密度这一概念,它表示某一位置处单位体积内的中子数目,用符号 $n(r)$ 表示。由于描述中子空间分布的控制方程中中子密度经常与中子速度成对出现,引入中子通量密度 ϕ 这一变量,它是中子密度与中子速度的乘积,即 $\phi = nv$。在单能中子且各向同性的这两个假设下,中子密度和中子通量密度仅仅是空间坐标的函数。对于单能热中子,在各向同性条件下,中子在材料均匀的反应堆堆内的运动过程满足扩散方程,它是反应堆内中子平衡的结果,如式(6.17)所示:

$$D\nabla^2\phi - \Sigma_a\phi + S = 0 \tag{6.17}$$

其中,方程第一项表示中子的扩散(泄漏率),第二项表示中子的吸收(吸收率),第三项表示热中子的生成(产生率)。中子扩散方程的解就是中子在空间上的分布。

对于均匀材料的有限大小(半径 a 和高度 H)的圆柱形反应堆,在周围无反射的条件(裸堆)下,解式(6.17)可得到中子通量密度在空间上的分布为

$$\phi(r,z) \sim J_0\left(\frac{\nu_1 r}{a}\right)\cos\left(\frac{\pi z}{H}\right) \tag{6.18}$$

其中,J_0 是零阶贝塞尔函数。由式(6.18)可知,在均匀无反射层条件下的圆柱状反应堆内,中子通量密度在轴向上呈余弦函数分布,在径向上呈零阶贝塞尔函数分布,如图 6.5 所示。核裂变率是中子通量密度与宏观截面的乘积,这意味着中子通量密度大的地方,核裂变率就高,核功率密度就大。

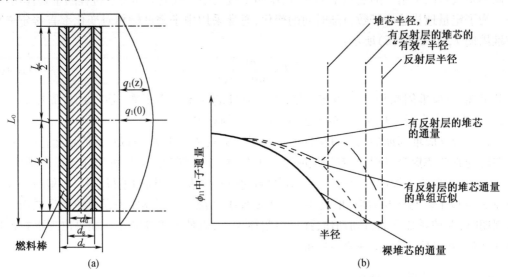

图 6.5 均匀裸堆内中子通量密度在空间上的分布
(a)轴向分布;(b)径向分布

2. 反射层

由图 6.5 所示的曲线可知,在裸堆的情况下,中子通量密度在反应堆物理边界上并不等于零。这意味着有限大小的反应堆存在中子泄漏,而且中子一旦泄漏,就不可能再返回到堆芯中去,这一部分中子就损失掉了。如果在堆芯的外围包上一层散射性能好、吸收能力弱的非增殖物质(如石墨、水等),那么部分从堆芯泄漏出来的中子有可能被这层材料阻挡返回堆芯中,继续对自持裂变反应起作用,这一层材料被称作反射层。除了减少堆芯中子的泄漏,反射层还能展平堆芯中子通量密度的分布,即展平堆芯的核功率分布,如图 6.5 所示。

对于反射层材料,首先它的散射截面 Σ_s 要大,因为当 Σ_s 大时中子逸出芯部后在反射层中发生散射的概率就大,因而返回到芯部的机会也就增多。其次,反射层材料的吸收截面 Σ_a 要小,以减少中子的吸收。最后,反射层材料要具有良好的慢化能力,以便使能量较高的中子在从反射层返回到芯部时,已经被慢化为能量较低的中子,从而减少了中子在堆芯内共振吸收的概率。综上所述,良好的慢化剂材料,通常也是良好的反射层材料。常用的反射层材料有水、重水、石墨和铍等。

当堆芯周围有了反射层以后,由于一部分泄漏出堆芯的中子被反射层反射回堆芯,这样就减少了中子的泄漏损失,提高了中子的不泄漏概率 P。由式(6.10)可知,在其他四个因子

相同的情况下,随着反射层的出现,有效增殖系数会变大。如果维持有效增殖系数相同,那就可以减少堆芯的体积和燃料的装载量,即带反射层反应堆的临界体积要比裸堆的临界体积小。为了定量地描述反射层对临界尺寸的影响,引入反射层节省 δ 这一变量,它等于有无反射层时堆芯临界尺寸的减少量。例如,对于给定堆芯成分的球形反应堆,设其无反射层时的临界半径为 R_0,有反射层时的临界半径为 R,那么反射层节省 δ 为

$$\delta = R_0 - R \tag{6.19}$$

6.2 反应性效应

6.2.1 反应性及其定义

为了能不间断地运行一段时间(如 12 个月或 18 个月),核反应堆在实际运行过程中须装入比临界质量更多的燃料。也就是说,核反应堆运行初期(寿期初)的有效增殖系数 k_{eff} 须大于 1。反应性 ρ 这一物理量可用于衡量 k_{eff} 对临界值 1 的相对偏离量,其定义为

$$\rho = (k-1)/k \tag{6.20}$$

$\rho = 0$ 与 $k = 1$ 对应,表示临界状态;$\rho > 0$ 表示超临界状态;当 $\rho < 0$ 表示次临界状态。虽然 ρ 是一个无量纲量,但习惯上常把它的单位记为 $\Delta k/k$ 或 Δk。由于反应性通常是一个较小的数,所以反应性还有一个常用单位为 pcm,1 pcm $= 10^{-5} \Delta k/k$。

在核电厂的实际运行过程中,常用缓发中子份额 β(对于以低浓缩铀为燃料的压水堆,$\beta = 0.65\%$)来度量 ρ,即用 ρ/β 值表示反应性,其单位称为"元"。若 $\rho/\beta > 1$,核反应堆内的瞬发中子足以维持临界而不需要缓发中子的参与,中子代时间是瞬发中子的寿命,处于瞬发超临界状态。由第 6.1.3 节的分析可知,这样的反应堆实际上是无法控制的。当 $0 < \rho/\beta < 1$ 时,处于缓发超临界状态;核反应堆内的瞬发中子无法单独维持临界状态,需要缓发中子的参与才能维持临界状态,这使反应堆处于较易控制的状态。

根据反应性的定义,并结合反应堆实际运行的需要可知,反应堆在整个运行周期内的反应性均大于 0,直到寿期末(换料)才接近 0。我们通常将大于 0 的那部分反应性称为剩余反应性。而且,为了维持足够长的运行时间,反应堆的剩余反应性是比较大的,尤其是在寿期初,肯定会大于 β。从这个角度来说,剩余反应性的管理是反应堆临界安全的重中之重,任何反应性的变化均要被考虑,严禁出现瞬发超临界状态,保证反应堆的安全。对于压水堆来说,剩余反应性主要由冷却剂中的硼酸、控制棒和固体可燃毒物棒进行控制。

6.2.2 反应性效应

反应性的大小对反应堆的运行和控制是非常重要的一个参数。而且,在反应堆的运行过程中,许多参数均会影响反应性的大小。有些是长期的效应,如燃料消耗;有些是短期的效应,如温度。对于压水堆来说,温度的变化对反应性的影响很大且是短期的,尤其是燃料、水。在极端条件下,水变成蒸汽后,在反应堆内会出现空泡,空泡对反应性有非常明显的影响且是即时的。

1. 反应性温度系数

因反应堆内材料温度变化而引起反应性变化的效应,称为反应性的温度效应,简称温度效应。为了定量地描述温度效应,定义反应性温度系数 α_T:

$$\alpha_T = \frac{\mathrm{d}\rho}{\mathrm{d}T} \tag{6.21}$$

式中,T 为温度。将式(6.20)带入式(6.21)可得

$$\alpha_T = \frac{\mathrm{d}}{\mathrm{d}T}\left(1 - \frac{1}{k}\right) = \frac{1}{k^2}\frac{\mathrm{d}k}{\mathrm{d}T} \approx \frac{1}{k}\frac{\mathrm{d}k}{\mathrm{d}T} \tag{6.22}$$

式中,α_T 表示温度变化 1 ℃时所引起的反应性变化量,或者有效增殖系数的相对变化量,其常用单位为 pcm/K。由式(6.22)可知,α_T 可正可负,取决于有效增殖系数随温度的变化关系。

需要强调的是,α_T 的正负对于反应堆的稳定性、功率调节以及安全都有非常重要的意义。若 $\alpha_T > 0$,当反应堆内的温度 T 由于某种原因而有所升高时,则按式(6.22)就有 $\mathrm{d}k > 0$,k 将增加。这又引起堆内中子通量密度和功率密度的增加,温度也将进一步升高。由此,温度和反应堆功率之间形成了正反馈。一旦温度被扰动,反应堆无法自动回到最初的状态,如果人为干预不及时,易出现燃料熔化事故。若 $\alpha_T < 0$,当反应堆内的温度 T 由于某种原因而升高时,式(6.22)有 $\mathrm{d}k < 0$,k 将减小,堆内功率密度也将减小,从而使温度自动下降。由此,温度和反应堆功率之间形成负反馈,反应堆对温度扰动具有自稳定性。

2. 燃料温度系数

燃料温度变化 1 ℃时所引起的反应性变化称为燃料温度系数,记为 α_T^F。燃料发生裂变后释放出的核能转变为热能主要沉积在燃料芯块中。当反应堆功率升高时,燃料的温度几乎同时升高,燃料的温度效应就立刻表现出来,是一种瞬发效应。瞬发温度系数对功率的变化响应很快,它对反应堆的安全起着十分重要的作用。

对于以铀为燃料的反应堆来说,燃料温度系数主要是由铀–238 的共振吸收的多普勒效应所引起的。如图 6.6 所示,燃料温度升高将使共振峰展宽(维持共振截面下的面积保持不变),中子逃脱共振吸收概率减小,被共振吸收的中子增加,这就是多普勒效应。这意味着,燃料温度升高,铀–238 的共振吸收增强,有效增殖系数减小,即多普勒效应使燃料温度系数成为负的。

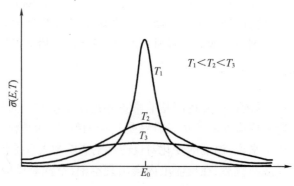

图 6.6 多普勒温度展宽示意图

3. 慢化剂温度系数

慢化剂温度变化 1 ℃ 时所引起的反应性变化称为慢化剂温度系数,记为 α_T^M。由于热量从燃料芯块内部传递到其外部的慢化剂需要一定的时间,因而慢化剂的温度变化要比燃料的温度变化滞后一段时间,因此慢化剂温度效应滞后于功率的变化。对于慢化剂为液体的反应堆,例如压水堆和沸水堆,当温度变化时,水的密度有较明显的变化,这使其中子慢化能力和堆内的中子能谱都发生变化,因而引起较明显的反应性变化。

从物理过程上来说,压水堆的慢化剂温度系数倾向于负的。这是因为随着温度的升高,水的密度有所下降,水的慢化能力减弱,反应堆的有效增殖系数减小。然而,压水堆慢化剂温度系数的正负受到两个重要因素的制约:水铀比和硼酸浓度。在压水堆核动力装置的设计和运行中必须考虑这两个因素,并确保慢化剂(即冷却剂)的温度系数是负的。

水铀比指单位体积内慢化剂与燃料的核密度比值,即 N_{H_2O}/N_U。图 6.7 所示的是压水堆的有效增殖系数与 N_{H_2O}/N_U 的关系曲线。$(N_{H_2O}/N_U)_{k\max}$ 表示最大有效增殖系数对应的水铀比;其左侧($(N_{H_2O}/N_U) < (N_{H_2O}/N_U)_{k\max}$)称为欠慢化区,其右侧($(N_{H_2O}/N_U) > (N_{H_2O}/N_U)_{k\max}$)称为过度慢化区。在燃料棒相对位置关系(栅格尺寸)已固定的情况下,单位体积内的核密度保持不变,当水的温度增加时,水的密度减小,这就相当于水铀比减小。在过度慢化区,随着水温的升高,有效增殖系数增加,这意味着正的慢化剂温度系数。因此,在压水堆的设计中,应选取栅格尺寸使 $(N_{H_2O}/N_U) < (N_{H_2O}/N_U)_{k\max}$,确保慢化剂温度系数是负的。

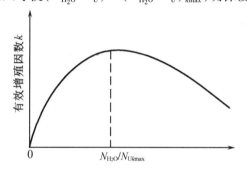

图 6.7 轻水反应堆的 k 与 N_{H_2O}/N_U 关系示意图

压水堆核电厂在反应堆冷却剂中加入一些中子的吸收剂——硼酸以控制核反应堆的剩余反应性。在冷却剂中加入硼酸,增强冷却剂对中子的吸收能力,借此来控制剩余反应性。当冷却剂温度升高时,冷却剂体积膨胀,密度降低。一方面,冷却剂的慢化能力随之减弱,使反应堆有效增殖系数减小,产生负效应。另一方面,冷却剂中硼酸浓度随之降低,冷却剂的中子吸收能力减弱,使有效增殖系数增加,产生正效应。这两个效应平衡的结果要保证慢化剂温度系数是负的。在反应堆工作温度(280 ~ 310℃)区间,硼浓度大于 1.4×10^{-3} 才会出现正慢化剂温度系数,因而,此浓度称为临界硼浓度。

4. 空泡系数

沸水堆允许冷却剂大量沸腾,而压水堆也允许冷却剂局部沸腾。沸腾产生气泡,其密度远小于液体的密度,因而气泡常作为冷却剂中的空泡来处理。反应堆内空泡占冷却剂体积的份额称为空泡份额或空泡率,记为 χ。空泡份额每变化 1% 所引起的反应性变化定义为反应性空泡系数(简称空泡系数),记为 α_V,即

$$\alpha_V = \frac{d\rho}{d\chi} \qquad (6.23)$$

对于压水堆和沸水堆来说,在冷却剂中出现空泡,冷却剂的密度急剧地降低,水对中子的慢化能力大幅降低,热中子数相对减小,引起有效增殖系数大幅下降。由式(6.23)可知,$\alpha_V < 0$。反应性空泡系数是负的对压水堆和沸水堆的安全来说是极其有利的。当反应堆局部区域的功率升高引起该区域冷却剂出现沸腾时,空泡明显地引起中子慢化弱化而立即引入大量的负反应性,自动抑制该区域的功率升高。

表6.2所示的是常见大型商用反应堆的典型反应性系数值。由表中数据可知,反应性空泡系数比其他的反应性系数要大1个数量级。压水堆出现破口事故引起反应堆内冷却剂沸腾时,负空泡系数能引入足够的负反应性以停止自持的链式裂变反应。而且,沸水堆还利用空泡份额与反应性和堆功率的关系,通过改变回路流量的办法,实现对堆功率的控制和调节。

表6.2 常见反应堆的典型反应性系数值

	BWR	PWR	HTGR
多普勒($\Delta k/k \times 10^{-6}\ \mathrm{K}^{-1}$)	4~1	4~1	7
冷却剂空泡($\Delta k/k \times 10^{-6}/\%\ \mathrm{void}$)	200~100	—	—
慢化剂($\Delta k/k \times 10^{-6}\ \mathrm{K}^{-1}$)	50~8	50~8	+1
膨胀($\Delta k/k \times 10^{-6}\ \mathrm{K}^{-1}$)	0	0	0

6.2.3 氙中毒与碘坑

热中子反应堆在运行过程中所产生的某些裂变产物,其中子吸收截面较大,故对反应性有明显的影响。习惯上,把这种裂变产物分为两大类:稳定或长寿命的裂变产物,称为"结渣";短寿命的,称为"毒物"。钐($^{149}\mathrm{Sm}$)是前者的重要例子之一,后者则主要是氙($^{135}\mathrm{Xe}$)。毒与渣对反应性的影响,称为反应性的毒渣效应,简称中毒效应。由于钐引起的反应性变化与氙的相似,因而在此仅以氙为例介绍中毒效应。

反应堆内燃料$^{235}\mathrm{U}$裂变后,一方面裂变本身产生一小部分$^{135}\mathrm{X}$,大约为5%;另一方面裂变产物$^{135}\mathrm{Te}$衰变成$^{135}\mathrm{I}$,$^{135}\mathrm{I}$继续裂变为$^{135}\mathrm{Xe}$(半衰期6.6 h),大约占95%。$^{135}\mathrm{Xe}$既可与热中子发生反应变为$^{136}\mathrm{Xe}$(热中子吸收截面为$2.6 \times 10^6\ \mathrm{b}$),同时也可衰变为$^{135}\mathrm{Cs}$(半衰期9.1 h),如图6.8(a)所示。

随着反应堆的启动,$^{135}\mathrm{Xe}$在反应堆内的浓度逐渐增加,经过30~40 g,反应堆内的$^{135}\mathrm{Xe}$达到平衡浓度。对于典型的压水堆,平衡氙浓度能引入的负反应性可达2 200 pcm。达到平衡浓度后,如果反应堆突然停堆,氙浓度随时间会发生变化,因而引起反应性的变化,并形成一些独特的物理现象,如图6.8(b)所示。由图6.7可知,Xe – 135的浓度在停堆后迅速地升高,停堆后大约10 h,出现极大值,之后逐渐下降。这是由堆内$^{135}\mathrm{I}$及$^{135}\mathrm{Xe}$的衰变过程共同造成的。

反应堆刚停闭时,随着热中子的消失,$^{135}\mathrm{Xe}$基本上不再因吸收中子而消失,而一段时间内，^{135}I 衰变成 ^{135}Xe 的速率却高于 ^{135}Xe 的衰变速率。因此，堆内出现 ^{135}Xe 的积累，^{135}Xe 的核密度随时间增长，由此引入的负反应性也随之增大。在 9～10 h 后，堆内 ^{135}I 浓度显著降低，氙的生成速率低于衰变速率，故氙的反应性毒性也随时间降低，其对应的负反应性经过极大值后逐渐变小。由于停堆后反应性要出现一个最小值，它又与 ^{135}I 的衰变密切相关，因而这种现象称为碘坑。值得说明的是，这个负反应性高峰与停堆前热中子通量密度 ϕ_T 有关。ϕ_T 越大，峰值越显著，当 $\phi_T \approx 10^{14}$ 中子/$(cm^{-2} \cdot s^{-1})$ 时，负反应性最大值已达 5 000 pcm 以上。

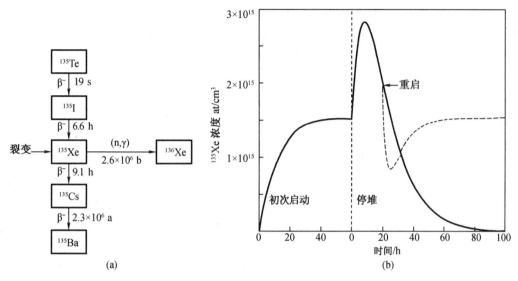

图 6.8　Xe－135 的嬗变链及碘坑

（a）嬗变链；（b）Xe－135 浓度的变化

6.3　反应堆的释热

　　在反应堆内，如果有足够的燃料和足够高的燃料富集度，反应堆所能达到的中子通量密度是非常高的，因此堆内能够产生的核裂变数和裂变能量也是非常大的。但是，反应堆内裂变产生的热量必须及时排出，否则堆芯内的温度会快速升高到堆芯材料允许使用的温度以上，使堆芯材料熔化。因此，一个反应堆可产生多少功率，是受热工条件限制的，而不是受核方面的约束。另外，反应堆的重大安全事故也都与堆内传热和冷却问题有关，例如燃料包壳烧毁、燃料熔化等重大事故都与堆内的传热和冷却有直接的关系。反应堆热工学主要研究反应堆燃料和结构材料的释热，燃料及包壳的热传导，包壳与冷却剂的对流传热等。为了保证反应堆的运行安全，在任何工况下都要及时有效地输出堆芯发出的热量。

6.3.1　正常运行时的释热

1. 释热的分布

　　反应堆的热源来自核裂变过程产生的能量，每次铀核裂变大约产生 200 MeV（ ＝3.2 × 10^{-11} J）能量。核裂变释放热能（简称释热）的分布与时间和空间有关。在时间上，这些能量约 86% 以上是在裂变的瞬时马上释放出来的,其余是在几秒至几年不等的时间释放出来,后一部分能量主要来源于各种放射性的核衰变。然而,对于一个以额定功率长时间运行的反应堆,裂变产物和中子俘获产物的衰变功率已基本达到平衡,因此可取裂变能和衰变能的稳定值作为能量计算的依据。

裂变能在空间上的分布与裂变产生的位置和裂变后产物的射程有关。例如裂变碎片在燃料中的射程大约为 0.012 7 mm,因此可以认为裂变碎片的能量全部在产生裂变的燃料内转变成热量。在热中子反应堆内,裂变产生的中子慢化成热中子的平均路程是几厘米到几十厘米,这样,裂变中子的能量大部分传递给了燃料元件外面的慢化剂。裂变产物衰变时所发射的 β 射线,大部分在堆内射程只有 1 cm 左右,其能量基本上都在燃料中转换成热能。γ 射线的穿透能力很强,属于长射程粒子,γ 射线的能量一部分被燃料所吸收,另一部分被结构材料、慢化剂和热屏蔽所吸收,这些能量最终转换成热量释放出来。

正如第 6.1.4 节所述的那样,对于稳态运行时的圆柱形均匀裸堆,反应堆堆芯内的功率分布在径向上满足零阶贝塞尔函数,在轴向上满足余弦函数,如图 6.5 所示。然而,均匀裸堆只是工程实际中堆芯分布的一个简化模型。例如大型商用压水堆的堆芯实际上是由上百个燃料组件组成的;每个燃料组件是一定数目燃料棒的一个阵列。而且,反应堆堆芯内还有控制棒用于控制反应性。这些实际的因素均会影响反应堆在正常稳态运行时的功率分布。

2. 燃料装载方式的影响

在早期的压水动力堆中,大多数采用燃料富集度均一的燃料装载方式,即所有燃料组件中铀 –235 的富集度是一样的。这种装料方式最大的优点是装卸料比较方便,至今在一些小型反应堆上仍采用这种装料方式。然而,对于大型商用核反应堆来说,这种装料方案的一个很大缺点是堆芯中央区会出现很高的功率峰值。在相同的冷却剂传热条件下,反应堆的最大体积释热率处是反应堆内燃料温度最高的地方,这常常作为反应堆设计中的限制条件。工程中,常常将最大体积释热率与平均体积释热率的比值称为核热管因子,这一因子越小,反应堆内的功率分布越均匀,反应堆的总热功率可以越大。对于有限大小圆柱体均匀裸堆,核热管因子的理论值是 3.64。

为了克服这一缺点,目前的大型商用反应堆通常采用燃料分区装载的方法。一般采用三种或多种不同富集度的燃料组件,富集度最高的燃料组件装在最外层,富集度最低的燃料组件装在中央区。由于燃料的体积释热率近似地正比于热中子通量密度与可裂变燃料核密度的乘积,这种装料方案可降低堆芯内区的功率水平而提高边缘区的功率水平,从而达到展平堆芯径向功率的目的。图 6.9(a)给出了分三区装载的情况,这种装料方法使功率在堆芯径向上展平,核热管因子降低至 2.3 的水平上。采用这种燃料装载方式的堆芯,在换料时,每次只更换一部分燃料,即把中心区燃耗最大的燃料从堆芯中卸出,将外区的燃料向内移,把新燃料装载在最外区腾出的空位上。这样,在平衡循环时,所有被取出的燃料都经过了三次循环,从而具有较深的燃耗。

简单三区装料虽然展平了反应堆的堆芯功率分布,但是引起了中子泄漏率增加和反应堆压力容器辐照损伤加剧这两个问题。为了避免这两个问题,采用了更加复杂的分区燃料装载方案,例如所谓的"插花"法,如图 6.9(b)所示。在平衡循环中,每次换料时都把新燃料组件均匀分布在整个堆芯中。例如,采用三批料的插花法时,每隔三个组件更换一个,而其他组件留在原位。堆芯中的燃料组件都分别标上号码,换料时可以按照编号次序更换燃料组件。在一次换料时,将编号 1 的燃料组件全部更换,将编号 2 的燃料组件换到编号 1 的位置,以此类推。这样可使新燃料组件和烧过的燃料组件交错排列,紧密地耦合在一起,从而可以提高烧过的燃料产生的功率。

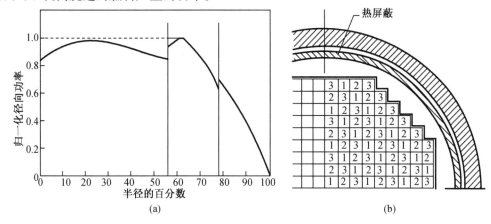

图 6.9　两种典型的分区装料方案

(a)简单三区装料方案;(b)插花式装料方案

3. 控制棒的影响

在反应堆中,为了控制反应性的变化,实现停堆,必须要布置控制棒。在有些船用反应堆中,全部的剩余反应性都是通过插入控制棒来补偿,控制棒的插入使堆芯内中子通量密度分布受到很大的扰动,如果控制棒布置得合理,在一定程度上可以改善中子通量密度在径向的分布。例如,在寿期初,堆芯中央区域内的某几根控制棒插入,可使堆芯中央区域的中子通量密度降低。为维持一定的反应堆功率,此时外区的中子通量密度就要提高,这样使堆芯径向上的功率分布比未插入控制棒情况更为均匀,如图 6.10(a)所示。

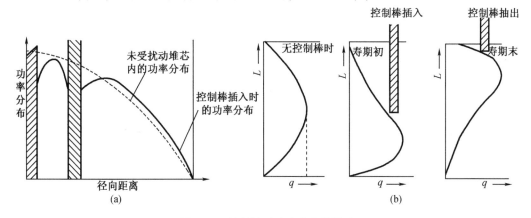

图 6.10　控制棒对功率分布的影响

(a)径向;(b)轴向

从轴向功率分布的角度来看,控制棒的插入对轴向功率分布产生不利的影响。以控制棒从堆芯上部插入的情况为例,在燃料循环的寿期初,部分插入的控制棒使中子通量密度分布的峰值偏向于堆芯下部。而在堆芯燃料循环的寿期末,控制棒向上提出,这时堆芯下部的燃耗较深,而顶部的燃耗较浅,可裂变核的密度较大,从而使中子通量密度的峰值偏向堆芯的上部,如图 6.10(b)所示。

6.3.2 停堆后的释热

反应堆停堆后,其热功率并不会立刻降到零,这是核动力装置与常规动力装置的重要差别之一。如图 6.11 所示,停堆后的反应堆功率呈现一个初期量大但衰减快,后期量小但连绵不绝的特点。例如,停堆后 1 s,总功率是停堆前运行功率的 20%(577 MW),10 s 后降低至 11%(315 MW),1 min 后降低至 4%(116 MW),5 min 后降低至 2.9%(83 MW),1 h 后降低至 1.5%(42 MW),24 h 后降低至 0.6%(18 MW),72 h 后仍有 0.4%(12.9 MW),一个月后仍有 0.2%(5.7 MW),一年后仍有 0.08%(2.4 MW)。其中,括号中的数据是按照大亚湾核电站的热功率 2 895 MW 计算的功率。具体来说,反应堆停堆后的总功率由剩余裂变功率、裂变产物的衰变功率和中子俘获产物的衰变功率三个部分组成。

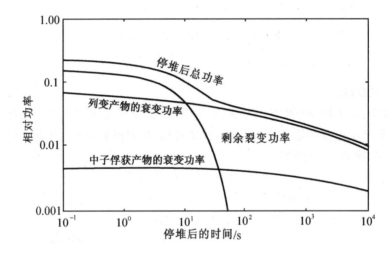

图 6.11 压水堆停堆后的功率(停堆前运行了无限长时间)

1. 剩余裂变功率

在反应堆刚停堆时,裂变产物衰变过程中还能释放缓发中子,这些缓发中子在短时间内还会引起裂变并释放能量,这部分功率称为剩余裂变功率。对于以铀为燃料的反应堆,其剩余裂变功率与停堆前运行功率的比值 F_1 一般按照指数规律衰减:

$$F_1 = 0.1e^{-0.1t} \qquad (6.24)$$

式中,t 为时间,s。

由式(6.24)可知,在停堆后 1 s,剩余裂变功率约为初始功率的 13.5%;停堆后 5 s,约为 9%;停堆后 10 s,约为 5.5%;停堆后 30 s,约为 0.7%;停堆后 60 s 以后基本可以忽略不计了。由图 6.11 中的曲线可知,停堆后的 10~20 s 内,剩余裂变功率是反应堆停堆后释热的主体。

2. 裂变产物的衰变功率

由图 6.11 中曲线可知,随着剩余裂变功率的迅速衰减,大约停堆后 30 s,裂变产物的衰变功率开始成为停堆后总释热的主体,并一直是停堆后总功率的主要贡献者。裂变产物的衰变功率是它们在衰变过程中放出 β、γ 射线产生的功率。实际上,裂变产物的衰变功率与反应堆停堆前的运行时间有关。在反应堆稳定运行了无限长时间的情况下,裂变产物的衰变功率与停堆前运行功率的比值 F_2 按照幂函数规律衰减:

$$F_2 = At^{-\alpha}/200 \tag{6.25}$$

其中,常数 A 和 α 如表 6.3 所示。式(6.25)与实验结果的误差在 ±10% 以内。

表 6.3　式(6.25)中的常数

时间间隔/s	$0.1 \sim 10$	$10 \times 10^2 \sim 1.5 \times 10^2$	$1.5 \times 10^2 \sim 4 \times 10^6$	$4 \times 10^6 \sim 2 \times 10^8$
A	12.05	15.31	26.02	53.18
α	0.063 9	0.180 7	0.283 4	0.335 0

3. 中子俘获产物的衰变功率

中子俘获产物的衰变功率主要是中子俘获产物在衰变过程中放出 β、γ 射线产生的功率。与其他两项相比,这一项相对较小,最初仅占停堆后总功率的 1.4%,随着剩余裂变功率的快速衰减,在停堆后 24 h 左右达到峰值,占停堆后总功率的 18%,此后又逐渐减小。对于以铀为燃料的反应堆来说,中子俘获产物中对衰变功率贡献最大的是铀 – 238 吸收中子后产生的铀 – 239($T_{1/2} = 23.5$ min)和由它衰变成的镎 – 239($T_{1/2} = 2.35$ d)的 β、γ 辐射。除此之外,其他产物的衰变功率都很小。中子俘获产物的衰变功率与停堆前运行功率的比值 F_3 按指数规律衰减:

$$F_3 = 2.28 \times 10^{-3} C(1 + \alpha)\exp(-4.91 \times 10^{-4} t) + 2.19 \times$$
$$10^{-3} C(1 + \alpha)\exp(-3.41 \times 10^{-6} t) \tag{6.26}$$

其中,C 为转换比,α 为俘获裂变比。对于以铀为燃料的反应堆来说,$C = 0.6$,$\alpha = 0.2$。

综上所述,在反应堆停堆后,由于反应堆继续释放大量的热量,因而还必须继续对反应堆进行冷却。如果这些热量在正常运行条件下或者事故条件下不能被顺利排出反应堆,反应堆仍然有可能面临熔化的风险。现代压水堆一般都有多重的冷却措施,以保证堆芯的安全。这些措施如下:

(1)利用堆芯余热排出系统或堆芯应急冷却系统;

(2)增加主循环泵的转动惯量以应对主泵失去电源时初始阶段的排热,例如在电机轴上加飞轮;

(3)利用非能动余热排出系统,以便在失去主循环泵动力时排出堆内热量。

6.4　反应堆内的导热和输热

反应堆在正常功率运行时和停堆后的释热主要沉积在堆芯的燃料棒内,将这些能量从燃料元件乃至堆芯中输运出来才能被转化和利用。这些能量输送到反应堆外一般要经过三个过程:燃料元件内的热传导、燃料元件表面与冷却剂之间的对流传热、冷却剂流动将热量传到堆外的输热。无论是热传导、对流传热,还是冷却剂流动输热,这三个过程均与燃料元件本身的形状及其排布方式有关。

对于大型商用压水堆,反应堆堆芯通常是由一百多个如图 6.12(a)所示的正方形燃料组件组成的。每个燃料组件由棒状燃料元件、控制棒和测量仪表导向管等按 17×17 陈列排列而成,冷却剂自下而上纵向流过燃料元件等的表面。图 6.12(b)所示的是四根燃料元件及其组成的冷却剂流道。整个燃料组件乃至整个堆芯几乎是由这样的栅元组成,因而将其称为单位栅元。每根燃料棒从内到外分别是燃料芯块、气隙和包壳,如图 6.12(c)所示。

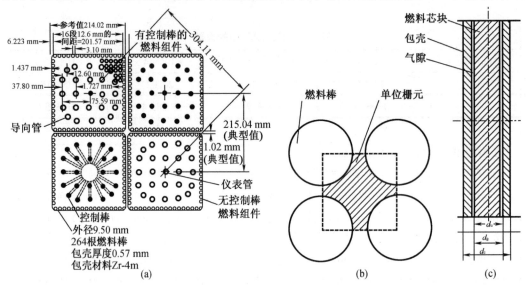

图 6.12　燃料组件与冷却剂流道
(a)四个燃料组件;(b)冷却剂流道的单位栅元;(c)燃料棒

6.4.1　燃料元件内的热传导

棒状燃料元件具有加工简单、使用方便、传热性能好等优点而被广泛采用。为了方便地分析燃料元件内的热量传递过程,采取以下假设:

(1)棒状燃料元件内的热传导过程是稳态的,即热传导过程不随时间发生变化。

(2)由于燃料元件的直径较小(6~10 mm),长度较长(3~6 m),燃料芯块内产生的热量主要沿径向向外传导,因此忽略长度方向的传热,并假设分段的燃料芯块为一个整体,不再考虑燃料芯块的实际长度。

(3)通常情况下燃料元件周围的冷却条件是一样的,因而不考虑圆周方向上的温度变化和导热。

(4)燃料元件所含材料的热物性不随温度发生变化。

在上述假设下,燃料元件内的导热过程实际上已经简化为含内热源的一维稳态导热问题。

1. 燃料芯块径向温度分布与线功率密度

燃料芯块内的导热过程满足圆柱坐标系下含内热源的一维导热微分方程:

$$\frac{1}{r}\frac{\partial}{\partial r}\left(r\frac{\partial T}{\partial r}\right)+\frac{q_{\mathrm{v}}}{k_{\mathrm{u}}}=0 \tag{6.27}$$

式(6.27)的边界条件可写为

$$\begin{cases} r = 0, \mathrm{d}T/\mathrm{d}r = 0 \\ r = 0, T = T_\mathrm{m} \end{cases}$$

其中,T_m 是元件中心的温度,℃;q_v 是燃料芯块单位体积发出的热量,$\mathrm{W/m^3}$;k_u 是燃料芯块的导热系数,$\mathrm{W/(m \cdot K)}$。求解方程(6.27)可得燃料芯块内径向的温度分布为

$$T(r) = T_\mathrm{m} - \frac{q_\mathrm{v} r^2}{4 k_\mathrm{u}} \tag{6.28}$$

由式(6.28)可知,燃料芯块内的温度分布呈抛物线形。令式(6.28)中 $r = r_\mathrm{u}$(r_u 为燃料芯块半径),可得燃料芯块的表面温度 T_u 为

$$T_\mathrm{u} = T_\mathrm{m} - \frac{q_\mathrm{v} r_\mathrm{u}^2}{4 k_\mathrm{u}} \tag{6.29}$$

在稳态条件下,根据能量守恒原理,通过燃料芯块表面的热流率 q_s(在单位时间内燃料芯块表面传递出的热量,单位为 W)等于单位时间内由该半径范围内燃料释放出的总热量,即

$$q_\mathrm{s} = \pi r_\mathrm{u}^2 L q_\mathrm{v} \tag{6.30}$$

将式(6.29)代入式(6.30)消去 q_v 可得燃料芯块的热流率为

$$q_\mathrm{s} = 4 \pi k_\mathrm{u} L (T_\mathrm{m} - T_\mathrm{u}) \tag{6.31}$$

那么,燃料芯块中心与表面温度的差为

$$T_\mathrm{m} - T_\mathrm{u} = \frac{q_\mathrm{s}}{4 \pi k_\mathrm{u} L} = \frac{q_1}{4 \pi k_\mathrm{u}} \tag{6.32}$$

其中,$q_1 = q_\mathrm{s}/L$,称为线功率密度,它表示单位时间单位长度上燃料芯块表面传递出的热量,单位为 $\mathrm{W/m}$。

由式(6.31)和式(6.32)可知,在常导热系数的条件下,燃料芯块的表面热流量和线功率密度仅与芯块的导热系数、中心温度和表面温度之差有关,与燃料芯块直径无关。换句话说,燃料芯块的中心温度主要取决于其线功率密度和表面温度,与燃料芯块直径无关。线功率密度不仅能用于衡量反应堆的功率密度,而且能衡量燃料中心的最高温度,因而它成为燃料元件设计时的一个重要参数。

2. 气隙和包壳的导热

在棒状燃料元件内,燃料芯块与包壳之间存在间隙。在传热计算时,如果不考虑燃料芯块的肿胀等,可把间隙看作一个均匀环形薄层;热量依靠气体的导热通过这一薄层。由于这一层氦气无内热源,其一维的导热微分方程为

$$\frac{1}{r} \frac{\mathrm{d}}{\mathrm{d}r} \left(r \frac{\mathrm{d}T}{\mathrm{d}r} \right) = 0 \tag{6.33}$$

式(6.33)的边界条件为

$$\begin{cases} r = r_\mathrm{u}, T = T_\mathrm{u} \\ r = r_\mathrm{u} + \delta_\mathrm{g}, T = T_\mathrm{g} \end{cases}$$

其中,T_u,T_g 分别为燃料芯块和包壳外表面的温度,℃;δ_g 为气隙厚度,m;r_u 为燃料芯块的外径,m。求解式(6.33)可得间隙内的温度分布为

$$T(r) = T_\mathrm{u} - \frac{T_\mathrm{u} - T_\mathrm{g}}{\ln \left(1 + \dfrac{\delta_\mathrm{g}}{r_\mathrm{u}} \right)} \ln \left(\frac{r}{r_\mathrm{u}} \right) \tag{6.34}$$

气隙外表面处的温度梯度为

$$\frac{dT}{dr}\bigg|_{r_g} = -\frac{T_u - T_g}{\ln(1 + \frac{\delta_g}{r_u})} \cdot \frac{1}{r_g} \tag{6.35}$$

根据傅里叶定律,知

$$q'' = -k_g \frac{dT}{dr} \tag{6.36}$$

可得

$$T_u - T_g \overset{\perp}{=} \frac{q''r_g}{k_g}\ln\left(\frac{r_g}{r_u}\right) = \frac{q_l}{2\pi k_g}\ln\left(\frac{r_g}{r_u}\right) \tag{6.37}$$

式中,q''为热流密度,即单位时间内通过单位面积传导的热量,W/m^2;k_g为间隙内气体的热导系数,$W/(m \cdot K)$;r_g为气隙的外径,$r_g = r_u + \delta_g$,m。

燃料包壳管是一个无内热源的导体。从导热的角度来说,它与气隙一样,满足相同的导热方程。利用相同的推导过程,包壳内外表面的温差为

$$T_g - T_c = \frac{q_l}{2\pi k_c}\ln\left(\frac{r_c}{r_g}\right) \tag{6.38}$$

式中,$r_c = r_g + \delta_c$,为包壳外表面的半径,m;T_c是包壳的外表面温度,℃;k_c是包壳的导热系数,$W/(m \cdot K)$。

式(6.32)、(6.37)和(6.38)相加可得

$$T_m - T_c = \frac{q_l}{\frac{1}{4\pi k_u} + \frac{1}{2\pi k_g}\ln\left(\frac{r_g}{r_u}\right) + \frac{1}{2\pi k_c}\ln\left(\frac{r_c}{r_g}\right)} \tag{6.39}$$

由式(6.39)可知,为了确定燃料中心的最高温度,除了几何尺寸和导热系数,需要已知燃料包壳的外表面温度T_c。T_c的大小与燃料表面的传热特性有关,也与冷却剂温度有关。

6.4.2 燃料元件表面的传热

1. 牛顿冷却公式与表面对流传热系数

在核反应堆内,核燃料裂变所产生的热量主要通过燃料元件包壳表面传给冷却剂。这种由流体和固体壁面直接接触并依靠流体的宏观运动进行的传热称为对流传热。在反应堆任意高度位置处,冷却剂与燃料包壳表面之间的对流传热满足牛顿冷却公式:

$$q_c'' = \frac{q_l}{2\pi r_c} = h_f(T_c - T_f) \tag{6.40}$$

式中,q_c''表示在单位时间内单位面积上燃料包壳与冷却剂间的传热量,W/m^2;h_f是燃料包壳的表面对流传热系数,$W/(m^2 \cdot K)$;T_f是冷却剂的温度,℃。

燃料包壳的表面对流传热系数h_f可定量表征燃料包壳表面与冷却剂间对流传热的强弱和大小。对流传热过程的热量传递依靠两种机制:一是流体的热对流,流体质点的宏观运动把热量由一处带到另一处;二是流体内的导热,流体质点内分子的热运动将热量从一处传递至另一处,如同燃料元件内导热一样。实际上,对流传热是流体内热对流与热传导两个机制耦合作用的结果。所有一切支配这两种作用的因素和规律,诸如流动起因、流动状态、流

体种类、流体的物性、壁面几何参数、是否发生相变等都会影响对流传热过程,它是一个比较复杂的物理现象。

2. 表面对流传热系数的影响因素

①流动的起因与状态的影响

流动状态及其强弱对对流传热系数具有十分重要的影响。流动状态利用雷诺数 $Re = ud/\nu$ 来表征。由雷诺数的定义可知,在其他条件相同时,流速增加,Re 也增大,对流传热系数将随之变大,这是由于 Re 增大时传热过程中的对流传递作用将相应得到加强。根据雷诺数的大小,一般把流动状态分为层流与紊流,通常紊流时的传热比层流强。

在分析流动状态影响时,还需要结合流体在流道内的流动起因。流体流动的起因有自然对流和强迫流动两种。自然对流是流体因各部分温度不同而引起的密度差异所产生的流动。强迫流动是流体在外力的驱动下受迫流动。一般来讲,强迫流动的流速高,而自然对流的流速低,故强迫流动的传热系数高,而自然对流的传热系数低。强迫流动是需要消耗外部能量的,而自然对流不需要消耗外部能量。

②物理性质的影响

不同的流体,其物理性质不一样,因而即使在其他条件相同的情况下,它们的传热系数也会不同。例如,水的传热系数一般为 $100 \sim 1\ 000\ W/(m^2 \cdot K)$,比空气[$10 \sim 100\ W/(m^2 \cdot K)$]要高得多。影响流体传热的物理性质主要是比定压热容、导热系数、密度、黏度等。导热系数较大的流体,流体内和流体与壁面之间的导热率大,传热能力就强。以水和空气为例,水的热导率是空气的 20 多倍,故水的对流传热系数远比空气高。

比定压热容和密度大的流体,单位体积能够携带更多的热量,故以对流作用转移热量的能力就大。例如,常温下水的比定压热容为 $4\ 186\ kJ/(kg \cdot K)$,而空气为 $121\ kJ/(kg \cdot K)$,两者相差很大,这就造成了它们的对流传热系数的巨大差别。

对于黏度而言,一般来说,黏度越大传热系数越小。流体的种类(相态)会影响黏度的大小,通常液体(液态)的黏度比气体(气态)的大。除了流体的种类,温度对流体的黏度也有较大的影响,例如油。对于液体,黏度随温度升高而降低,气体的黏度则随温度升高而升高。这是由于气体分子间距离比较大,分子内聚力小,故黏度主要由分子热运动的程度来决定。温度升高,分子热运动越剧烈,因而黏度也相应升高。

③传热表面的几何影响

传热表面的几何因素主要指传热表面的形状、大小、运动流体与传热表面的相对位置,以及传热表面的状态(光滑程度)。这些因素对流体在传热表面上的运动状态、速度分布、温度分布都有很大影响,进而对表面传热系数有明显的影响。在实际的传热计算时,传热表面条件通常以特征尺寸的方式体现其对传热系数的影响。因而,应采用对传热有决定影响的特征尺寸作为计算的依据,这个尺寸称为定性尺寸。例如,在流体纵向流过棒束时可选栅元的当量直径作为定性尺寸。对于如图 6.12(b) 所示的单位栅元,其当量直径为

$$D_e = 4 \times \frac{流通面积}{湿周} = 4(p^2 - \pi d^2/4)/(\pi d) \tag{6.41}$$

式中　p——燃料元件间的节距,m;

　　　d——燃料元件的直径,m。

④有无相变

在对流传热过程中,流体可能会发生相变,例如液相变为气相(沸腾)或者气相变为液相(凝结)。流体是否发生相变对对流传热有十分明显的影响,例如,水沸腾时,表面对流传热系数在 2 500～35 000 之间变化。水蒸气凝结时,传热系数在 5 000～25 000 的范围内。这是由于在流体没有相变时,对流传热交换的热量仅仅是流体的显热,流体发生相变时对流传热交换的是流体的相变热(潜热)。

根据这些因素的不同,对流传热常见的分类如图 6.13 所示。在压水堆正常运行时,堆芯内的冷却剂与燃料元件表面的对流传热属于无相变的外部强迫流动中的外掠圆管管束的对流传热。虽然冷却剂在正常条件下是单相对流换热,但是在一些事故条件下,反应堆内部还会发生其他的对流传热方式。如果驱动冷却剂的泵发生故障,那么冷却剂在堆芯内的传热就会从强迫对流传热转变为自然对流。在功率比较大、流速比较低时或者失去压力时,冷却剂可能直接发生从单相对流传热变为管束外的流动沸腾传热。

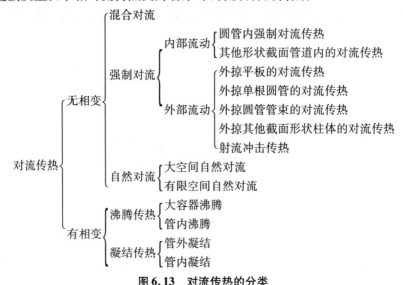

图 6.13 对流传热的分类

3. 单相强迫对流传热系数计算

在正常运行时,冷却剂平行流经棒状燃料元件棒束,其单位栅元如图 6.12(b)所示。对于这样的流道,单相强迫对流传热过程的简单估算可采用圆管内流动的传热系数关联式,如 Dittus – Boelter 关联式:

$$Nu = 0.023 Re^{0.8} Pr^{0.4} \tag{6.42}$$

式中,Nu 为努赛尔数,表征无量纲的表面对流传热系数,$Nu = hD_e/\lambda$;Re 为雷诺数,$Re = \rho u D_e/\mu$;Pr 为普朗特数,是运动黏度与热扩散系数之比。Re 的适用范围:$1.0 \times 10^4 \sim 1.2 \times 10^5$;$Pr$ 数的适用范围为 0.7～120。Dittus – Boelter 关联式被广泛用于管内的单相强迫对流传热。

实际上,由于冷却剂流经棒束时所形成的速度场和温度场与圆管的情况有区别,较精确地计算时,Dittus – Boelter 关联式不能简单地适用棒束。影响棒束内传热的主要因素是元件棒的节距 p(两棒之间的中心距)和元件棒直径 d 的比值 p/d。常见的燃料棒束表面的传热系数计算公式较多,以适应不同的燃料组件形式与尺寸等。对于常见的正方形排布,Weisman 关联式为

$$Nu = [0.042(p/d) - 0.024] Re^{0.8} Pr^{0.4} \tag{6.43}$$

式中,燃料元件节距与直径在 $1.1 \leqslant p/d \leqslant 1.2$ 的范围内。由于该公式是从 Dittus – Boelter 关联式修改而来,因而其适用范围与 Dittus – Boelter 公式基本相同。

4. 沸腾传热

在现代大型商用压水堆电厂中,正常工况下允许堆芯内出现一定程度的过冷沸腾。这样不但可以提高燃料元件表面的对流传热系数,而且可以提高反应堆的平均出口温度,从而使电站的总体热效率提高。在事故条件下,如反应堆失去压力,压水堆内也会出现大面积的沸腾过程,可能引起燃料元件表面传热的恶化,甚至烧毁。因此,目前在反应堆热工水力的研究中,沸腾传热的研究具有十分重要的意义,不仅仅是影响传热能力,而且可能引起安全问题。

①沸腾传热曲线

沸腾传热比单相对流传热要复杂得多。经过大量的实验研究发现,加热表面的热流密度 q'' 与壁面和流体饱和温度的温差(称为壁面过热度)ΔT 之间存在确定的关系,如图 6.14 所示,有时将图中曲线称为沸腾曲线。需要说明的是,此处所述的热流密度是指液体能带走的热量,当加热壁面温度能维持稳定时,它与加热表面发出的热流密度相等。

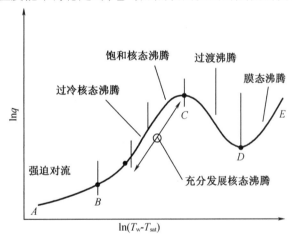

图 6.14　流动沸腾及其沸腾曲线

曲线的 A—B 段表示纯液相的单相对流换热区,即不沸腾区。在这个区域,加热表面的温度高于冷却剂的温度,但低于冷却剂当地压力下的饱和温度,加热表面不会有气泡产生。热流密度 q'' 随着 ΔT 的升高而缓慢增加,加热表面的温度也逐渐升高。在自然对流情况下,q'' 大约与 ΔT 的 1.25 次方成正比;在强迫对流情况下 ΔT 的指数大于 1.25。

当加热壁面温度超过饱和温度时,加热表面开始产生气泡(ONB),一开始气泡较少并且不能脱落,当壁面过热度进一步增加后,气泡开始从加热壁面上脱落(NVG),而且气泡产生和脱落的频率随着壁面过热度 ΔT 的升高而增加。气泡不断地从加热表面产生和脱离,使加热面附近的流体产生很大的搅动,因此对流传热系数(也称为沸腾传热系数)比单相对流传热大许多。在 B—C 段中,气泡搅混使传热系数提高,故在中等壁面过热度下,可以达到很大的热流密度。在这一段中,加热表面的气泡是孤立的或呈气柱形态,因而称为核态沸腾或泡核沸腾,这一区域称为核态沸腾区或泡核沸腾区。

图 6.14 中的 C 点是沸腾传热中非常关键的一点。当热流密度达到 C 点所对应的值时,加热表面上的气泡连成一片,并覆盖在部分加热面上。由于汽膜的传热能力远低于液体,加热面的温度会很快升高,从而烧毁加热表面。C 点有许多不同的名字,例如沸腾临界点、偏离泡核沸腾(Departure from nuclear boiling,DNB)点,此点对应的热流密度常称为临界热流密度(Critical heat flux,CHF)。

当壁面过热度超过 C 点所对应的值时,沸腾传热进入 C—D 段,即过渡沸腾区域。在这个区域,加热表面上形成一片一片的汽膜,但是这些气泡膜是不稳定的,加热面时而被汽膜覆盖,时而被水覆盖。由于气泡膜起到部分热绝缘的作用且从加热表面脱落不顺畅,因此这一区域内随壁面过热度不断升高,加热表面的流密度却不断下降。

随着壁面过热度的不断升高,汽膜覆盖的百分比增加,达到 D 点时,加热面上形成稳定的汽膜,进入稳定的膜态沸腾区域。加热面上形成稳定的蒸汽膜后,汽膜周期性地释放出蒸汽。由于液体主流与加热壁面之间被汽膜隔开,所以对流传热强度大大削弱。但是,随着壁温的迅速升高,辐射传热量增加,所以沸腾曲线又恢复为上升形式,即热流密度随壁面过热度的升高而增加。但是,通常来说,膜态沸腾阶段曲线的斜率较泡核沸腾阶段低,即热流密度增长较慢。

②临界热流密度计算关系式——W – 3 关系式

在实际过程中,过渡沸腾区域并不能稳定存在,一旦加热表面上的沸腾偏离核态沸腾,壁面过热度会迅速地从 C 点过渡至 E 点。E 点温度可能超过加热表面的熔点温度,这意味着加热壁面熔毁。在工程实际中,加热表面达到临界热流密度即认为加热壁面熔毁。对于反应堆来说,燃料元件包壳的熔毁是不可接受的。也就是说,当燃料元件内的核燃料释热率超出临界热流密度时,核燃料释热的热量无法被冷却剂完全带走,包壳的温度会不断升高直至熔毁,因而燃料元件的释热率受到临界热流密度的限制。为此,临界热流密度的确定是反应堆热工设计的一个最重要的内容。

目前各种资料发表的计算临界热流密度的公式很多,这些公式都是根据实验数据拟合整理而成的。汤烺孙等人对压水堆运行参数范围的沸腾临界数据进行了分析整理,他们认为临界热流密度与冷却剂的质量含气率 x,压力 P,流量 G,流道水力直径 D_e 和入口冷却剂的焓值有关。在均匀热流密度情况下,临界热流密度公式(W – 3 公式)为

$$\begin{aligned}
q''_{\text{crit,EU}} = 3.\,154 \times 10^6 \big\{ &(2.\,022 - 6.\,238 \times 10^{-8}P) + (0.\,172\,2 - 1.\,43 \times 10^{-8}P) \times \\
&\exp\big[(18.\,177 - 5.\,987 \times 10^{-7}P)x \big] \big\} \big[1.\,157 - 0.\,869x \big] \times \\
&\Big[(0.\,148\,4 - 1.\,596x + 0.\,172\,9x|x|)\Big(\frac{G}{10^6}\Big) \times 0.\,204\,8 + 1.\,037 \Big] \times \\
&[0.\,266\,4 + 0.\,835\,7\exp(-124D_e)] \times \\
&[0.\,825\,8 + 0.\,341 \times 10^{-6}(H_{\text{sat}} - H_{\text{in}})] F_{\text{s}}
\end{aligned} \tag{6.44}$$

式中　　$q''_{\text{crit,EU}}$——轴向均匀加热时的临界热流密度,W/m^2;

P——系统压力,MPa;

G——冷却剂的质量流速,$\text{kg/(m}^2 \cdot \text{h)}$;

H_{sat}——饱和水的焓,J/kg;

F_{s}——定位格架修正因子。

式(6.44)的适用范围为$G = 2.44 \times 10^6 \sim 24.4 \times 10^6 \ \mathrm{kg/(m^2 \cdot h)}$；$P = 6.677 \sim 15.39 \ \mathrm{MPa}$；通道高度$L = 0.254 \sim 3.66 \ \mathrm{m}$；通道当量直径$D_e = 0.53 \times 10^{-3} \sim 1.78 \times 10^{-3} \ \mathrm{m}$；加热周长与湿润周长之比为$0.88 \sim 1.0$；入口水焓$H_{in} > 9.3 \times 10^5 \ \mathrm{J/kg}$；热力学含汽率$x$为$-0.15 \sim 0.15$。

定位格架修正因子F_s是考虑定位格架搅混因素对临界热流密度影响的修正系数。对于目前通常使用的蜂窝状定位格架，该修正因子可用式(6.45)进行计算：

$$F_s = 1.0 + 0.03(G/4.882 \times 10^6)(a/0.019)^{0.35} \tag{6.45}$$

a是定位格架的混流扩散系数：

$$a = \varepsilon/Wp \tag{6.46}$$

式中　ε——交混系数，$\mathrm{m^2/s}$；

　　　W——冷却剂轴向流速，$\mathrm{m/s}$；

　　　p——两相邻棒间的节距，m。

当温度在260 ℃至300 ℃之间时，有$F_s = 0.019 \sim 0.060$。

W－3公式是在不同的实验回路上测得的几千个实验数据回归后得到的。W－3公式的计算值与实验测量值如图6.15所示，结果表明W－3公式的计算值与实验值的偏差在$-23\% \sim 23\%$之间，符合得较好。

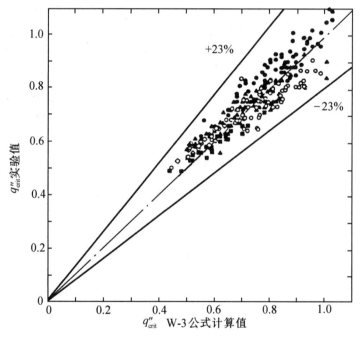

图6.15　W－3公式与实验数据的比较

6.4.3　冷却剂的输热与焓升

在压水堆内，冷却剂自下而上流过燃料元件的表面，通过对流传热带走燃料元件传出的热量，冷却剂自身的温度不断升高。从燃料元件底部(堆芯入口)到顶部(堆芯出口)的冷却剂温升(焓升)可定量地描述冷却剂从燃料元件表面带走的热量。由式(6.39)和(6.40)可知,只有确定了燃料元件高度上每个位置处冷却剂的温度,才能确定每个轴向位置处燃料包壳的温度,乃至每个高度上燃料芯块的中心温度。

基于如图 6.12(b)所示的单位栅元,可计算冷却剂在反应堆高度方向上的温升或焓升。对于单位栅元,栅元内的冷却剂与栅元外的冷却剂可以进行质量、动量和能量的交换。为了计算的方便,最简单的计算模型是假设单位栅元通道是闭式的,即不考虑不同栅元之间流体的交混,这样的模型称为单通道模型。虽然单通道模型看似简单地处理了冷却剂在堆芯内的焓值变化,但是分析表明,它可为设计人员提供指导性的结果,其最大的不足是计算结果比较保守。

冷却剂由堆芯入口流到堆芯某一高度 z 处吸收的热量为

$$G\Delta H = \frac{p'}{A}\int_{-\frac{L}{2}}^{z} q''(z)\,\mathrm{d}z \tag{6.47}$$

式中　G——冷却剂的质量流速,$\mathrm{kg/(m^2 \cdot s)}$;

　　　ΔH——从堆芯入口到 z 处冷却剂的焓升,$\mathrm{J/kg}$;

　　　p'——通道的加热周长,也是通道内流体的湿润周长,m;

　　　A——流道的横截面积,$\mathrm{m^2}$;

　　　$q''(z)$——在轴向位置 z 处燃料元件的平均热流密度,$\mathrm{W/m^2}$。

式(6.47)式可改写成焓升的形式:

$$\Delta H = \frac{4}{D_e G}\int_{-\frac{L}{2}}^{z} q''(z)\,\mathrm{d}z \tag{6.48}$$

在无相变的情况下,焓升可进一步改写成温升:

$$c_p(T_f(z) - T_{in}) = \frac{4}{D_e G}\int_{-\frac{L}{2}}^{z} q''(z)\,\mathrm{d}z \tag{6.49}$$

式中　c_p——比定压热容,$\mathrm{J/(kg \cdot \mathscr{C})}$;

　　　$T_f(z)$——z 处冷却剂的平均温度,$\mathscr{C}$;

　　　T_{in}——堆芯入口处的冷却剂平均温度,$\mathscr{C}$。

由核反应堆物理的分析可知,在没有控制棒等干扰的情况下,均匀裸堆堆芯轴向的热流密度分布满足余弦函数分布,即

$$q''(z) = q''_c \cos\left(\frac{\pi z}{L_0}\right) \tag{6.50}$$

式中　q''_c——通道中央($z=0$)的热流密度,$\mathrm{W/m^2}$;

　　　L_0——通道的外推长度,m。

代入式(6.49)可得

$$T_f(z) = T_{in} + \frac{4}{D_e G c_p}\int_{-\frac{L}{2}}^{z} q''_c \cos\left(\frac{\pi z}{L_0}\right)\mathrm{d}z \tag{6.51}$$

积分后可得

$$T_f(z) = T_{in} + \frac{4 L_0 q''_c}{D_e G c_p \pi}\left(\sin\frac{\pi z}{L_0} + \sin\frac{\pi L}{2 L_0}\right) \tag{6.52}$$

如果忽略外推长度的影响 $L = L_0$,则

$$T_f(z) = T_{in} + \frac{4 L_0 q''_c}{D_e G c_p \pi}\left(1 + \sin\frac{\pi z}{L_0}\right) \tag{6.53}$$

图 6.16 示出了式(6.53)的结果。利用式(6.53)和式(6.40),结合能量守恒可得燃料包壳和燃料芯块中心温度在核反应堆高度上的分布,如图 6.16 所示。由图中曲线可知,从燃料元件底部到顶部,冷却剂不断地吸收热量,温度不断地升高。与冷却剂温度不同的是,燃料包壳和燃料芯块的温度在堆芯某个位置处出现了极大值,这是冷却剂温度和堆芯轴向功率分布相互作用的结果。

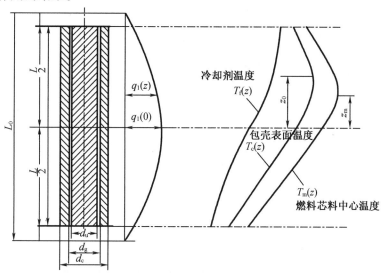

图 6.16　燃料包壳表面及冷却剂的轴向温度分布

思考题

1. 简述热中子反应堆内中子的循环过程及临界条件。
2. 为什么热中子反应堆中通常选用轻水作慢化剂?
3. 简述反应性负温度系数对反应堆运行安全的作用。
4. 简述缓发中子对反应堆的作用。
5. 简述反应堆停堆后余热的组成部分。
6. 将堆芯燃料核反应释热量传输到反应堆外,依次经过哪三个过程?

第7章 核动力装置系统与运行

核动力装置将核反应堆内核燃料裂变产生的能量经传导、传输、分配后转换为机械能或电能，满足动力推进或电力供应的需要。目前电站核动力装置中一半以上为压水堆，船舶核动力装置更以压水堆为主，因而本章以压水堆核动力装置为主线介绍核动力装置的系统组成与运行。船舶用和电站用压水堆同根同源，两者的系统设置与运行具有很大的相似性，因此本章介绍的压水堆核动力装置的系统和运行适用于这两者，而对船舶核动力装置特殊之处将予以特别的说明。

7.1 核动力装置系统

7.1.1 概述

核动力装置指利用核反应堆产生的能量提供推进动力和其他所需能源(如电力、蒸汽、热水、压缩空气、压力液体等)的机械、设备和系统的总称。对于压水堆核电厂，压水堆核动力装置主要由一回路系统及其辅助系统和二回路系统这两部分组成，其原理流程如图7.1所示。一回路系统以及一回路辅助系统位于核岛内，二回路系统和发电系统位于常规岛内。

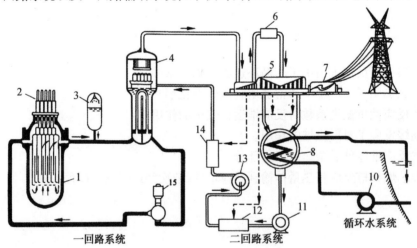

图7.1 压水堆核动力装置原理流程图

一回路系统通常由反应堆1、反应堆冷却剂泵(主泵)15、蒸汽发生器4、稳压器3及相应的管道组成。一回路内高温高压的冷却剂由主泵15输送，流经反应堆1，吸收堆芯核裂变放出的能量，进入蒸汽发生器4一次侧(通常是管内侧)，通过蒸汽发生器传热管，将热量传递给蒸汽发生器的二次侧给水，然后再由主泵唧送回反应堆。

二回路系统通常由汽轮机5，凝汽器8，凝结水泵11，低压给水加热器12，除氧器、给水泵 13,高压给水加热器 14,蒸汽发生器 4,汽水分离再热器 6 及相应的管道组成。蒸汽发生器二次侧给水被一回路冷却剂加热成高温高压的水蒸气,推动汽轮机 5 转动,带动发电机 7 发电。从汽轮机排出的乏汽进入凝汽器 8 重新被冷凝成水,经凝结水泵 11 输送进入低压给水加热器 12 吸热升温和除氧器除氧,给水由给水泵 13 再加压,经高压给水加热器 14 再升温后,进入蒸汽发生器,再次被加热成水蒸气。

7.1.2　一回路系统

一回路系统又称为反应堆冷却剂系统或主冷却剂系统,其基本功能是维持反应堆内核燃料的链式裂变反应,并用冷却剂将堆芯产生的热能带至蒸汽发生器,加热二回路系统的给水以产生供应二回路系统汽动设备所需的高温高压蒸汽。它的作用相当于常规蒸汽动力装置中的锅炉,因此一回路系统也称为核蒸汽供应系统。

除了将反应堆堆芯产生的热量传送到蒸汽发生器,作为核动力装置的核心系统,一回路系统还具有如下的功能:

(1)冷却剂兼作中子慢化剂,使裂变反应产生的快中子慢化为热中子;

(2)系统的压力边界是防止放射性产物外泄的第二道屏障。

(3)在冷停堆降温降压的第一阶段,通过蒸汽发生器排除反应堆内的余热。

对于一回路系统来说,它通常包括反应堆压力容器和 2 ~ 4 条并联的冷却环路,冷却环路数目由核动力装置的容量决定。船舶核动力装置一般采用两个冷却环路,而大型商用压水堆核电站大多采用三环路或四环路。这些冷却环路常共用一台稳压器。例如,一座电功率 1 000 MW 级压水堆核电厂的一回路系统通常有三个冷却环路,其原理流程如图 7.2 所示。每条冷却环路由一台蒸汽发生器、一台反应堆冷却剂泵,以及将这些设备与反应堆压力容器相连构成密闭回路的主管道组成,每条冷却环路所产生的电功率为 300 MW 左右。其中,连接反应堆出口至蒸汽发生器入口的主管道称为热管段,连接蒸汽发生器出口至冷却剂泵入口的主管道称为过渡段,连接冷却剂泵出口至反应堆入口的主管道称为冷管段。

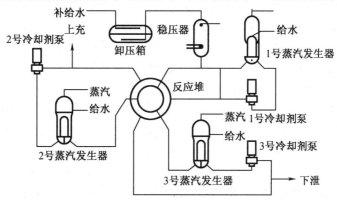

图 7.2　三环路一回路系统

一回路系统在反应堆进口处的冷却剂温度为 280 ~ 300 ℃,出口处的冷却剂温度为 310 ~ 330 ℃,因而反应堆进出口冷却剂温升为 30 ~ 40 ℃。蒸汽发生器进口处冷却剂的温度基本上与反应堆出口温度相同。反应堆正常运行时的冷却剂平均温度为 295 ~ 315 ℃,在变工况运行时,冷却剂平均温度变化允许的最大温差为 17 ~ 25 ℃。为了维持一回路系统在正常运行工况下处于单相状态,其运行压力一般在 14.7 ~ 15.7 MPa。通常来说,一回路系统的运行压力越高,反应堆出口温度和蒸汽发生器的运行温度就越高,整个核动力装置的热效率和经济性就越高,但相应地各主要设备的承压要求、材料和加工制造等技术难度都会增加,又会制约经济性的提高。

7.1.3 一回路辅助系统

为了支持一回路系统安全可靠地运行,压水堆核动力装置通常还需要设置一回路辅助系统。它不仅是核动力装置正常运行不可缺少的,而且在事故条件下为核反应堆安全提供支持。一回路辅助系统的主要功能如下:

(1)维持一回路系统的运行压力,防止系统压力超过允许范围,保证一回路的压力安全(设置了压力控制系统)。

(2)控制一回路系统冷却剂的装量和成分,净化一回路冷却剂,去除其中附带的杂质,保证冷却剂品质符合要求(设置了化学和容积控制系统、反应堆硼和水补给系统)。

(3)排出反应堆堆芯余热,确保反应堆燃料元件不被烧毁(设置了余热排出系统)。

(4)在事故工况下,对堆芯进行应急冷却,防止堆芯熔毁;对安全壳进行喷淋,防止因超温、超压造成最后一道屏障损坏,导致放射性物质扩散,危害人员和环境安全(设置了专设安全系统)。

(5)收集和处理各系统排出的放射性废物,保证工作人员及环境的安全(设置了放射性废物处理系统)。

除了上述主要功能与系统之外,一回路辅助系统实际上还包括其他辅助系统,例如设备冷却水系统,通风、空调及空气净化系统等。

1. 压力控制系统

压水堆核动力装置的一回路系统是一个充满高温高压水的封闭系统,在其运行过程中,任何引起一回路系统温度、水体积变化的过程均有可能影响其压力的变化,例如负荷的改变、外界因素的干扰,或者出现某种故障,等等。一回路系统的压力过高或者过低都是不允许的。如果压力过高,超过了系统设计压力,导致一回路承压边界破裂,会造成失水事故。如果压力过低,流过反应堆堆芯的冷却剂可能会沸腾,甚至发生偏离泡核沸腾,导致冷却不足而引起燃料元件的损坏,甚至熔化。

图 7.3 所示的是常见压力控制系统的流程,它由电加热式稳压器、泄压阀、安全阀、泄压管线、泄压箱、喷淋系统等组成。其中,电加热器式稳压器是一个立式圆柱形高压容器(对于百万千瓦机组,稳压器的直径为 2.5 m、高为 13 m、总容积约为 40 m³)。稳压器底封头中心用波动管与一回路冷却器的其中一个热腿相连,使其内部的压力与一回路系统的压力保持一致。底封头上安装电加热器,通过控制电加热的功率可控制稳压器内蒸汽的产量。稳压器顶部与喷淋系统和泄压管线相连。其中,喷淋管线的另一头与一回路系统中一个主泵和上冲泵出口相连。泄压管线的另一头与泄压箱相连。

一回路系统正常运行时,稳压器内部的空间分为水空间和汽空间两部分。当一回路的系统压力低于正常值时,启动电加热器加热蒸发水空间中的水,使稳压器和一回路系统内的压力上升。当一回路系统的压力高于正常值时,增大喷淋系统的喷淋流量,降低稳压器内和一回路系统的压力。如果喷淋系统无法抑制稳压器内压力的上升,依次启动泄压阀和安全阀,以保证一回路系统不超压。

利用这些设备和子系统,压力控制系统能实现以下功能:

(1)在核动力装置功率运行时,吸收冷却剂的体积波动,利用喷淋系统和电加热器,维持并控制一回路系统压力在正常波动范围内。

(2)在冷启动和冷停闭过程中,与其他系统和设备配合,实现对一回路系统的升温升压和降温降压。

(3)当一回路系统压力过高或过低时,向报警装置、反应堆保护系统提供压力信号,触发报警和反应堆停堆。其中,压力过高时启动安全排放,进行超压保护;压力过低时启动专设安全设施进行安全注射。

(4)根据运行要求,排出一回路系统中产生的裂变气体、氢气等。

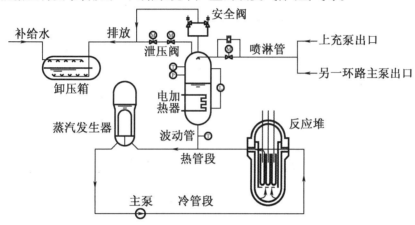

图7.3　压力控制系统流程

2. 化学和容积控制系统

化学和容积控制系统(简称化容系统)的主要功能是对一回路系统进行反应性控制、水质控制和容积控制。具体来说,化容系统包括如下功能:

(1)通过改变反应堆冷却剂中硼酸的浓度(如加硼、除硼、稀释等),实现对反应性(长期和短期)变化的控制。船用核动力装置由于受到其质量、尺寸等的限制和机动性的要求,一般只设置化学停堆系统,在控制棒不能正常停堆时,向堆芯注入大量高浓度硼酸溶液实施化学停堆。

(2)通过检测和处理冷却剂的水质,避免和减缓冷却剂系统的腐蚀、结垢,防止反应堆及一回路系统的放射性剂量超标。

(3)通过调节排水、补水的流量控制稳压器的液位及一回路冷却剂装量(体积)。

(4)利用上充泵向一回路主泵提供轴封水,提供一回路系统水压试验的手段,事故条件下实现高压安注。

图7.4所示的是大亚湾核电厂的化学和容积控制系统流程。核电厂在正常运行时,从一回路的其中一个冷管段引出一股冷却剂(下泄流量13.6 m³/h,温度291.4 ℃,压力15.5 MPa),经下泄阀进入再生热交换器的壳侧和节流孔板,降温、降压至140℃、2.4 MPa,

再经过下泄热交换器的管侧和压力调节阀,降温至 46 ℃。低温、低压下泄流经过温控三通阀(最高通过温度 57 ℃)进入连续运行的混合除离子床,除去大部分离子状态的裂变产物和腐蚀产物,再经过间歇运行的阳离子床除去铯、钼和 ^{10}B 吸收中子产生的锂离子。如有除硼需要,可以通过控制除离子床下游的三通阀将下泄流导入或导出硼回收系统。如无除硼需要,下泄流直接进入容积控制箱,经其顶部的喷头雾化喷出,释放冷却剂中的部分气态裂变产物,同时吸收部分氢气。根据稳压器水位控制系统的要求,上充泵从容积控制箱中汲水,经过再生热交换器加热至接近冷管段冷却剂主流温度,重新进入一回路系统。由此可见,容积控制箱收集和容纳下泄流,为一回路冷却剂提供容积补偿,也为上充泵提供汲入压头,其上部气空间还提供除气的空间。

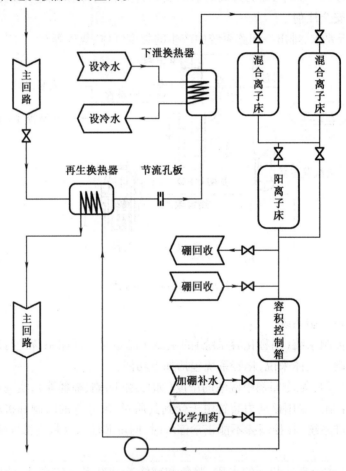

图7.4 化学和容积控制系统

实际上,化容系统本身仅能实现下泄、降温降压、离子去除、升温上冲等功能,而加硼、除硼和添加其他化学药剂的附属功能是由硼和水补给系统来完成的。硼和水补给系统的主要功能包括:为化容系统、换料水箱、安注系统提供除气除盐含硼水和补水,提供一回路水质控制所需的化学药品及其添加设备,提供稳压器泄压箱的喷淋水。

3.余热排出系统

核动力装置在反应堆裂变反应停止之后,因剩余裂变和裂变产物等的衰变还将放出大量的热量,它们与一回路的显热一起统称为余热。如果这部分热量不能可靠、有效地从一回路系统排出,核反应堆的安全是无法得到保证的。这是核动力装置与常规动力装置的一个主要差别。余热排出系统的主要功能是在正常停堆以及事故停堆时排出余热,保证核反应堆的安全。由于余热中衰变热占主体,且这一系统主要在裂变反应停止后使用,因而它也被称为衰变热冷却系统或停堆冷却系统。

图 7.5 所示的是美国西屋公司设计的余热排出系统的原理流程图。当一回路的温度处于 10～180 ℃、压力处于大气压到 2.8 MPa 时,余热排出系统可以投入运行。在余热排出系统投入正式运行之前,须对余热排出系统升温升压,并调整其硼浓度不低于一回路系统内冷却剂中的浓度。升温升压的目的是避免对余热排出系统换热器和泵造成压力冲击和热冲击。这通常是在余热排出换热器工作之前,通过一小股一回路冷却剂来实现的。调整硼浓度的目的是防止一回路冷却剂误稀释,引起反应性变化。

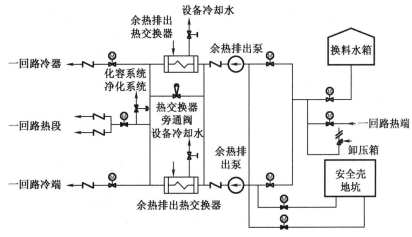

图 7.5　一种余热排出系统

在核动力装置正常运行时,余热排出系统从一回路系统的其中一个热腿抽取一回路冷却剂,经过余热排出泵的唧送进入余热排出换热器,被设备冷却水冷却后,通过一回路系统的其中一个冷腿(主泵入口)重新回到一回路系统。通过调节进入余热排出热交换器的冷却剂流量,控制反应堆冷却剂系统的冷却速度。在事故条件下,余热排出系统常作为专设安全系统的低压安注系统使用。

4. 专设安全系统

核反应堆在运行过程中会产生大量裂变产物,这些物质在衰变过程中放出大量放射性,并转变为热能。在核动力装置正常运行时,这些放射性物质被封闭在燃料包壳内,通过余热排出系统将这些热量导出堆芯,最终排入环境。如果发生事故,引起一回路系统的压力边界破损,甚至引起燃料包壳损坏,放射性物质就会从核动力装置中泄漏出来,引发一系列后果。

为了在事故工况下确保反应堆停闭,排出堆芯余热,避免放射性物质失控释放,保护工作人员、公众和环境的安全,核动力装置必须设置专设安全设施。常见的专设安全设施包括安全注射系统、安全壳及其喷淋系统、安全壳消氢系统、安全壳过滤排放系统、辅助给水系统和应急电源等。

设置安全注射系统,在一回路压力边界破损时,向反应堆堆芯注入应急冷却水,防止堆芯熔化。设置辅助给水系统,向蒸汽发生器应急供水。设置安全壳,包容从一回路系统中泄漏出来的放射性物质。设置安全壳隔离系统,为贯穿安全壳的流体系统提供隔离手段,防止放射性物质旁路至安全壳外。设置安全壳喷淋系统和过滤排放系统,控制安全壳内的温度和压力,防止安全壳损坏。设置安全壳消氢系统,限制安全壳的氢气浓度,防止发生氢气爆炸,损坏安全壳及壳内的其他设备。

上述这些是压水堆核电厂最常见的专设安全设施。实际上,专设安全设施等这类安全技术是核动力装置发展最快的技术。各类新型的安全技术和系统层出不穷,例如新一代压水堆核动力装置普遍采用了非能动安全技术。关于非能动安全技术详见第8章,本节针对最常见的安全注射系统和安全壳喷淋系统进行介绍。

(1)安全注射系统

安全注射系统(简称安注系统)的主要功能是当核动力装置一回路系统发生破口时,向反应堆堆芯应急注水,以维持一回路系统的水装量,确保堆芯淹没,防止堆芯熔毁,又称为应急堆芯注水系统。核动力装置出现破口时,一回路系统在不同的破口尺寸下的卸压速度是不同的,因而对安全注射的要求也不相同。基于启动压力的不同,安全注射系统通常分为高压、中压和低压安注系统三个子系统。

图7.6所示为大亚湾核电厂的安全注射系统,它分为高压安注系统、中压安注系统(蓄压箱注入系统)和低压安注系统。其中,高压安注系统投入的一回路系统压力为11.9 MPa,中压安注系统投入的压力为4.55 MPa,低压安注系统投入的压力为1 MPa。除了一回路系统的压力信号,安注系统投入还有其他信号,例如安全壳压力高于0.14 MPa,不同蒸汽发生器的压差达到0.7 MPa等。

高压安注系统通常由两个系列组成,每个系列均具有提供100%应急冷却水的能力。每个系列均由1台高压安注泵、1台低压安注泵和通往一回路系统的注入管线及相应的阀门组成。两个系列共用换料水箱和浓硼酸再循环回路。中压安注系统的主体是三个并联的蓄压箱,因而也被称为蓄压箱注入系统。每个蓄压箱下部装有来自换料水箱的含硼水,其水量可淹没半个堆芯,上部充有一定压力的氮气。每个蓄压箱与一条冷腿连接,中间设有1台电动隔离阀和2台逆止阀。低压安注系统也由2个独立的系列组成,每个系列包括1台低压安注泵、连接换料水箱、地坑和一回路冷腿、热腿的管道和阀门。

当出现安注信号后,开启高压安注泵和低压安注泵及所有相应的阀门,高压安注泵从低压安注泵出口或从换料水箱取水注入反应堆中。当一回路系统的压力低于蓄压箱注入压力时,加压氮气将含硼水注入堆芯。当一回路压力低于安注泵的出口压力时,低压安注泵直接将含硼水注入堆芯。当换料水箱中的实际水位低于2.1 m时,安注系统从直接注入阶段切换至再循环注入阶段,低压安注系统完全从安全壳地坑取水后注入反应堆。

(2)安全壳及其喷淋系统

安全壳指反应堆厂房(有时也成为核岛),主要包容一回路系统、一回路辅助系统和部分二回路的设备与系统。安全壳的主要功能是包容一回路系统带放射性物质的所有设备,以防止放射性物质向环境不受控地扩散,即使核电厂出现如三哩岛这样堆芯熔毁的严重事故,也能将放射性物质封闭在一个与周围环境隔离的结构内,而不会出现像福岛那样不可控的状况。

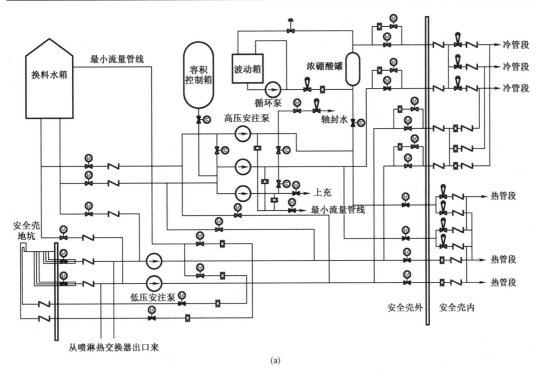

(a)

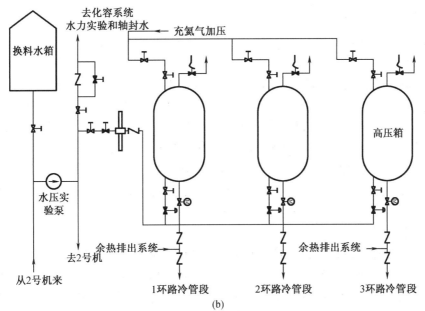

(b)

图 7.6　安全注射系统

(a)高压和低压安注系统(直接注入阶段);(b)中压安注系统

　　常规的安全壳是一个由钢衬的圆柱形预应力混凝土结构,顶部呈半球形或椭圆形,如图 7.7(a)所示。它的直径约 40 m、壁厚约 1 m,高约 60～70 m。与常规厂房不同的是,安全壳是一个承压的结构,最高承压可达 0.5 MPa,而且安全壳是具备隔离条件的,事故下利用安全壳隔离系统可以封闭整个安全壳,防止放射性物质不受控地泄漏。对于最新一代压水堆电站,安全壳被设计成双层混凝土结构,甚至出现了全钢结构。

设置安全壳后,一回路发生破口时,大量蒸汽进入安全壳后会使安全壳内的温度、压力急剧升高。如果不能降温、降压,安全壳这一道屏障可能会破裂,造成放射性物质失控地泄漏。安全喷淋系统的主要功能是在安全壳温度或压力超过允许值时,在安全壳的高处喷淋冷却水,使壳内的温度和压力降低至允许的范围内。必要时向喷淋的冷却水中添加 NaOH,以去除安全壳气体中的放射性物质,如碘。

如图 7.7(b)所示,对于大亚湾核电厂,安全喷淋系统一般由 2 个系列组成,每个系列均由 1 台喷淋泵、1 台喷射泵、1 台冷却器,以及喷淋管线、阀门等组成。2 个系列共用作为水源的换料水箱和 NaOH 循环系统。每个系列的 2 条喷淋管以安全壳中心线为周线固定在安全壳的球形封头上。在喷淋管线上布置大量的喷头,能喷出平均直径约为 0.27 mm 的水滴,并覆盖安全壳的整个空间。

当出现安全壳喷淋信号时,喷淋泵、换料水箱隔离阀和冷却器的设备冷却水供水阀自动开启,喷淋泵从换料水箱中汲水,向安全壳空间内喷淋冷却水。如有需要,经操作员控制可以向喷淋冷却水中加入 NaOH。当换料水箱内的水位较低(2.1 m)时,从直接喷淋阶段转入再循环喷淋阶段,喷淋泵切换至地坑取水,在冷却器中经设备冷却水冷却后,喷入安全壳。

5. 设备冷却水和厂用水系统

余热排出系统与安全壳喷淋系统均利用设备冷却水系统排出热量。前者是压水堆核动力装置正常运行时余热排出的关键;后者是事故条件下,尤其是一回路破口条件下余热排出的关键。无论哪个系统,均需要设备冷却水系统的支持。设备冷却水系统的主要功能是为安全壳内需要冷却的带放射性的介质、设备提供冷却,并作为中间冷却回路,形成一道阻止放射性物质排入环境的屏障。

由图 7.8(a)可知,设备冷却水系统是一个封闭的回路,它主要由设备冷却水泵、设备冷却水热交换器、设备冷却水用户的各种换热器(如余热排出换热器、喷淋热交换器)。设备冷却水系统正常工作时,利用设备冷却水泵的唧送,设备冷却水系统内的循环流经设备冷却水换热器和余热排出换热器等,源源不断地将余热带至设备冷却水换热器的冷却水。

设备冷却水换热器的冷却水通常为海水,是由厂用水系统提供的,如图 7.8(b)所示。厂用水系统的主要功能是从环境中汲取冷却水(通常是海水),为设备冷却水系统提供冷却水。它实际上是压水堆核动力装置的最终热阱。

6. 放射性废物处理系统

放射性废物处理系统的主要功能是收集、储存和处理核动力装置在运行过程中产生的放射性废物,以防止其危害工作人员的安全和污染环境,这是核能发电系统与其他常规能源发电系统的一个重要差别之一。根据状态的不同,放射性废物主要分为放射性废液、废气和固体废物。

放射性废液主要来源于一回路设备及阀门的泄漏和排水、一回路过滤器的反洗用水、一回路取样废水、受放射性污染的机械和设备的去污用水、受放射性污染区域内的地坑水等。放射性废气主要来源于堆芯内燃料元件包壳破裂时漏入冷却剂中的裂变气体、冷却剂辐照分解产生的氢和氧、安全壳内空气受中子辐照的生成物等。冷却剂中的放射性气体可能通过蒸汽发生器不严密处漏到二回路蒸汽中,随同不凝结空气从主冷凝器的抽气器出口排放到机舱内,从而对人体造成伤害。放射性固体废物来源于检修时被放射性污染的工具和衣物、净化系统中更换下来的废树脂和废滤芯等。

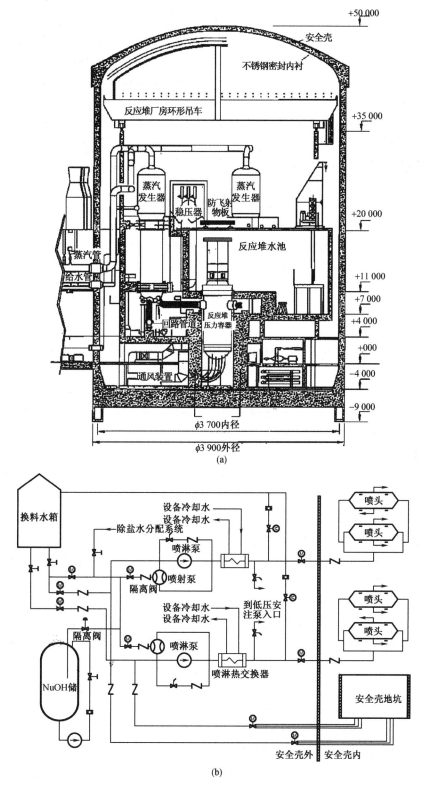

图 7.7　安全壳及其喷淋系统

（a）安全壳；（b）安全壳喷淋系统

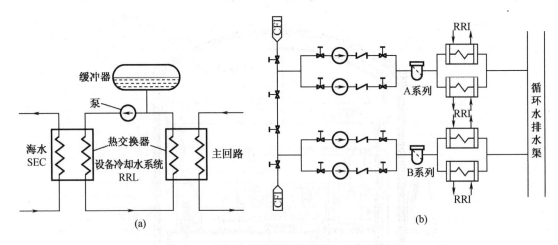

图7.8 设备冷却水系统及厂用水系统示意图

(a)设备冷却水系统原理示意图;(b)厂用水系统示意图

7.1.4 二回路系统

二回路系统是压水堆核动力装置的基本组成部分之一。对于电厂核动力装置来说,二回路系统的主要功能是利用汽轮发电机组将一回路系统提供的热能转换为机械能,带动发电机发电,并在停闭或事故工况下,保证一回路系统的冷却。对于船舶核动力装置来说,二回路系统的主要功能是将一回路系统提供的热能转化为机械能和电能,用于船舶推进、全船用电以及生产动力装置和全船生活用淡水。

1. 工作原理及系统组成

从热力循环的角度来说,二回路系统以朗肯循环为基础来实现能量的传递和转换,最简单的朗肯循环如图7.9(a)所示。二回路给水在蒸汽发生器中定压吸热,产生干饱和蒸汽;蒸汽在汽轮机中绝热膨胀,向外输出机械功;汽轮机排出的乏汽在冷凝器中定压放热,冷凝为饱和水;凝水泵和给水泵对凝结水绝热压缩,使水的压力升高进入蒸汽发生器,完成一次汽-水循环。汽-水如此循环往复,源源不断地将蒸汽发生器一回路侧传递过来的热量转换为机械能。

由于压水堆核动力装置的蒸汽发生器只能产生饱和蒸汽或者微过热蒸汽,蒸汽在汽轮机内膨胀做功时,蒸汽的湿度逐渐增大,一方面会降低汽轮机的内效率,另一方面则会对汽轮机的通流部分产生冲蚀,影响汽轮机的安全。因此,当蒸汽在汽轮机内膨胀到一定程度时(湿度一般不大于12%),即排出到汽水分离再热器内进行汽水分离和蒸汽再热,然后再送入汽轮机继续膨胀做功。图7.9(b)所示为采用再热循环的核动力装置原理流程图。汽轮机高压缸的排汽进入汽水分离再热器,经汽水分离器将蒸汽中的水分除去,然后在蒸汽再热器中由来自主蒸汽管道的新蒸汽加热至微过热状态,再送入低压缸中做功。

根据工程热力学原理可知,在朗肯循环的基础上增加回热循环,可以提高循环热效率。因此,核动力装置的二回路系统通常在冷凝器和蒸汽发生器之间设置若干个串联的给水加热器,使用汽轮机抽汽或者辅汽轮机排出的乏汽加热给水。图7.9(c)所示为采用回热循环的核动力装置原理流程图。

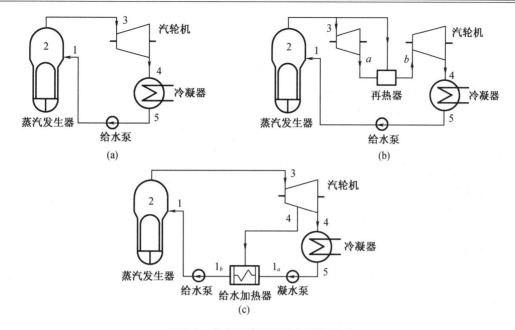

图 7.9　各类朗肯循环的布置示意图
(a)简单朗肯循环;(b)再热循环;(c)回热循环

对于船用核动力装置,为了简化系统,减少设备数量,降低运行控制的复杂程度,一般只在高压缸和低压缸之间设置中间汽水分离器,不设置蒸汽再热器。基于同样的原因,船用核动力装置只采用一级给水加热器。与船用核动力装置相比,压水堆核电站为了提高效率,一般采用 1 级汽水分离器和 2 级蒸汽再热器,第 1 级再热器使用高压缸的抽汽进行加热,第 2 级再热器使用新蒸汽进行加热。为了提高整个装置的效率,采用 6~7 级给水加热器,如图 7.10 所示。因而,压水堆核电站的二回路系统主要设备包括蒸汽发生器、高压汽轮机、蒸汽再热器、低压汽轮机、冷凝器、凝水泵、低压给水加热器、除氧器、高压给水加热器、给水泵等主要设备,以及连接这些设备的汽水管道和阀门。

2.蒸汽系统及排放系统

蒸汽系统主要用于输送和收集蒸汽,按蒸汽参数和用户的不同,可分为主蒸汽系统、辅蒸汽系统和乏汽系统。其中,主蒸汽系统是将蒸汽发生器产生的新蒸汽输送到主汽轮机组和其他消耗新蒸汽的设备;辅蒸汽系统是将辅助蒸汽输送至辅助耗汽设备;乏汽系统则收集背压式辅助汽轮机排出的乏汽,用于给水加热、凝水鼓泡除氧或者作为蒸发式造水装置的热源。

图 7.11 所示的是大亚湾核电厂的主蒸汽系统流程图。三台蒸汽发生器 1,7,8 顶部各引出 1 根主蒸汽管道,分别穿过安全壳后进入汽轮机厂房,合并成为 1 根公共的蒸汽母线。从公共母线出发,利用不同的蒸汽管道将蒸汽引向各用汽设备和系统,包括汽轮机高压缸 10 和低压缸 12、汽水分离再热器 11、辅助给水泵汽轮机 17、主给水泵汽轮机 18、汽轮机轴封 19 等。在核动力装置正常运行时,蒸汽发生器产生的大部分蒸汽通过这些管线进入各用汽设备和系统。

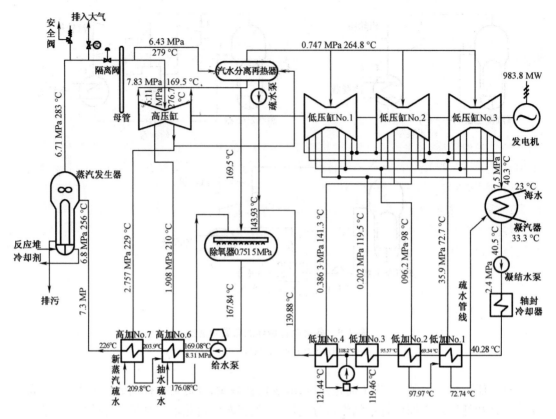

图 7.10 大亚湾核电站的二回路系统流程及其相应参数

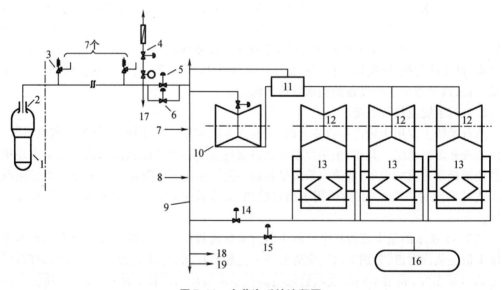

图 7.11 主蒸汽系统流程图

当汽轮机突然降负荷或者突然停机时,甚至在某些事故工况下,二回路系统用汽量会急剧减少。由于反应堆功率调节存在一定的滞后,蒸汽发生器的蒸汽产量不能同步下降,大量多余的新蒸汽将导致蒸汽压力迅速升高。除此之外,核动力装置在启动和最初冷却阶段也会遇到产生蒸汽无用的情形。无论何种情况,蒸汽排放系统的主要功能是对蒸汽发生器二次侧多余的蒸汽进行合理可靠地排放,避免一、二回路发生超压。

如图7.11所示,当需要进行蒸汽排放时,蒸汽排放系统可以将多余蒸汽排放至凝汽器13、大气环境4、除氧器给水箱16等,分别称为凝汽器蒸汽排放系统、大气蒸汽排放系统和除氧器给水箱排放系统。在需要排放时,优先使用凝汽器和除氧器排放系统。为了防止凝汽器超压,在凝汽器颈部扩压器用于减温减压。例如采用多空的节流孔板将蒸汽压力降低至凝汽器的压力;采用冷水喷淋,降低蒸汽的温度。除氧器排放系统主要用于汽轮机停机或甩负荷时维持除氧器内压力。当凝汽器不可用时,大气排放系统投入工作,提供10% ~ 15%额定流量的排放能力,避免安全阀开启。

如果上述正常的排放系统不能控制二回路系统的压力在限制之下,主蒸汽管路上还设有7台安全阀3,避免二回路系统超压。安全阀是防止超压的最后保护措施,其总排放量为额定蒸汽流量的110%。另一方面,压水堆核动力装置也不允许过度冷却,尤其是一回路系统。当一回路系统过度冷却时,一回路冷却剂的负温度反馈会向堆芯引入正反应性。为了防止这些排放系统误动作造成系统的过度冷却,在蒸汽发生器出口处设有限流器2。

3. 凝给水及加热系统

蒸汽发生器产生的高温高压蒸汽(283 ℃、6.8 MPa)在汽轮机内膨胀做功后变成低温低压(40 ℃、7.5 kPa)的乏汽。汽轮机排出的乏汽在冷凝器中被循环水系统提供的冷却水冷却成低温的凝水。其中,循环水系统与重要厂用水系统功能较接近,系统布置也比较接近。它从环境中取水(通常是海水),向冷凝器及辅助冷凝器提供海水,将冷却汽轮机的乏汽冷凝成凝水。汽轮机乏汽在冷凝器中被冷凝后,由凝给水及加热系统加热后重新送入蒸汽发生器。

凝给水及加热系统的作用是将凝水加热、净化后可靠均匀地输送到蒸汽发生器,满足蒸汽发生器运行对给水的要求。图7.10所示的大亚湾核电厂二回路系统流程图包含了凝给水及加热系统。大亚湾核电厂的凝给水及加热系统采用6级回热的系统和1级除氧。来自冷凝器的约40 ℃的低温凝水经凝水泵的加压后通过1~4号低压加热器。从4号低压加热器出来被加热至约140 ℃后进入除氧器。凝给水除氧的主要目的是除去凝给水中溶解的氧气,这些氧气是造成蒸汽发生器传热管破裂的重要原因。给水在除氧器中除氧并被加热到约168 ℃后,经给水泵加压并通过5号和6号高压加热器的再次加热直至226 ℃,最终进入蒸汽发生器。

7.2 核动力装置的运行

7.2.1 概述

1. 基本运行工况分类

通过对压水堆核电厂各类运行工况的分析,并结合长期的运行实践,根据反应堆各类工况出现的预计概率和对周围环境、人员和公众可能带来的放射性后果,核动力装置的主要运行状态可分为正常运行和运行瞬变、预期运行事件、稀有事故和极限事故这四类工况。

(1) I 类工况——正常运行和运行瞬变

I 类工况是指核动力装置在规定的正常运行限值和条件范围内的运行,包括稳态功率运行、启停、功率升降、备用,以及日常换料、维修等工况,也包括在未超过规定的最大允许值情况下的带允许偏差的极限运行,如燃料组件包壳少量泄漏、蒸汽发生器传热管少量泄漏。由于这类工况出现频繁,整个运行过程依靠核反应堆的控制系统可将反应堆维持在所要求的状态中,燃料不应受到损坏或触发任何保护系统或专设安全措施。

(2) II 类工况——预期运行事件(中等频率事件)

II 类工况指核动力装置在运行寿期内预计出现一次或数次偏离正常运行的工况,发生的预计频率为 $10^{-2} \sim 1$ 次/(堆·年),又称为中等频率事件。例如,控制棒组不受控地抽出、控制棒落棒、甩负荷、失去正常给水、一回路卸压和失去正常电源等。发生这些事件后,允许反应堆实施停堆保护,在采取纠正措施后可使核动力装置恢复正常运行状态,不允许燃料受到损坏,不应发展成为事故工况。

(3) III 类工况——稀有事故

III 类工况是在核电厂的寿期内一般极少出现的事故,其发生的频率约为 $10^{-4} \sim 10^{-2}$ 次/(堆·年),又称为低概率事件。例如,二回路系统蒸汽管道小破口、蒸汽发生器传热管断裂、一回路系统单相状态下超压、一回路系统管道小破裂、全厂断电(反应堆失去全部强迫流量)等。发生这类事故后,一些燃料组件可能损坏,为了防止或限制事故的后果,专设安全设施需要投入并阻止事故进一步恶化,一回路和安全壳的完整性不应受到影响,堆芯燃料元件的损坏数量不得超过规定值。

(4) IV 类工况——极限事故(假想事故)

IV 类工况是在核电厂的寿期内不期望出现的,后果非常严重的事故,发生的频率估计为 $10^{-6} \sim 10^{-4}$ 次/(堆·年),又称为假想事故。例如,反应堆冷却剂系统主管道大破口、主蒸汽管道大破口、全部主泵转子卡死、弹棒事故等。发生这类事故后,专设安全设施应能正常工作,实现冷停堆;反应堆内放射性物质会大量释放,但不会使周围环境(海域)产生严重污染,不会对公众(船员)的健康和安全有过分的危害。

2. 日常运行工况与运行温度 - 压力控制图

虽然核动力装置的主要运行状态可以分为四类,但是第 II、III 和 IV 类均非日常正常运行工况。尤其是第 III 和 IV 类工况,大多属于事故工况,更多的是从设计的角度来防范,一旦出现之后有足够的手段和措施来应急和处理,防止在这些工况下发生放射性物质不可控地泄漏,造成周围环境或人员的损害。在正常运行条件下,核动力装置更多的是处于第 I 类工况下。具体来说,核动力装置的日常运行状态可划分为启动工况、功率运行工况(含变工况)、停闭工况和异常工况等主要运行工况。

启动工况是指核动力装置从停闭状态变为功率运行状态的过程。功率运行工况一般指反应堆的功率在 1% ~100% 额定功率范围内的运行,又可细分为稳定工况和变工况两种。停闭工况是指核动力装置从功率运行状态转入停闭的过程,包括冷停堆和热停堆两种情况。异常工况运行是指系统或设备在局部故障情况下的运行,这是船舶核动力装置与核电厂用核动力装置的其中一个差别。

结合压水堆核电厂的热工水力参数和物理特性,启动、停闭和功率运行等这些日常例行运行工况可以进一步明确,如图 7.12 所示。在图中,压水堆运行的各种日常操作(除了异常运行工况)过程与一回路的温度和压力联系在了一起。关注一回路的压力和温度的主要原因是它们是影响一回路压力边界(如反应堆压力容器和一回路管道)完整性的重要保证,这对于压水堆核动力装置安全来说是至关重要的。

按照反应堆热工水力和物理特性,压水堆机组正常运行的状态可分为以下六个"运行模式"。

(1)反应堆功率运行模式(RP):一回路冷却剂平均温度位于 291.4 ℃ 与 310 ℃ 之间,一回路系统压力位于 15.5 MPa,如图中 RP 所示。

(2)蒸汽发生器冷却正常停堆模式(NS/SG):一回路冷却剂平均温度介于 160 ℃ 与 291.4 ℃ 之间,一回路系统压力位于 2.4~15.5 MPa,如图中 NS/SG 所示。

(3)余热排出系统冷却正常停堆模式(NS/RRA):一回路冷却剂平均温度介于 10 ℃ 与 180 ℃ 之间,一回路系统压力位于 0.5~3.0 MPa,如图中 NS/RRA 所示。

(4)维修停堆模式(MCS):一回路冷却剂平均温度介于 10 ℃ 与 60 ℃ 之间,一回路系统封闭或打开,其压力小于或等于 0.5 MPa,如图中 NS/MCS 所示。

(5)换料停堆模式(RCS):一回路冷却剂平均温度介于 10 ℃ 与 60 ℃ 之间,反应堆压力容器顶盖被打开,余热排出系统启动,如图中 NS/RCS 所示。

(6)反应堆完全卸料模式(RCD):反应堆厂房内没有任何燃料组件。

在图 7.12 中,饱和曲线 $p_{sat} - T_{sat}$(虚线)表示水的饱和压力与饱和温度的一一对应关系,稳压器和蒸汽发生器中的水处于饱和状态下。从核安全的角度来说,为了防止燃料元件表面偏离核态沸腾和避免主泵叶片汽蚀,压水堆一回路冷却剂平均温度应比运行压力所对应的饱和温度低 50 ℃(曲线 1—2)。考虑到稳压器与一回路之间的波动管的两端温度差所造成的温差应力,一回路的平均温度不得比一回路压力所对应的饱和温度低 110 ℃,这是一回路运行温度的下限(曲线 5—6)。一回路额定运行压力为 15.5 MPa(曲线 3—4),这一压力受回路设计的机械强度的限制。而且,为了防止超压损坏一回路压力边界,在稳压器上设置了泄压阀和安全阀。蒸汽发生器的管板承受着一回路与二回路之间的压差,由于受到机械强度和应力的限制,管板两侧的压力差不能超过 11 MPa,因而饱和线上移可得蒸汽发生器管板最大压差限制线(曲线 4—5)。

当一回路冷却剂温度低于 160 ℃ 时,余热排出系统(RRA)必须投入运行,实现余热排出系统的安全阀(3.9 MPa/4.4 MPa)对一回路系统的超压保护,此时,稳压器的安全阀的阈值太高,无法实现低温下对一回路系统的压力保护,因为反应堆压力容器在低温下存在发生脆性断裂的风险,尤其是在反应堆压力容器寿期末时。余热排出系统设计的最高压力为 2.9 MPa,最高温度为 180 ℃。由于主泵轴封动静环端面在轴封两侧的压差大于 1.9 MPa 时才能顺利分离,因此主泵必须在一回路冷却剂的压力达 2.3 MPa 才能启动。对于压水堆,冷却剂中含有硼酸以实现剩余反应性的长期控制,而且随着冷却剂温度的降低,硼酸的溶解度会不断减小,为了防止硼酸从温度过低的冷却剂中析出,冷却剂一回路的温度不低于 10 ℃,此时硼酸在水中的溶解度为 3.5%。当一回路冷却剂温度超过 70 ℃ 时,流经主泵后的被略冷却的冷却剂在蒸汽发生器反向加热后会引起水体积膨胀,可能使一回路系统超压,因此主泵须在冷却剂温度达到 70 ℃ 之前启动,此温度为主泵启动温度限值。

由上述曲线构成的闭合区域是反应堆冷却剂系统在运行过程中温度、压力允许变化的安全范围,如果反应堆冷却剂系统的工作温度和压力超出这个范围,可能会产生不安全因素而影响正常运行。

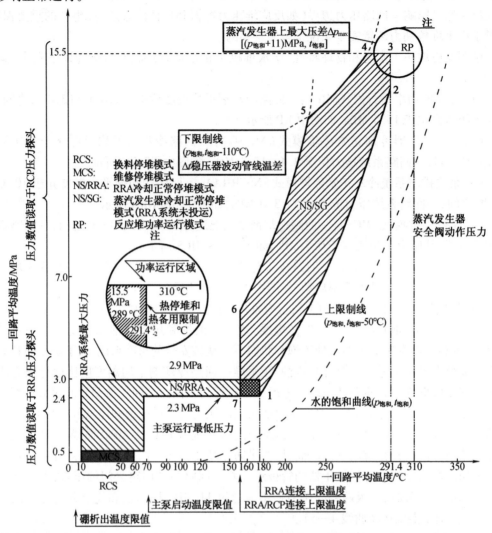

图7.12 压水堆运行模式压力–温度图

7.2.2 启动工况

启动是压水堆核动力装置运行过程的一个重要环节,是进入功率运行的一个必经环节。启动过程的任务是将核动力装置从停闭状态或备用状态转变为运行状态,一般又可细分为初次启动、冷启动和热启动三种工况。初次启动是指反应堆初次装料后第一次启动,它往往在调试阶段进行。冷启动是指核动力装置在常温常压状态下的例行启动。热启动是从核动力装置一回路系统的稳压器保留蒸汽汽腔状态下的启动。

1. 冷启动

核反应堆的冷启动是指具有一定停堆深度的次临界反应堆开始提棒,使之达到所需的功率水平的运行过程。这个过程反映了反应堆的状态变化,使主回路冷却剂从相对冷态

（堆内的常温）升到热态（额定工作温度），使反应堆从相对零功率上升到有功率的状态。冷启动有外加热启动和核加热启动两种形式，这两种启动方式各有优缺点。

（1）启动前的准备与状态

在核动力装置启动前，必须对其进行必要的启动前检查，以确保整个装置处于可启动的状态下。在此状态下，确保核反应堆压力容器顶部所有的设备与仪表已经安装就位，所有控制棒处于最低位置。反应堆压力容器内充满含硼水，维持反应堆处于次临界状态下。反应堆控制和保护系统已完成启动准备，堆外核仪表系统的中子源量程测量通道、控制、保护和检测仪表系统已经投入。一回路主要辅助系统，特别是化学和容积控制系统处于可用状态，补水系统维持堆内水位稳定，下泄流畅通。余热排出系统的热交换器运行正常，控制一回路温度在 10 ~ 60 ℃。二回路系统所有设备均处于停闭状态，蒸汽发生器二次侧处于湿保养状态（除盐除氧水维持在正常高度，其他空间充满氮气，保持其压力稍高于常压），蒸汽隔离阀处于关闭状态。

（2）外加热启动

利用主泵高速转动和稳压器内的电加热棒产生的热量加热一回路冷却剂，使一回路冷却剂系统升温升压至规定状态，并提升控制棒启堆运行，这种启动方式称为外加热启动。外加热启动过程主要包括一回路充水排气、一回路升温升压、除氧、建立稳压器汽腔、启堆、功率运行等几个阶段，如图7.13所示。

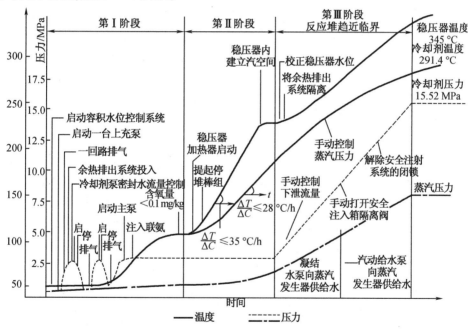

图7.13　外加热冷启动过程示意图

①一回路充水和排气阶段

压水堆核动力装置外加热启动的第一步是利用化容系统向一回路充水，在充水过程中，必须及时排出一回路系统中的气体。一回路冷却剂中含有的这些气体会对系统和设备的运行造成不利影响。例如，气体会在堆芯内引起气泡效应，影响堆芯传热性能和反应性的变化。气体进入主泵驱动电机转子空腔内并积累到一定程度时，会导致主泵轴承干摩擦，影响主泵的安全运行。气体进入控制棒顶端的磁阻马达内腔会引起腐蚀。气体进入稳压器蒸汽空间内会使稳压器中饱和温度和饱和压力的对应关系遭到破坏,影响传热性能和测量仪表的精度。

②除氧阶段

充水排气结束后,当一回路冷却剂的压力满足主泵启动的条件后,启动主泵,并投入全部或部分稳压器内的电加热元件,加热一回路冷却剂。为了使稳压器内的水参与一回路系统循环,需要打开稳压器的喷淋阀。在升温升压的过程中,为了防止一回路系统超压,需要通过排水阀对反应堆冷却剂系统进行排水。在加热过程中,需要监测和调节一回路水质,以确保一回路冷却剂的化学特性。

在冷却剂加热到 90 ℃时,向冷却剂系统添加氢氧化锂以控制 pH 值。当冷却剂的温度在 90~120 ℃时,可适当控制一回路的温度,如将主泵切换至低速运行,保持部分稳压器内的电加热元件运行,并添加联氨进行化学除氧。冷却剂的温度对联氨与水中溶氧的反应速度有显著影响,温度在 90~120 ℃范围内,联氨和水中潜氧的反应更为充分,在较短时间内即可达到除氧要求。当水样检测表明反应堆冷却剂中的含氧量低于允许值时,除氧过程结束,将主泵由低速运行切换至高速运行,增加稳压器电加热元件运行的数量,继续升温升压。

③稳压器汽腔建立阶段

从充水排气阶段至除氧阶段,稳压器内一直充满单相冷却水,处于实体状态,没有压力控制的能力,整个一回路系统的压力主要依靠排水阀来控制。除氧工作完成后,随着主泵的高速转动和稳压器内电加热器的全部投入,逐步拉大稳压器与主回路的温差,使稳压器比主回路温度高 50~110 ℃。在这一阶段的升温升压过程中,受压力容器的冷脆性、管路和系统设备的热应力以及设备的工作性能等相关因素的制约,一回路系统的升温速率必须严格控制在 50℃/h 以下。

当稳压器内的温度达到 2.5~3.0 MPa 对应下的饱和蒸汽温度(221~232 ℃)时,通过减少一回路上冲流量的方法使稳压器内形成蒸汽空间,建立汽腔。在此过程中,主回路系统内的水被排出一部分,稳压器液位下降,上部空间形成饱和蒸汽汽腔。稳压器内一旦建立汽腔,稳压器就具备了压力控制能力,此后可利用稳压器维持一回路系统稳定的工作压力。

建立汽腔后,一回路系统继续升温升压,直至达到热停堆条件,即系统达到正常运行压力 15.5 ±0.1 MPa,温度达到 291.4 ℃。在此过程中,必须注意控制一回路系统的升温过程,升温速率必须不超过 28 ℃/h。当系统压力达到 7.0 MPa 时,打开电动隔离阀,使安全注射箱处于备用状态。当系统压力达到 13.8 MPa 时,使高压安全注射系统处于备用状态。

④反应堆启动阶段

对于压水堆核电厂,一回路系统达到热备用状态后,按最佳提棒方式提升控制棒,逐渐将反应堆带入临界状态。在手动提升控制棒过程中,必须注意源区周期表和功率表的变化,防止出现短周期。

⑤二回路启动、并网与功率提升

当反应堆达到临界以后,用蒸汽发生器产生的蒸汽开始启动二回路系统,此时当蒸汽发生器的压力达到一定值时,即打开隔离阀(隔舱阀)向二回路供汽,进行暖管暖机。当反应堆功率上升至 5% 时,汽轮机按照规定的速度升速,直到额定转速。

当反应堆功率上升至 10% 的额定功率时,在确保发电机做好并网准备的条件下,进行并网操作。完成并网后,以最小的电负荷(约 5%)运行,将供电模式从厂用电切换至汽轮发电机组供电模式。此后,缓慢增加汽轮机负荷,直至满功率运行。其中,在电功率达到 15% 时,反应堆从手动控制切换至自动控制模式,二回路给水方式从辅助给水系统切换至主给水系统,蒸汽排放从压力控制切换至冷却剂平均温度控制。

(3)核加热启动

对于压水堆核电厂,一般采用外加热模式启动,因为这种启动方式的安全性较高。船用核动力装置在平常靠码头停泊时大都采用外加热方式启动。然而,外加热方式由于受到主泵和稳压器内电加热功率的限制,启动时间较长,从冷停堆状态启动达到额定功率水平运行需要 20~24 h。

除了外加热方式,船用核动力装置还可采用核加热方式启动。核加热启动是从冷停堆状态直接提升控制棒启动反应堆,依靠核裂变功率、主泵和稳压器内的电加热棒加热反应堆冷却剂,使一回路系统升温升压达到额定运行参数。核动力装置采用核加热方式启动时,在准备工作及充水排气工作完成后,或在稳压器内建立汽腔后,即可提升控制棒,使反应堆逐渐达到临界。

如果采用核加热方式,核动力船舶的启动时间明显缩短,约需 13 h。但是,核加热操作比较复杂,而且由于在冷态下启动反应堆,回路温度低、温度效应不明显,提升控制棒时需特别小心,谨防发生启动事故。

2. 热启动过程

压水堆核动力装置的热启动是指一回路系统依靠剩余功率等维持反应堆处于热备用状态(一回路的温度与压力等于或接近工作温度核压力,稳压器有蒸汽汽腔)下的启动。与冷启动相比,热启动程序较为简单,省去了一回路充水排气、除氧、建立稳压器汽腔等操作,直接提升控制棒使反应堆达到临界,其步骤与冷启动的后两个过程基本相同。

与冷启动不同的是,热启动需要考虑停堆的时间、停堆前的运行功率以及停堆前控制棒的棒栅位置等的影响,以确定本次启动是否为碘坑下的启动,尤其是对于船用核动力装置来说。碘坑的存在给反应堆的热启动带来一定的影响。对于压水堆核电站来说应对突发事件的可能性较少,因而它们很容易避开碘坑进行热启动。然而,对于船用核动力装置来说,它们可能遇到一些突发情况,不得不在碘坑状态下进行启动。

反应堆停堆后,虽然 ^{135}Xe 的快速积累已大幅减少了反应堆的后备反应性,在后备反应性还大于零之前,反应堆能够依靠提升控制棒启动。在碘坑初期,从反应堆停闭至仍可依靠控制棒提升启动反应堆的这段时间称为允许停堆时间。反应堆的后备反应性越大,允许停堆时间就较长,例如在反应堆处于燃料循环的寿期初时。

如果反应堆处于燃料循环的寿期末时,反应堆的后备反应性不足以抵消碘坑深度,这意味着即使控制棒全部提起也不能使反应堆达到临界,只能待最大碘坑过后再启动反应堆。一旦反应堆启动起来,随着功率的提升,堆内热中子通量相应增大,^{135}Xe 因大量吸收热中子而迅速减少。另一方面,启堆初期裂变反应生成的 ^{135}I 较少,^{135}Xe 的生成率明显小于其消耗率。这导致 ^{135}Xe 的浓度急剧下降,引入大量额外的正反应性。此时需要及时下插控制棒,以补偿因 ^{135}Xe 浓度下降而引入的正反应性,避免反应堆功率急剧地增加。由此可见,在最大碘坑下启动时,为消除 ^{135}Xe 的影响,控制棒移动的幅度大而且较频繁,操作过程也十分复杂,所以应尽量避免在这样的情况下启动反应堆。

最大碘坑过后,堆内 ^{135}Xe 浓度逐渐下降会向堆芯引入正反应性,即使控制棒不动,反应性也将随时间变化而明显地增加。^{135}Xe 最大的消减速度就是最大的正反应性引入速率。在这一阶段启动时,随着热中子通量密度的突然增加,^{135}Xe 的消失比正常的衰减更为迅速。因此,这一阶段的启堆过程应严格掌握控制棒的提升速度,防止因引入过大的正反应性而发生短周期事故。

需要指出的是,在碘坑下启动时,操纵员对反应堆停闭前运行的功率水平及运行时间、停堆前的控制棒位置、后备反应性要有充分的了解和估计,确定反应堆是否能够启动,启动过程中要防止出现反应性事故。若不是特别紧急的情况,应待碘坑过后再启动反应堆。

7.2.3 稳定工况

1. 稳定运行方案概述

稳定运行工况是核动力装置的主要运行状态之一。根据负荷的需求不同,核动力装置可以运行在不同的功率水平下。压水堆核电厂作为基准负荷常年运行在 100% 的功率水平下。无论运行在什么功率水平下,核电厂稳定运行时需要保持电功率 P_e 与反应堆功率 P_r 保持相等,否则整个装置无法处于稳定状态。

通过分析发现,核动力装置在不同负荷下稳定运行时,一回路与二回路主要参数的变化规律不是唯一的,需要人为规定其中某一参数的变化规律。一旦这一参数的变化规律确定下来,其他参数的变化规律也就相应确定,由此可形成核动力装置的一种运行方案。压水堆核动力装置有以下四种常见的运行方案:

(1)一回路冷却剂平均温度 T_{av} 不变运行方案;

(2)反应堆出口温度 T_{co} 不变运行方案;

(3)二回路蒸汽压力 P_s 不变运行方案;

(4)折中运行方案。

2. 一回路冷却剂平均温度恒定运行方案

这种运行方案的基本特征是当核动力装置的负荷发生变化时,保持一回路冷却剂的平均温度 T_{av} 不随负荷变化,即 T_{av} 保持不变。假设冷却剂流量不变,压水堆具有负温度系数,采用 U 形管自然循环蒸汽发生器,则平均温度恒定运行方案下的静态特性如图 7.14 所示。由图中曲线可知,随着负荷的增加,反应堆入口温度 T_{ci} 线性降低,反应堆出口温度 T_{co} 线性升高,二回路的蒸汽温度 T_s 线性降低,蒸汽压力 P_s 近似线性降低。

一回路冷却剂平均温度恒定方案的主要优点如下:

(1)压水堆负温度系数在一定程度上能补偿反应性的变化,因而反应堆的反应性变化较小,减轻功率调节系统的负担,尤其是减少了控制棒的调节动作。这不仅有利于减少控制棒动作对反应堆内功率分布的影响,而且延长了控制棒驱动机构的使用寿命。

(2)随着负荷的变化,一回路中冷却剂体积的波动较小(理论上来说无体积波动),压力控制系统中重要部件——稳压器的尺寸可以较小。

(3)减少了一回路温度变化对堆内构件等的热冲击及其所引起的疲劳蠕变应力,尤其是增加了燃料元件的安全性。

这种运行方案的主要缺点是负荷从零功率到满功率的变化过程中,二回路的蒸汽参数随负荷的变化幅度很大。尤其是在低负荷时,蒸汽压力 P_s 较高,这提高了对二回路蒸汽管道、阀门、汽轮机等设备的承压要求。相比于压水堆核电站,这个缺点对船舶核动力装置更加突出些。因为后者为满足机动性的要求,工况变化更加频繁,功率变化幅度更大,在低负荷下运行的时间也更长。

3. 反应堆出口冷却剂温度恒定运行方案

这种运行方案的基本特征是反应堆出口冷却剂温度 T_{co} 不随装置负荷变化,即 T_{co} 保持不变。压水堆核动力装置在 T_{co} 恒定时的静态特性如图 7.15 所示,其他与 T_{av} 恒定运行方案相同。由图中曲线可知,随着装置负荷的增加,T_{av}、T_{ci} 和 T_s 均线性降低,二回路蒸汽压力 P_s 近似线性降低。

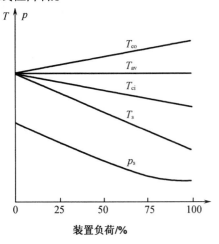 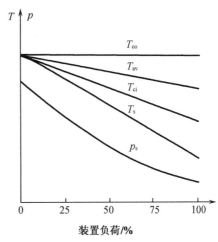

图 7.14 一回路冷却剂平均温度恒定运行方案   图 7.15 反应堆出口冷却剂温度恒定运行方案

核动力装置采用这种运行方案最明显的一点是,从零功率升至满功率,反应堆出口温度始终保持不变,肯定不会出现反应堆出口超温的情况。这使得反应堆的热工水力状态较好地满足热工安全准则。这种运行方案的缺点是由于一回路冷却剂平均温度 T_{av} 变化较大导致一回路水体积变化较大,因而稳压器尺寸也较大;随着负荷的降低,二回路侧蒸汽压力升高较大,对二回路蒸汽系统和用汽设备的设计、运行要求显著提高。

4. 二回路蒸汽压力恒定运行方案

无论是一回路冷却剂平均温度还是反应堆出口温度保持不变,这两种运行方案均导致二回路蒸汽压力随负荷的变化而出现较大变化。这提高了二回路系统和设备的设计要求,给二回路系统的运行和管理都带来一定困难。如果二回路蒸汽压力保持不变,蒸汽发生器、凝给水系统、蒸汽调压系统和汽轮机调速系统的工作条件将大为改观,这是这种运行方案的最大优点。然而,如图 7.16 所示,二回路蒸汽压力恒定运行方案,即 P_s 保持不变的方案导致反应堆进出口温度及其平均温度随着装置负荷的升高均线性升高。

这种运行方案的主要缺点是从零功率到满功率运行状态,一回路冷却剂平均温度 T_{av} 的变化较大,一方面要求稳压器具有较大的容积补偿能力;另一方面,由于温度效应引起反应性扰动也较大,这要求反应堆功率控制系统频繁动作控制棒,以补偿反应性的温度效应。除此之外,燃料元件等堆内结构的温度变化较大,热冲击应力也变大,尤其是易造成燃料原件的蠕变疲劳。

5. 折中运行方案

一回路冷却剂平均温度恒定运行方案和反应堆冷却剂出口温度恒定方案将对一回路的设

计和运行较为有利,而对二回路的设计和运行较为不利;反之,二回路蒸汽压力恒定方案对二回路的设计和运行更为有利,而对一回路更为不利。由图 7.15 和图 7.16 中曲线,当装置的负荷小于 50% 时,二回路蒸汽压力的变化幅度较大。基于这三点考虑,图 7.17 示出了一种折中运行方案。当装置负荷在 50% 以上时,采用一回路冷却剂平均温度不变方案;当装置负荷低于 50% 时,冷却剂流量降低为额定流量的 1/2 或 1/3,T_{av} 随装置负荷的减小而线性降低,使得二次侧蒸汽温度和压力升高的幅度显著减小。图 7.17 所示的折中运行方案实际上是将整个核动力装置在设计、运行和管理上的困难由一、二回路共同担当以缓解其他方案对一、二回路单方面的影响。但是,这种运行方案的主要缺点是增加了控制环节,增大了系统运行的复杂性。

需要说明的是,除了图 7.17 所示的折中方案之外,折中运行方案实际上也不是唯一的。而且,正如上所述的那样,每一种运行方案都有自身的优、缺点,在核动力装置的设计阶段选用哪种运行方案取决于装置总体匹配情况,以及对核动力装置总体运行性能的要求。

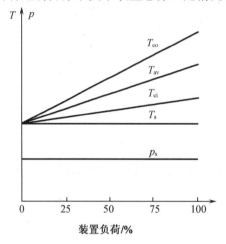 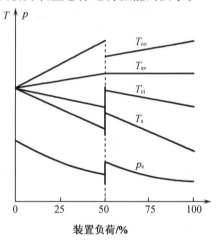

图 7.16 二回路蒸汽压力恒定运行方案　　　　　图 7.17 折中运行方案

7.2.4 变工况

船用核动力装置须具有良好的机动性和生命力,因此整个装置面临频繁改变输出功率的需求。例如,当船舶需要改变航速时,操纵人员通过调节主汽轮机的进汽量来改变二回路系统的输出功率,通过手动控制或者自动控制方式使一回路系统跟踪二回路的负荷变化,将反应堆热功率调整到适应二回路所需的功率水平,直至装置稳定在所需的功率水平上,再次进入稳定工况运行。

这样的运行方式称为核动力装置的变工况运行,它是另一种常见的功率运行工况。变工况运行可将核动力装置从某一功率水平的稳定运行工况过渡到另一个功率水平的稳定运行工况。在变工况运行中,一、二回路系统的输出功率随时间发生变化。这是船舶核动力装置一种常见的运行形式。

船用核动力装置实现变工况运行一般有两种操作方式:不连续改变工况和连续改变工况。连续改变工况是指反应堆根据二回路负荷要求直接从某一功率提升或下降到目标功率水平,不存在中间功率。这个操作方式的优点是速度快,缺点是易诱发反应性事故、超功率事故等。不连续改变工况是指反应堆根据二回路负荷逐级提升或降低功率,待中间功率基本稳定后再继续提升或降低功率。这种操作方式的主要优点是安全性好,主要缺点是改变工况所需的时间较长。

根据初始功率与目标功率的大小不同,变工况又分为提升功率和降低功率两种操作。这两种操作基本互为逆过程,但受到反应堆温度效应的影响。

(1)提升功率时的操纵

当二回路负荷增加时,主汽轮机进汽调节阀开度增大,蒸汽流量增加,蒸汽发生器二次侧压力下降、液位下降,二回路的给水调节系统补偿蒸汽发生器的液位。随着蒸汽发生器二次侧压力和温度的降低,蒸汽发生器两侧的传热温差增大,蒸汽发生器一次侧传递至二次侧的热量增加,导致一回路冷却剂平均温度下降。由于一回路冷却剂的负温度效应,反应堆引入正反应性,反应堆功率自动补偿升高。如果一回路冷却剂的负温度系数无法完全补充二回路增加的功率,控制棒驱动机构根据功率调节器的输出信号提升控制棒,增大反应堆功率输出,使一回路的热功率和二回路的负荷再次达到平衡状态。

(2)降低功率时的操纵

当二回路负荷减小时,主汽轮机进汽调节阀开度减小,蒸汽流量减小,使蒸汽发生器二次侧压力上升、液位降低,二回路给水调节系统恢复蒸汽发生器液位。随着二回路温度压力的升高,蒸汽发生器两侧传热温度减小,其一次侧向二次侧的热量减小,引起一回路冷却剂平均温度升高。由于一回路冷却剂的负温度效应,引入负反应性,反应堆功率自动补偿降低。如果冷却剂负温度系数无法完全补充,控制棒驱动机构根据功率调节器的输出信号下插控制棒,减小反应堆功率输出,使一回路的热功率和二回路的负荷再次达到平衡状态。

为保证核动力装置的安全,功率降低的速率受到反应堆降温、降压速率和汽轮机汽缸金属温度允许下降速度的限制。如果降低功率的幅度较大,一般情况下应采用不连续操作方式降低功率,即每下降一定的功率应停留一段时间,使汽轮机汽缸和转子温度均匀下降,调整二回路给水流量,维持蒸汽发生器二次侧液位。

如果遇到紧急情况,核动力装置在短时间内需要降低功率,例如甩负荷工况。当核动力装置在较高的功率水平下发生甩负荷时,蒸汽发生器产生的大量多余蒸汽经减温减压后直接排放至冷凝器,或通过主蒸汽管道上的蒸汽释放阀直接排放至环境中。在这样的工况下,反应堆一般会启动紧急停闭程序,以保证反应堆的安全。

7.2.5　停闭工况

停闭工况是将核动力装置从运行状态转变为停闭状态或备用状态。停闭操作中最重要的一步是停止反应堆内自持的链式裂变反应,将其从运行功率水平降至中子源水平,并具有足够的停堆深度。停闭反应堆主要是依靠控制棒的插入来实现,即向堆芯内引入相当大的负反应性,以确保有效增值系数小于某一个值(如 0.9 ~ 0.99)。

停闭工况一般又可细分为冷停闭、热停闭和事故停闭三种工况。其中,冷停闭和热停闭都属于正常停闭。具体来说,冷停闭是指停止反应堆内自持裂变反应,将一回路冷却剂系统的温度降低至接近环境温度的过程,并使反应堆处于足够深的次临界状态。热停堆是指停止反应堆内自持的裂变反应,维持一回路冷却剂系统的温度和压力在正常运行的水平上,稳压器保留蒸汽汽腔,但使反应堆处于足够深的次临界状态。

1. 冷停闭

冷停闭是指核动力装置从一定功率运行水平停闭并冷却到常温常压状态的过程，以满足设备检修、燃料更换或长期休整的需求。冷停闭是冷启动的反向过程，整个停闭过程如图7.18所示，具体可以分为3个阶段。

(1)停闭汽轮发电机组

根据指令，逐渐降低汽轮发电机组的负荷。当发电机的负荷降至5 MW时，确认汽轮机进汽阀门已经全部关闭后，开始降低汽轮机的转速。当汽轮机的转速降低至250 r/min时，确认电动盘车已经启动。此后，通过电动盘车控制汽轮机的转速，直至完全停止。在降低汽轮机发电机组的负荷时，负荷降低的速率受到汽缸金属温度允许下降速度的限制，并在每下降一定负荷后停留一段时间，让汽轮机汽缸和转子温度均匀下降。在降低汽轮机转子的转速时，应该密切监视汽轮发电机组的有关参数，如转子的偏心度、震动和轴承的温度等。

(2)停闭反应堆

在降低汽轮机组负荷的过程中，利用反应堆功率控制系统自动跟随负荷的变化。当负荷降低至10%时，控制棒控制方式从自动控制切换至手动控制。当负荷降低至5 MW时，手动控制插入控制棒，使反应堆处于次临界状态。核动力装置进入热停堆状态；如有需要，在此状态下可长时间停留。

(3)一回路降温降压

反应堆停闭后，可以开始降低一回路的温度和压力。这个过程可分为两个阶段，第一个阶段是蒸汽发生器冷却阶段，第二阶段是余热排出系统冷却阶段。两者的边界是一回路的温度为180℃、压力为2.8 MPa，在温度压力高于边界值时，处于蒸汽发生器冷却阶段，低于边界值，处于余热排出系统冷却阶段。

在蒸汽发生器冷却阶段，在一回路系统中，稳压器内存在汽空间，一回路的压力仍然通过稳压器内的电加热和喷淋系统进行控制。通过主泵的运行，一回路冷却剂将衰变热从堆芯输送至蒸汽发生器。在二回路系统中，蒸汽发生器通过辅助给水系统供水，产生的蒸汽由蒸汽排放系统排放。

在一回路温度降低至180～160℃时，投入余热排出系统，进入余热排出系统冷却阶段。与蒸汽发生器冷却阶段不同的是，这一阶段主要通过上水系统与下泄压力控制阀来控制一回路系统的压力。然而，在一回路的温度降到120℃之前，通过这两个系统，稳压器内的汽空间虽然不断地被消失，但是仍然存在，并能稳定一回路的压力。

当一回路系统的温度降低90℃，压水堆核电厂达到正常冷停堆状态。此时，一回路系统的压力在0～0.5 MPa之间。在整个降温降压过程中需要注意的是，反应堆必须具有足够的停堆深度，一回路系统的超压保护要连续，一回路降温速率不得超过28℃/h，稳压器中水的降温速率不得超过56℃/h。整个冷停堆过程中一回路系统的温度、压力随时间的变化如图7.18所示。

2. 反应堆的热停闭

在热停闭时，一、二回路系统处于热备用状态，保留稳压器汽腔，但反应堆处于次临界停堆状态。从上一小节中对冷停堆过程的描述可知，热停闭过程是冷停闭过程的前两个步骤，在达到热备用状态后，不再降温降压。热停闭是船舶核动力装置一种常用的运行方式。当船舶短时间停靠码头，或者处于海上抛锚、待机、潜海底等航行状态时，一般可采用热停闭状态。

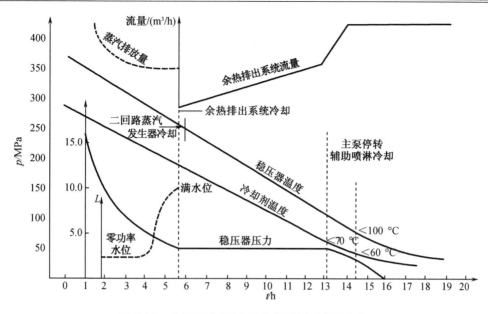

图 7.18 冷停堆过程中温度和压力随时间的变化

反应堆达到停闭所需的次临界状态后,依靠停堆后的剩余功率和主泵的运转对一回路系统进行保温保压。必要时也可利用稳压器内的电加热器,甚至重新启动核反应堆来维持一回路的温度和压力。

3. 反应堆的事故停闭

事故停闭属于非正常工况,是在没有计划、没有准备的情况下,由于系统或设备的重大故障而发生的。根据事故的轻重,事故停闭分为控制棒反插和紧急停堆两种。

控制棒反插是对于较小的功率波动或刚出现事故征兆时,除了给出音响、灯光等信号外,保护装置自动将控制棒以高安全限定的速度反插堆芯,使反应堆功率降至安全限值以下,但不完全停闭。紧急停堆时,反应堆控制系统自动切断控制棒电源,所有控制棒在0.7 ~ 1.2 s内全部插入堆芯,中止堆芯自持的裂变反应。如果操作员发现某些设备的运行状态可能会严重威胁反应堆安全,在保护装置还未动作的情况下,操作员可在控制台上手动操作紧急停堆按钮,实现快速停堆。

事故停闭以不扩大事故、保护反应堆安全为基本原则。在事故停闭后,必须立即投入应急冷却系统,以移去堆芯剩余热量。同时,根据情况迅速判断事故的原因,以及事故排除所需的时间,确定反应堆是热停闭还是冷停闭。

7.2.6 异常工况

异常工况是指核动力装置在某个系统或设备发生故障情况下的运行工况。异常工况下的运行是确保船舶动力装置生命力的一个重要手段。异常工况运行的基本要求是在采取一定措施的条件下使船舶能够顺利返回基地。需要强调的是,异常工况是介于正常运行工况与事故工况之间的非正常工况。例如,环路流量不对称、环路温差不等、单环路运行、控制棒异常、部分燃料等均属于异常工况。对于压水堆核电站来说,如果出现这样的工况,首选要考虑的是停堆,然后排除故障才能继续运行。然而,对于船用核动力装置来说,在确保反应堆安全的前提下,在一定的措施和条件下,核动力装置还需要维持在一定的功率水平下继续运行,这也是船用核动力装置与压水堆核电厂在运行上的一个重要差异。

思考题

1. 简述压水核动力装置一回路系统的功能及主要组成。
2. 简述压水核动力装置二回路系统的功能及主要组成。
3. 简述压水堆核动力装置的运行工况。
4. 简述压水堆核动力装置的冷启动过程。
5. 简述压水堆核动力装置热启动与冷启动的主要差别。
6. 简述压水堆核动力装置停堆的几种方式及其主要差别。

第8章　核安全基础

自核反应堆问世以来,其安全问题就一直备受各界关注。1942年在美国芝加哥大学建成的第一座核反应堆,为了防止反应堆出现临界事故,装了一根强中子吸收材料的镉棒,它在事故情况下可以随时插入堆芯以停止自持的核裂变过程,这是最早的安全措施。此后,随着反应堆的运行和研究工作的深入,各国研究人员研制了多样化的安全防护手段,以确保反应堆在事故情况下可以紧急停堆,并安全地带出衰变热。各国政府和核工业界也花费了巨大的资金和人力对反应堆技术进行了持续的改进和发展,建立了严格的法规和制度,使反应堆安全达到了相当高的水平。但是,迄今为止,在16 000多堆·年的商用核电厂运行历史上,已经发生了具有全球影响的三哩岛(1979年)、切尔诺贝利(1986年)和福岛(2011年)核电厂事故。这三起事故最终均发展成为严重事故,特别是切尔诺贝利事故和福岛事故,引起大量放射性物质不受控地释放到环境中,对环境、健康、经济和社会心理造成了巨大影响。因此,核安全问题始终是贯穿核能利用和发展的核心问题。

8.1　核安全概述

各类核电厂的风险主要来自事故条件下放射性物质不可控地释放。减少这种释放对核电厂的工作人员、周围的居民和环境造成的危害,是核电厂特有的核安全问题,也是核电厂与常规电厂在安全上的重要差别。核安全就是为了防止核电厂引起的放射性危害而提出的,其安全目标可表述为一个总目标和两个辅助目标。

8.1.1　核安全目标

1. 核安全的总目标

核安全的总目标是在核电厂里建立并维持一套有效的防护和缓解措施,以保证工作人员、社会及环境免遭放射性危害。需要指出的是,核电厂不仅存在安全总目标中所述的放射性危害,而且也面临常规电厂存在的普通风险,如废热排放对环境的影响、各类大小事故所造成的经济损失、人员伤亡等。为了突出核电厂的特殊性,在此所述的核安全仅指放射性危害,而不包含普通风险。

2. 辅助目标

(1)辐射防护目标

辐射防护目标包括:确保核电厂及其在正常运行时释放出的放射性物质引起的辐射照射保持在合理可行尽量低的水平上,并且低于规定的限值;确保缓解在事故条件下辐射照射的程度。这不仅要求在正常情况下具有一套完整的辐射防护措施,而且要求在事故情况下有一套缓解事故后果的措施(包括厂内和厂外的对策),以减轻对工作人员、居民及环境的危害。

（2）技术安全目标

技术安全目标包括：具有很大的把握预防事故的发生；确保核电厂设计中考虑的所有事故，甚至对于那些发生概率极小的事故，都要求其放射性后果（如果有的话）是小的；确保那些会带来严重放射性后果的严重事故发生的概率非常低，并采取有针对性的缓解措施。

随着概率安全分析方法被广泛认可，核电厂的技术安全目标可表达为更通俗的两个指标：堆芯熔毁的概率和放射性向环境释放的概率。对于世界上正在运行中的大部分第二代核电厂，堆芯熔毁的概率低于 $1 \times 10^{-4}/$（堆·年），放射性向环境释放的概率低于 $1 \times 10^{-5}/$（堆·年），对于目前正在建造中的大部分第三代核电厂，要求它们分别低于 $1 \times 10^{-5}/$（堆·年）和 $1 \times 10^{-6}/$（堆·年）。需要指出的是，该概率安全目标不代替核安全法规的要求，也不是颁发许可证的唯一基础，其可作为核实和评估核电厂设计安全水平的一个导向值。

8.1.2 反应堆的安全原则

1. 纵深防御

为了从技术上保障核安全，在所有各类核反应堆与核电厂的设计、建造和运行中都应贯彻"纵深防御"的安全原则。基于这一原则，在核电厂的设计中要求提供多层次的设备、系统，及其相应的规程，用以防止发生事故，或在未能防止事故时，提供适当的防护。具体来说，"纵深防御"原则分为如下 5 个层次：

第 1 层次防御的目的是防止核电厂偏离正常运行和系统故障。这一层次要求按照恰当的质量水平和工程实践正确并保守地设计、建造和运行核电厂。

第 2 层次防御的目的是检测和纠正偏离正常运行的情况，以防止运行事件升级为事故工况。这一层次要求设置专用系统并制定运行规程，以防止或尽量减少这些假想的始发事件所造成的损坏。一般来说，专用安全系统由安全分析所确定。

第 3 层次防御目的是防止某些预期运行事件或始发事件未被前一层次的防御所制止，并升级发展为更严重的事件。在核电厂的设计基准中，这些极少可能发生的事件是有所预期的，因此必须提供固有安全特性、故障安全设计、附加的系统设备及其相应的规程，以控制其后果，并使核电厂在这些事件后最终达到稳定的、可接受的状态。

第 4 层次防御的目的是应付可能已超出设计基准的严重事故，并保证放射性后果保持在合理可行尽量低的水平。这个层次最重要的安全目标是保护包容功能。通过附加的措施和规程防止事故发展，通过减轻所选定的严重事故的后果，加上事故处置规程，可以完成这个目标。

第 5 层次（即最后层次）的防御目的是减轻事故工况下可能的放射性物质释放后果。这一层次要求具有适当装备的应急控制中心，制定和实施厂区内和厂区外应急响应计划。

2. 多道屏障

纵深防御的基本安全原则包括在放射性产物与人所处的环境之间设置多道屏障，以及对放射性物质的多级防御措施。为了阻止放射性物质向外扩散，核电厂在其结构设计上最重要的安全措施之一，是在放射源与人之间，即放射性裂变产物与人所处的环境之间，设置多道屏障，力求最大限度地包容放射性物质，尽可能减少事故后放射性物质向周围环境的释放量。现代压水堆一般设有燃料元件及其包壳、一回路压力边界和安全壳这三道屏障。

（1）燃料元件及其包壳

压水堆核燃料采用低富集度二氧化铀，将其烧结成芯块，叠装在锆合金包壳管内，两端用端塞封焊住。反应堆运行过程中产生大量的裂变产物，裂变产物有固态的，也有气态的，它们中的绝大部分容纳在二氧化铀芯块内，只有部分气态的裂变产物能扩散出芯块，进入芯块和包壳之间的间隙内。正常运行时，仅有少量气态裂变产物有可能穿过包壳扩散到冷却剂中。

（2）一回路压力边界

压力边界的形式与反应堆类型、冷却剂特性，以及其他设计有关。压水堆一回路压力边界由反应堆容器和堆外冷却剂环路组成，包括稳压器、蒸汽发生器传热管、泵和连接管道等。为了确保这一道屏障的严密性和完整性，防止带有放射性的冷却剂漏出，除了设计时在结构强度上留有足够的裕量外，还必须对屏障的材料选择、制造和运行给以极大的注意。

（3）安全壳

安全壳将反应堆、冷却剂系统的主要设备（包括一些辅助设备）和主管道包容在内。当事故发生时，它能阻止从一回路系统外逸的裂变产物泄漏到环境中去，是确保核电厂周围居民安全的最后一道防线。安全壳也可保护重要设备免遭外来袭击（如飞机坠落）的破坏。在失水事故后 24 小时内，安全壳总的泄漏率须小于 0.3% 的气体质量，才能达到安全壳的密封要求。因此，除了在结构强度上应留有足够的裕量，以便能经受住冷却剂管道大破口时压力和温度的变化，还常常设置能动的安全壳喷淋系统，保证完全壳的完整性。而且，目前正在建造中的大部分压水堆核电厂，常设置非能动安全壳冷却系统，在能动的安全壳喷淋系统失效的情况下，仍然能保证安全壳的完整性。

3. 安全设计的基本原则

除了纵深防御的安全原则和多道屏障的基本手段，核电厂安全设计还须遵循的一般原则是：采用行之有效的工艺和通用的设计基准，加强设计管理，在整个设计阶段和任何设计变更中必须明确安全职责。为了保证核安全，对于至关重要的系统的可靠性，应采用单一故障准则，即保证在其他的某部件出现故障的情况下，也能确保它的功能。所谓的单一故障是使某个部件不能执行其预定安全功能的随机故障，包括由该故障引起的所有继发性故障。工程实际中，为了遵循单一故障准则，要求应用以下几个原则：

（1）冗余原则

对于重要的安全系统，按其功能每个保护参数只要设置一个保护通道就够了，但为了提高系统的可靠性，往往增设一个或几个功能完全相同的冗余通道。每个通道彼此独立，其中任一通道故障，并不损害系统应有的保护功能。为使反应堆有高度的连续运行性能，这些多重通道一般又按照"三取二"或"四取二"逻辑组合。

（2）多样性原则

多样性应用于执行同一功能的多重系统或部件，即通过多重系统或部件中引入不同属性来提高系统的可靠性。获得不同属性的方式包括采用不同的工作原理、不同的物理变量、不同的运行条件，以及使用不同制造厂的产品等。采用多样性原则能减少某些共因故障或共模故障，从而提高某些系统的可靠性。

除了系统的多样性，保护参数应具有多样性，即针对反应堆每一种事故工况，设置几个保护功能相同的保护参数，即使在某一保护参数的全部保护通道同时失效的最坏情况下，仍能确保反应堆安全。例如,在压水堆中,超功率保护、超进出口温差保护和超功率温差保护就是一组互为补充的多重保护参数。它们从不同的角度出发,确保在事故工况下,不至于因偏离泡核沸腾比(DNBR)而引起燃料元件烧毁。

(3)故障安全原则

核电厂安全极为重要的系统和部件的设计,应尽可能贯彻故障(失效)安全原则,即核系统或部件发生故障时,电厂应能在无须任何触发动作的情况下进入安全状态。例如,反应堆正常运行时,安全棒应提出堆芯,当控制棒电源故障时,安全棒可自动落入堆芯,使反应堆停闭,确保反应堆安全。

(4)独立性原则

为了提高系统的可靠性,防止发生共因故障或共模故障,系统设计中应通过功能隔离或实体分隔,实现系统布置和设计的独立性。例如,各保护通道都应具有独立线路,而且各通道由独立线路供给可靠仪表电源,并应考虑实体隔离,如连接导线应处在不同的电缆槽中,通过不同的安全壳贯穿件等。

8.1.3 反应堆的安全性

1. 安全性要素

由于运行中的反应堆存在潜在风险,在核电厂的设计、建造和运行过程中,必须坚持和确保安全第一的原则。对于任何核反应堆,确保其安全总是依赖如下 4 种安全性要素。

(1)自然的安全性

指反应堆内在的依据自然科学法则而具有的安全性,如燃料因多普勒效应而具有负反应性温度系数,控制棒借助重力落入堆芯等。

(2)非能动的安全性

指建立在惯性原理(如泵的惰转)、重力法则(如位差)、热传递法则等基础上的非能动设备(无源设备)的安全性,即安全功能的实现无须依赖外来的动力。

(3)能动的安全性

指必须依靠能动设备(有源设备),即需由外部条件加以保证的安全性。

(4)后备的安全性

指由冗余系统的可靠度或阻止放射性物质逸出的多道屏障提供的安全性保证。

2. 固有安全性和非能动安全性

当反应堆出现异常工况时,不依靠人为操作或外部设备的强制性干预,只是依靠反应堆自然的安全性和非能动的安全性,控制反应性或移出堆芯热量,使反应堆趋于正常运行和安全停闭,这种安全性称为固有安全性。主要依赖于自然的安全性、非能动的安全性和后备反应性的反应堆称为固有安全堆。固有安全性是保证核反应堆安全的基础,是从根本上杜绝核反应堆重大事故的最有效的方法。

通过各类事故的教训,人们越来越认识到核反应堆的真正安全必须建立在其固有安全性的基础上,这是最可靠的安全方法。对于小型核反应堆,如先进的池式快堆(IFR)和模块式高温气冷堆(MHTGR),它们的特点是固有安全概念贯穿于核反应堆的整个设计。例如,对于我国的商用模块化高温气冷堆 HTR - PM 来说,其衰变热从堆芯完全依靠自然对流、导热和辐射传热等自然机制导出至堆腔冷却系统,然后通过堆腔冷却系统的自然循环将热量最终排入环境中,如图 8.1 所示。

　　对于大型的核反应堆,其固有安全性的研究主要集中在非能动安全部分,它是这类大型核反应堆固有安全性发展的重要方向。非能动设施的功能依靠状态的变化、储能的消耗或自我动作来实现。它们可能经受压力、温度、辐射、液位和流量的变化,但这些变化都是由系统本身的特性自然产生的。非能动可根据其程度上的差别分为以下三种。

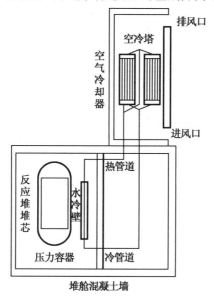

图 8.1　模块化高温堆 HTR – PM 余热导出示意图

　　(1)不需要外动力,既无移动的工质,又无移动的机械部件。这种属性实际上是系统的固有特性,可以理解为当核反应堆事故发生时反应堆仅仅依靠自然力,如负温度系数、热源和热阱间的热传导和热辐射等,或者是其他非能动的因素返回正常运行状态或者安全停堆的能力,它不需要任何人或设备的干预。

　　(2)其动作由内部的参数变化引起。在实现其功能动作的构成中有工质的流动,但无运动的机械部件,如在热源和热阱之间沿某一特定通道的自然循环,液压阀门或密度锁等。

　　(3)其功能基于不可逆动作或不可逆变化的某些设备,如安全隔膜、止回阀、弹簧式安全阀和安注箱等。它们具有运动部件,但因不需要外动力,仍属非能动设备范畴。

　　20 世纪 80 年代以来,以美国西屋公司为代表,开始研究大型压水堆非能动安全技术。到目前为止,已有较多的核反应堆应用了非能动安全先进技术,并将这一先进技术进行了研究开发,用于新一代核反应堆。目前比较有代表性的非能动安全反应堆是 AP600、AP1000、CAP1400 等。这一体系下的反应堆均完全依赖非能动安全技术,与最初的 AP600 均采用相同的安全理念。

　　AP600 非能动应急堆芯冷却系统和非能动安全壳冷却系统如图 8.2 所示。非能动应急堆芯冷却系统用于在反应堆冷却剂系统管路破裂时,实现堆芯余热的排出、安全注入和卸压。这一系统利用三种非能动水源,即堆芯补水箱、蓄压水箱和安全壳内换料水贮存箱。这些安全注入水直接与反应堆压力容器接管相连接,并依靠重力压头注入堆芯,并将热量从堆芯带出排入安全壳。热量进入钢制安全壳后,通过钢制安全壳内侧的蒸汽冷凝、钢制安全壳的导热、钢制安全壳外侧的液膜蒸发与空气自然循环,最终将热量排入环境中。

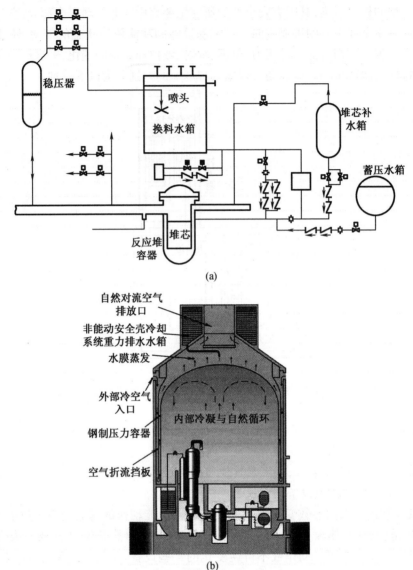

图8.2 AP600 的非能动安全系统

(a)堆芯余热排出示意图;(b)安全壳热量排出示意图

3. 能动的安全性

对于目前正在运行着的绝大部分核电厂的反应堆,它们的安全性虽然也依赖于上述4种要素,但与具有非能动安全反应堆相比,所依赖的程度和重点是不同的。这些反应堆系统均需设置能动的应急堆芯冷却系统、余热排出系统、安全壳喷淋系统等专设安全设施,依靠的主要是能动的安全性和后备的安全性,属于工程的安全性。其中,最重要的专设安全设施是安全注射系统,它的主要功能是异常工况下为堆芯提供冷却,以保持燃料包壳的完整性。关于能动的安全系统及其工作原理详见本书第7章。

8.1.4　核安全文化

虽然核电厂始终遵循安全设计的原则,但是三哩岛事故和切尔诺贝利事故表明,操作人员的认识不足,甚至恶意规避安全系统等的行为仍有可能使核电厂发生事故时朝着不利的局面发展。为了弥补此类薄弱环节,国际原子能机构国际安全咨询组于 1986 年的《切尔诺贝利事故后审评会议总结报告》中首次引出"安全文化"一词。1988 年,国际安全咨询组在《核电安全的基本原则》中把"安全文化"概念作为一种基本管理原则,表述为:实现安全的目标必须渗透到为核电厂所进行的一切活动中去。1991 年,国际安全咨询组出版了《安全文化》一书,深入论述了安全文化这一概念,并对核安全文化做出了如下的定义:核安全文化是存在于单位和个人中的种种特性和态度的总和,它建立一种超出一切之上的观念,即核电厂安全问题由于它的重要性要保证得到应有的重视。在措辞严谨的"安全文化"的表述中,有如下三方面的含义:

(1)强调安全文化既是态度问题,又是体制问题,既和单位有关,又和个人有关,同时还牵涉到在处理所有核安全问题时所应该具有的正确理解能力和应该采取的正确行动。也就是说,它把安全文化和每个人的工作态度、思维习惯,以及单位的工作作风联系在一起。

(2)工作态度、思维习惯,以及单位的工作作风往往是抽象的,但是这些品质却可以引出种种具体表现,作为一项基本要求,就是要寻找各种办法,利用具体表现来检验那些内在的、隐含的东西。

(3)安全文化要求必须正确履行所有安全重要职责,具有高度的警惕性、实时的见解、丰富的知识、准确无误的判断能力和高度的责任感。

"核安全文化"这一概念一出现就引起了人们广泛的重视与兴趣。长期以来,对核电厂的安全措施耗费了巨大的资金和精力,也使用了许多新方法,应该说核电厂的可靠性、安全性得到了很大的提高。核电厂的安全特征是高危险性、低风险率。尽管核电厂立项时实行了严格的审批制度,设计时按照纵深防御原则,设置了多道实体屏障和多个安全系统,但同所有的工业生产一样,无论多么先进的核电机组,也会由于种种原因引起某些设备失效而发生事故,其中绝大多数不是源于设备故障,而是因人为的失误直接或间接引起的。广义的人因问题成了长期困扰核电厂安全的一大难题。安全文化的提出,似乎为解决这个难题提供了一条途径。

8.2　典型的设计基准事故

核电厂在可能发生的各类事件和事故下的安全响应是其安全性的集中体现,也是其安全性的基本保障。各国的核安全法规均要求从核电厂的设计环节开始对这些事故进行保守地或者最佳估计地分析,并根据分析结果采取相应的防范措施,以实现核电厂的安全。由于反应堆是核电厂中最重要的设备,而且它是核电厂放射性的来源,因此反应堆的事故分析是核电厂事故分析的最重要内容。

反应堆的事故分析一般有确定论方法和概率论方法两种方法。确定论方法是确定一组假想的故障,采用适当的计算模型,研究在这些故障情况下反应堆的行为,以便确定反应堆在这些事故工况下其关键参数是否超过许可值。为了有效地分析反应堆事故,一般把核反应堆运行工况分为正常工况与运行瞬态、中等频率事件、稀有事故和极限事故四类。

这四类运行工况是在反应堆设计中必须要考虑的运行状态,在安全分析报告中要对以上的 2~4 类事件或事故进行详尽分析,给出定量的结果,阐明核电厂的安全性。本节选择反应性引入事故、大破口事故和小破口事故这三类典型的事故作为例子进行介绍。

8.2.1　反应性引入事故

在反应堆的正常运行过程中,突然引入一个正反应性,会引起反应堆功率急剧地上升。如果引入的正反应性较大而触发瞬发临界,可能给反应堆带来失控的危险,例如切尔诺贝利核电站事故。现代压水堆设计固有负温度系数,一般情况下不会出现切尔诺贝利核电站那样的事故。对于压水堆来说,反应性引入的主要原因是控制棒意外抽出或弹出和硼浓度意外稀释等。

(1)控制棒意外抽出:由于反应堆控制系统或控制棒的故障,使控制棒失控抽出,从而持续引入正反应性。

(2)硼浓度意外稀释:在反应堆运行期间,由于误操作、设备故障或控制系统失灵等,使无硼的纯水进入主冷却剂系统,会造成堆芯冷却剂的硼浓度下降,从而使反应性逐渐增加。

(3)控制棒弹出:一般是由于控制棒驱动机构的密封罩壳破裂,在堆内高压水的作用下,控制棒迅速弹出堆芯。这种事故相当于一回路小破口事故叠加正反应性阶跃引入事故。

根据反应性引入的大小与反应性的引入程度,反应性引入事故可分为准稳态瞬变、缓发超临界瞬变和瞬发超临界瞬变三种情况。准稳态瞬变是指引入的反应性比较缓慢,可以被温度反馈和控制棒的自动调节所补偿。这种情况下引入的反应性速率较小,冷却剂温度和功率上升得都不太快,由冷却剂平均温度过高保护使反应堆紧急停堆。此时的功率峰值还不到超功率保护整定值。冷却剂压力和平均温度的上升幅度较大,使偏离核态沸腾的裕量变小。

缓发超临界瞬变是指引入的正反应性较快,使反应性反馈效应和控制系统已不能完全补偿,这时总的反应性大于零,但不超过缓发中子份额 β。例如,在满功率运行工况下,两组控制棒失控抽出,这时引入的反应性 $0 < \rho_{max} < \beta$。在这种情况下,反应堆虽然超临界但不会达到瞬发临界状态。由于缓发超临界的功率增长非常快,在瞬变期间稳压器压力和冷却剂平均温度的变化较小,因此这种事故如果及时得到控制不致损坏燃料元件。

瞬发超临界瞬变是指引入的反应性很大,超过了瞬发临界的程度所引起的堆内瞬变。例如,在弹棒事故情况下,引入的反应性超过缓发中子份额,即 $\rho_{max} > \beta$。这一瞬变很快,故堆功率增长的时间很短,在各保护系统正常工作情况下反应堆会紧急停堆,堆芯温度在瞬变中不会剧升。

在这三类事故中,最严重的是弹棒事故,它属于极限设计基准事故,是反应性引入事故叠加小破口事故。在这种事故下,堆芯功率分布变化迅速且严重畸变,燃料包壳的表面温度大幅上升,甚至超过 1 000 ℃,如图 8.3 所示。这一温度已经足以引发剧烈的锆水反应,因而包壳的破损问题成为非常重要的问题。

在压水堆设计中,对弹棒事故的保护措施包括:利用硼浓度跟踪燃耗,减少停留在堆芯内的控制棒数量;负荷跟踪运行时,只允许控制棒部分地插入堆芯,控制棒到达插棒限值附近时保护系统将发出警报,这样可保证弹棒时引入的反应性是有限的。另外,在控制棒位和棒价值设计中,选择能限制弹棒事故后果的方案。

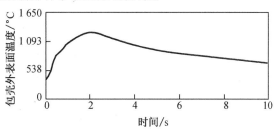

图 8.3　弹棒事故下燃料包壳表面温度

8.2.2　大破口失水事故

大破口失水事故是典型的压水堆设计基准事故,是指反应堆主冷却剂管路出现的大孔径或双端剪切断裂的事故。最严重的情况是一回路主泵至反应堆压力容器之间的管段完全断裂,冷却剂从两端自由流出。它是假想的最严重的反应堆事故,也是极限的设计基准事故。按照一回路卸压过程及其采取的相应措施,大破口事故中可能会出现喷放、再灌入、再淹没和长期冷却四个阶段。

1. 喷放阶段

压水堆在正常运行工况下,冷却剂处于过冷状态,冷却剂的平均温度一般低于相应压力下的饱和温度 $30 \sim 60 ℃$。当一回路出现大破口时,系统压力急剧降低(如图 8.4 所示),在几十毫秒之内就会降到饱和压力。在系统压力降至饱和压力之前的喷放过程称为过冷喷放阶段,这是喷放阶段的初期。

在一回路出现破口时,破口处会产生一个压力波,这个压力波以 1 000 m/s 的速度在一回路系统内传播。这个压力波产生的负压会使反应堆压力容器产生一个巨大的应力变化。控制棒驱动机构和堆内构件将经受严峻的考验,一回路的支撑件和固定件等支撑构件的钢筋混凝土基座也将承受巨大的应力。

在过冷喷放阶段,如果破口发生在热管段,通过堆芯的冷却剂流量增加,如图 8.4 中②所示;如果破口发生在冷管段,则通过堆芯的流量将减少或出现倒流,如图 8.4 中③所示。

当系统压力降低至冷却剂温度对应下的饱和压力,冷却剂开始沸腾,由此进入饱和喷放阶段,这一过程会在破口发生后不到 100 ms 时发生。由于堆芯内产生大量气泡,因此系统的卸压过程变得缓慢,如图 8.4 中④所示。沸腾和闪蒸可能从最热的位置(如堆芯上部和上腔室)同时出现,并发展到其他位置,乃至整个一回路系统。

由于沸腾过程中堆芯内大量气泡的形成,慢化剂的密度大幅度减小,负空泡系数引入的负反应性足以终止裂变反应,因此在大破口事故情况下,压水堆不需紧急停堆,裂变过程会自然降低直至裂变反应停止,此后的堆芯功率主要是衰变功率。堆芯内的冷却剂汽化后,燃料元件表面与冷却剂之间的传热严重恶化,此时会发生偏离核态沸腾(DNB)工况。

在冷管段破裂的情况下,堆芯的冷却剂流量迅速下降、停流或者倒流,偏离泡核沸腾在事故瞬变后大约 $0.5 \sim 0.8$ s 时发生,如图 8.4 中⑤所示。在热管段破裂的情况下,堆芯的流量要延续一段时间,因此产生脱离泡核沸腾的时间要比冷段破口情况滞后,一般要在几秒钟之后发生。出现偏离核态沸腾后,包壳与冷却剂之间的传热恶化,因此包壳温度会突然升高,从而出现第一次燃料包壳峰值温度。

从图8.4的包壳温度曲线可以看出,对于冷管段破口和热管段破口两种不同情况,包壳峰值温度出现的时间和大小都有差别。在热管段破口的情况下,流过堆芯的有效冷却剂流量比冷管段破口大,因此其温度峰值出现较晚,而且温度较低,如图8.4中⑥所示。

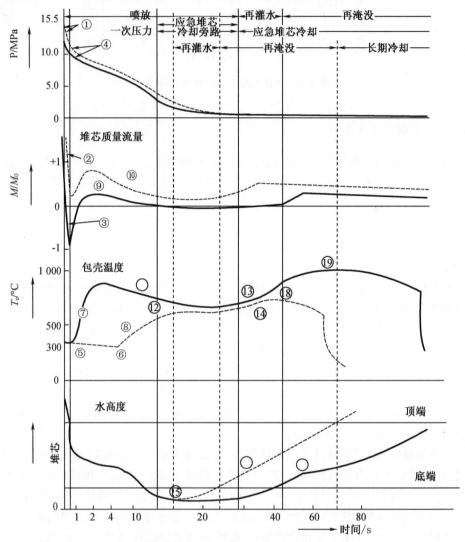

图8.4 大破口失水事故序列示意图

(实线:冷管段破裂,虚线:热管段破裂)

当出现大破口事故后,裂变反应结束,但堆芯内仍然产生大量热量。其热源有两个:一个是裂变产物的衰变热;另一个是在高温情况下包壳的锆合金同蒸汽与水发生化学反应,生成氢和氧化锆,并产生热量。在这一过程中燃料棒内的贮热量会产生再分布,使燃料棒内的温度拉平,元件也会产生轴向传热,因此热点的包壳温度不再上升。这一过程中冷却剂不断从破口流出,反应堆内的水装量不断减少。

2. 再灌水阶段

当主冷却剂系统内的压力降低至应急堆芯冷却系统安注箱内的氮气压力时,截止阀会自动打开,安注箱的水会在箱内压力的作用下注入主冷却剂系统,这样就开始了应急冷却阶段。这一阶段大约在破口事故瞬变后 10 ~ 15 s 时发生。当应急冷却系统的安注箱和高压安注系统投入工作时,主冷却剂系统的压力仍高于安全壳内的压力,破口处冷却剂还在大量外流。

在热管段破口情况下,注入冷管段的辅助冷却剂通过下降段到达下腔室,使堆内的水位不断上升,进入堆芯后再淹没堆芯。当冷管段出现破口时,情况会大不一样,因为在堆芯冷却剂倒流期间,从堆芯流出的蒸汽与下腔室内水继续蒸发产生的蒸汽一起,通过下降段的环形腔向上流动,阻碍从冷管段注入的应急冷却水穿过下降段,从而在下降段形成汽 – 水的两相流逆向流动。在这种情况下,注入下降段的冷却剂有一大部分被流出的蒸汽夹带至破口,使注入的冷却剂没有进入堆芯而旁通了,这一过程一般出现在破口后 20 ~ 30 s 的时间。因此,在冷管段破口情况下,最初堆芯应急冷却系统注入的冷却剂旁通下腔室,直接从破口处流出,从而使堆芯的再淹没大大推迟。

当一回路系统与安全壳之间的压力达到平衡,喷放阶段就已结束,当一回路系统压力降到 1 MPa 左右,低压注射系统投入工作。在初始阶段,辅助冷却水由安全注射箱和低压注射系统同时提供,一直到安全注射箱排空。在此之后如果还需注水,低压注射系统可以取水自换料水箱,最后还可以取自安全壳地坑。在大破口事故情况下,由于系统压力下降得非常快,高压注射系统起不到太大作用,因此这时起主要作用的是安全注射箱和低压安注系统。

再灌水阶段从应急冷却水到达压力容器下腔室开始,一直到水达到堆芯底部,这一过程一般出现在破口后 30 ~ 40 s 的时间。在这一阶段里,堆芯是裸露在蒸汽环境中的,这一过程堆芯产生的衰变热主要靠辐射换热和自然对流换热。由于传热不良,因此堆芯温度会绝热地上升,如图 8.4 中⑬所示,上升的速率大约为 8 ~ 12 ℃/s。在温度上升的过程中,锆合金与水蒸气的反应是一个很大的热源,因此再灌水阶段的时间长短,对大破口事故后反应堆事故的严重程度影响非常大,而这一时间取决于喷放结束时下腔室的水位至堆芯底部的高度,它决定了燃料元件包壳温度所能达到的最高值。

3. 再淹没阶段

下腔室的水位到达堆芯底部,再灌水阶段结束,以后水位逐渐淹没堆芯,进入再淹没阶段。由于这时堆芯内燃料元件的温度较高,当应急冷却水进入堆芯时,会马上沸腾。沸腾产生的蒸汽会快速向上流动,由于汽流中夹带着相当数量的水滴,这些为堆芯提供了部分冷却。随着水位在堆芯内的上升,这一冷却效果会越来越好,包壳温度的上升速率也随之减小,当破口事故瞬变后 60 ~ 80 s,热点的温度开始下降。当包壳温度下降至 350 ~ 550℃ 时,应急冷却水再淹没包壳表面,这时冷却速率明显提高,燃料包壳温度很快降低,这一过程一般称为堆芯骤冷阶段。

由于再淹没过程中水位上升的速度与流体的阻力和驱动力有关,在冷管段破口的情况下,堆芯内产生的蒸汽要通过热管段、蒸汽发生器和主泵等,要克服这些地方的流动阻力。当蒸汽流过蒸汽发生器时,蒸汽中被夹带的水滴会被二回路传递的热量加热而蒸发,这样使蒸汽的体积大大增加,使流动阻力进一步增大,这时在蒸汽发生器与主泵之间的过渡段内会积水,这样就附加了蒸汽的阻力。这一过程蒸汽的流速变慢,再淹没中堆芯上升的水位速度也相应变慢,这一过程称为“蒸汽黏结”。产生蒸汽黏结现象后,再淹没的速度降低,燃料与冷却剂之间的传热减少,延长了再淹没的时间。

4. 长期冷却阶段

再淹没过程结束后,反应堆的燃料仍然产生衰变热,因此低压注射系统继续运行。当换料水箱的水用完时,低压注射泵可以从安全壳地坑吸水。从反应堆冷却剂系统泄漏出的水和安全壳内蒸汽冷凝变成的水大部分汇集到地坑中,因此这部分水可以长期地循环使用。反应堆衰变热的释放是一个长期的过程,例如大亚湾核电站,反应堆热功率为 2 890 MW,停堆 30 d 后剩余的热功率大约为 4 MW,由此可以看出,衰变热的输出时间较长。

8.2.3 小破口失水事故

小破口事故一般定义为在一回路系统压力边界上面积小于或等于 470 cm^2 的破口。破口位置的范围包括所有连接在冷却剂系统压力边界的小管道、释放阀和安全阀、补水和排污管道、各种设备仪器的连接管道等。概括地说,主冷却剂系统管道中的任何一个支管上的压力边界的破口,都属于小破口事故的范围。由于小破口事故涉及的范围很大,因此小破口事故发生的可能性很高,而且每一种后果最终达到的程度与压水堆的设计、设备的可靠性、破口的面积与位置,以及反应堆所处在的运行状态有关。从控制的角度来说,小破口事故发展缓慢,反应堆的操作人员通过仪表能预计情况的发展情况,并在控制室进行纠正。

根据破口面积的不同,小破口事故可以分成三大类:第一类,破口尺寸足以使反应堆冷却剂系统压力降至安注水箱触发值,被称为触发安注箱的小破口事故;第二类,破口较小,使反应堆冷却剂系统压力降至安注水箱触发值以上的一个半稳定值,被称为中等小破口事故;第三类,破口更小,由于高压安全注射泵的注射,反应堆冷却剂系统重新被加压,被称为非常小的小破口事故。从定量的角度来说,这三类小破口事故的破口面积范围与具体压水堆设计参数有关,如回路的布设、堆芯功率、高压安全注射泵容量和安注水箱压力触发值等。

1. 触发安注箱的小破口事故

第一类小破口事故的破口尺寸相对较大,在反应堆冷却剂系统中出现两相流动前,冷却剂系统压力将降至安注水箱的注射压力,其破口面积范围约为 93 cm^2(等效直径为 109 mm)至 470 cm^2(等效直径为 245 mm)。图 8.5(a)是一回路系统发生第一类小破口的系统压力下降曲线。从图中可以看出,系统压力最初从 15.8 MPa 降低时非常急剧。在 A 点(对应于反应堆中最热的冷却剂的饱和压力)压力降低速度有所减缓。由于临界流量的限制,从破口流失的能量小于堆芯产生的能量,所以在 B 点压力降低停止。

在蒸汽发生器中,为了把剩余的能量传递给二回路侧的水,一回路侧冷却剂的温度需高于二回路侧的水温。根据热平衡,这个温度决定着反应堆冷却剂系统从 B 点到 C 点的压力。汽液界面低于破口高度之后,能量从破口流失的速度增加,反应堆冷却剂系统的压力继续降低。图 8.5(a)中 C 点后的压力继续降低直至 D 点,此时安全注射水箱开始向反应堆注水。安全注射水箱注入的大量水终止了堆内冷却剂总量的净流失。

高压安全注射泵对第一类小破口的影响相对较小。高压安全注射泵的注入量减缓了反应堆内冷却剂的净流失速度,同时可能通过冷凝蒸汽而加快反应堆冷却剂系统的压力降低。这一过程中,堆芯的衰变热排出由蒸汽发生器带走和从破口的流失两部分组成。在第一类小破口事故时,堆芯可能会裸露,然而,由于反应堆冷却剂系统的急剧降压和安全注射水箱开始注射,在燃料包壳温度急剧升高之前堆芯重新被淹没。

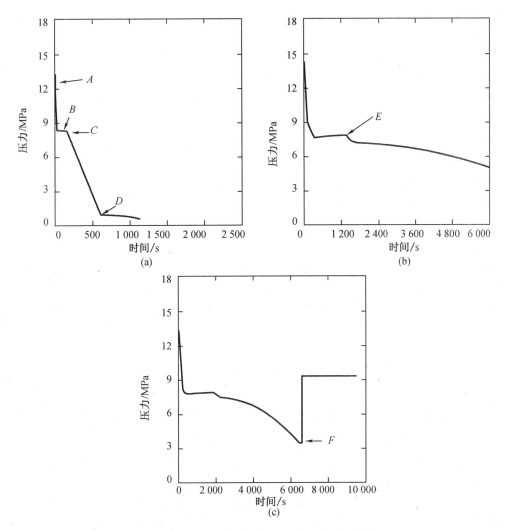

图 8.5　小破口事故时的一回路系统压力变化
(a)第一类小破口;(b)第二类小破口;(c)第三类小破口

2. 中等小破口事故

在发生第二类小破口事故时,在堆内冷却剂的净流失停止之前,一回路系统的压力不会降至安全注射水箱触发值,这类中等小破口的面积范围变化大约从 18.6 cm²(等效直径:49 mm)至 93 cm²。图 8.5(b)是中等小破口的压力降低曲线。最初的压力降低与第一类小破口相似,包括开始的急剧下降阶段和由于二回路侧温度决定的压力稳定阶段。在图 8.5(b)中曲线的 E 点之后,只要蒸汽发生器中能带走热量,缓慢降压阶段将一直持续。反应堆冷却剂系统的压力高于二次侧蒸汽发生器的压力,两者的差值由维持热量从一次侧传给二次侧的传热温差所决定。直到堆芯衰变热降低,破口流出的热量与汽化速度相当,此时系统停止降压。

对于中等小破口事故来说,高压安全注射泵是非常重要的,用它来补充冷却剂的流失。蒸汽发生器也非常重要,用它来带走热量。蒸汽发生器一直充当热阱,作为热阱的二回路侧存水是否充足与电厂的设计特性和破口面积大小有关。随着系统压力降低,破口处的流量减少,安全注射的流量最终能够补偿破口的流量损失。在这一过程中,堆芯可能出现裸露。在这种情况下,由于瞬变过程较为缓慢,堆芯裸露持续时间较长,因此可能造成严重的后果。

3. 非常小的小破口事故

第三类小破口事故是指由于作为热阱的蒸汽发生器丧失排热功能,破口被隔离或高压安全注射流量超过从破口流失的流量,反应堆冷却剂系统被重新加压,这类事故的破口面积常小于 $18.6 \ cm^2$。图 8.5(c)是这类破口的压力下降曲线,从图中可以看出,反应堆冷却剂系统很快被重新加压。通过减小高压安全注射的流量或打开主回路释放阀可以停止重新加压。图 8.5(c)中 F 点是反应堆冷却剂系统完全充满水,压力将迅速上升的点,压力最终稳定在高压安全注射泵的设定停止值或稳压器释放阀的触发值上。

在第三类小破口事故中,堆内冷却剂的总量减少不足以出现堆芯裸露的情况。在发生最小破口事故时,冷却剂总量流失很小而不会中断单相自然循环。在发生这类破口事故时,衰变热完全通过蒸汽发生器带走。因此,在没有主给水的情况下,应该启动二回路的辅助给水系统,以维持带走一次侧的热量。这类小破口事故的另一个特征是在有和没有主泵运行时堆芯一直被淹没。通常认为,在破口大于 $18.6 \ cm^2$ 时主泵的运行会比不运行产生更大的冷却剂丧失。然而,当破口小于 $18.6 \ cm^2$ 时,主泵运行引起的额外的冷却剂流失不会引起堆芯裸露。

8.3 反应堆严重事故

对于压水堆核电厂来说,一旦发生较严重的设计基准事故,若处置不当或者专用安全设施失效,这些事故可能演化成严重事故。这会导致堆芯大面积燃料包壳失效,威胁或破坏反应堆压力容器或安全壳的完整性,并可能引发放射性物质的泄漏。一般来说,有两种原因可能引发反应堆严重事故:堆芯失去冷却或冷却不足、快速不可控地引入反应性。

根据堆芯损坏的原因不同,严重事故可以分为堆芯熔化事故和堆芯解体事故两大类。堆芯熔化事故是由于堆芯冷却不充分,引起堆芯裸露、升温和熔化的过程。这类事故发展较为缓慢,时间尺度为小时量级,例如美国的三哩岛事故和日本的福岛事故。堆芯解体事故是由于短时间内向堆芯引入巨大的正反应性,引起功率骤升和燃料碎裂的过程。这类事故发展速度非常快,时间尺度为秒量级,苏联的切尔诺贝利核电站事故是到目前为止仅有的堆芯解体事故的实例。

由于压水堆固有的反应性温度负反馈特性和设置大量的专设安全设施,发生堆芯解体事故的可能性极小,因而本节着重分析压水堆可能面临的堆芯熔化这类严重事故。堆芯熔化事故通常是由堆芯长期得不到冷却造成的,最有可能导致这种局面出现的是一回路系统发生了破口,导致堆芯冷却剂丧失,并由于某些原因导致无法恢复堆芯的供水,堆芯燃料长时间裸露在蒸汽中而引发其熔化。

8.3.1 堆芯熔化过程

在反应堆破口事故开始后,随着冷却剂的丧失,堆芯可能裸露在蒸汽中,由于燃料元件与蒸汽之间传热较有水时极度恶化,燃料元件的温度和元件内气体压力将快速上升。当燃料温度大于 1 000 K 时,包壳会发生肿胀,锆合金氧化产生氢气的过程也明显增强。如果燃料肿胀和氧化引起的元件周向应变达到 35%,相邻的元件就开始接触,这反过来会影响元件与周围流体的流动和传热过程。一旦包壳肿胀导致燃料元件之间冷却剂流道的阻塞,这将进一步恶化燃料元件的冷却条件。

如果燃料温度持续上升并超过 1 300 K,锆合金包壳开始与水或水蒸气相互作用,引发强烈的锆水反应。锆水反应是一个随温度变化的放热反应,会释放出大量的热量(~6.7 MJ/kg),这些热量甚至与反应堆的衰变热在同一个量级。锆水反应不仅放出大量的热量,而且产生大量的易燃、易爆的氢气。当堆芯的温度达到 1 400 K 时,堆芯材料开始熔化。例如,温度在 1 473 ~1 673 K 时,控制棒、可燃毒物材料和结构材料可能形成一种相对低温的液相。温度在 2 033 ~2 273 K 时,没有被氧化的锆合金包壳将熔化。温度在 2 879 ~3 123 K,UO_2、ZrO_2 和(U,Zr) O_2 固态混合物将开始熔化。当温度大于 3 000 K 时,ZrO_2 和 UO_2 将熔化,所形成含有高氧化浓度的低共熔混合物能溶解其他与之接触的氧化物和金属。

一旦出现熔化现象,这些熔化形成的点状熔融物或熔流会在熔化部位以下温度较低的位置上重新固化,并引起流道的流通面积减少,造成固化位置传热的恶化,如图 8.6(a) 所示。随着熔化过程的进一步发展,越来越多燃料棒之间的流道将会被阻塞,如图 8.6(b) 所示。流道的阻塞加剧了燃料元件冷却不足的状况,同时由于燃料本身仍然产生衰变热,堆芯有可能出现局部熔透的现象而发生坍塌,如图 8.6(c) 所示。上部坍塌下来的材料在温度较低的区域将重新凝固,并引起流道的阻塞,这进一步引起更多区域的熔化而使堆芯熔化区域不断扩大,如图 8.6(d) 所示。熔化后坍塌的材料最终将达到底部堆芯支承板,然后开始熔化堆芯支承板构件。之后,堆芯熔化物有可能落入下腔室,从而对压力容器的完整性构成严重威胁。

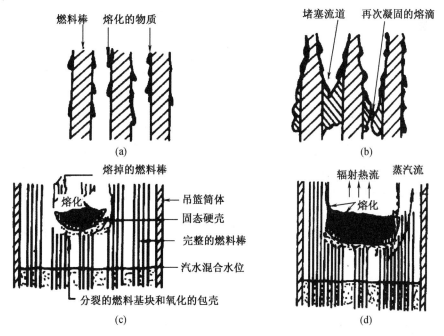

图8.6　堆芯熔化过程

(a)熔滴及下流;(b)局部堵塞;(c)熔池的形成;(d)熔池的扩大

图 8.6 示出了从燃料局部熔化到在堆芯形成熔池的过程,这样的熔化过程实际上部分或者全部摧毁了多道屏障的第一道屏障,即燃料元件。图 8.7 是三哩岛事故所涉反应堆的最终状态示意图。三哩岛事故的经验表明,堆芯熔化是一个相当漫长的一个过程,在任何一个阶段能恢复对堆芯的冷却,可能阻止堆芯整体的熔化而跌落到下腔室中,造成压力容器下封头的损坏。

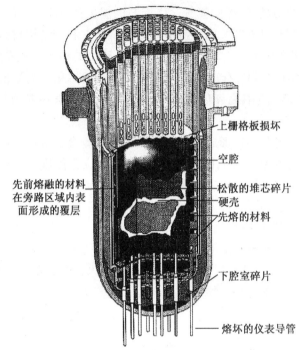

图 8.7　三哩岛事故中反应堆的最终状态

8.3.2　压力容器面临的威胁

当堆芯熔化过程发展到一定程度,熔融的堆芯熔化物将落入压力容器的下腔室。在此过程中,也有可能发生堆芯坍塌,导致堆内固态的物质直接落入下腔室。堆芯熔融物在下落过程中,若堆芯熔化速度较慢,首先形成碎片坑,然后堆芯熔融物以喷射状下落,或以雨状下落。若在压力容器的下腔室存留有一定的水,在堆芯熔融物的下降过程中有可能发生蒸汽爆炸。若堆芯的熔融物在下降过程中首先直接接触压力容器的内壁,将发生消融现象。

在堆芯碎片进入压力容器下腔室的重新定位过程中,大份额的堆芯材料有可能与下腔室中剩余水相互混合,这种相互作用将产生大量的附加热、蒸汽以及氢气。下腔室中碎片床的冷却特性取决于碎片床的结构(碎片床的几何形状、碎片颗粒大小、孔隙率以及它们的空间分布特性)及连续对压力容器的供水能力。在碎片床的冷却过程中将伴随着一定的放射性物质进入安全壳。如果碎片床能被冷却,事故将会终止。

一旦堆芯的熔融物大部分或全部落入压力容器下腔室,压力容器的下腔室中可能存在的水将很快被蒸干。由于堆芯材料继续产生衰变热以及由重新定位后材料的氧化而产生热能,堆芯碎片将会继续加热直到结块的部分熔化,从而形成一个熔化物池,其底部由固态低共熔颗粒层支撑,并由具有较高熔化温度物质组成的硬壳覆盖。

堆芯的熔融物与压力容器的下封头相互作用是一个非常复杂的物理和化学过程。最新的研究表明,下封头的熔池结构可能是两层的或者三层的,图8.8所示的是两层结构,上部是金属层,下部是带硬壳的氧化物熔融物层,这是目前大量安全分析中所采用的假设。在此结构下,金属层和紧挨着的氧化物层是热流密度最高的区域,这个区域能否得到有效的冷却将直接影响到压力容器(多道屏障的第二道屏障)的完整性。

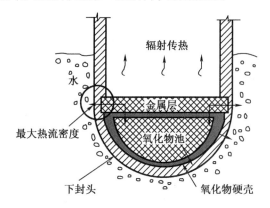

图 8.8　压力容器底部状况示意图

8.3.3　安全壳内的重要过程

1. 安全壳直接加热及燃料与水的相互作用

压力容器失效时内部压力远高于安全壳内的压力,在高压力差的作用下,可能会发生高压熔融物喷射。熔融物快速地喷射出来,完全碎化,这对于安全壳这个定容系统来说,破碎成细小颗粒的熔融物与安全壳大气之间有效的热交换将导致安全壳更大的升温升压。而且,熔融物的金属部分可被蒸汽氧化产生额外的氢气和热量。熔融物弥散期间产生的氢气与之前释放的氢气燃烧也可能导致安全壳升温升压。这个过程被称为安全壳直接加热。

如果压力容器失效时内部压力与安全壳内压力处于同一水平或仅略高于安全壳内压力,堆芯熔融物在重力的作用下进入压力容器下面的堆坑中。若堆坑中存在大量的水,堆芯熔融物与水的相互作用可能引发压力容器外的蒸汽爆炸,这种可能的蒸汽爆炸可以严重损坏安全壳厂房。另一方面,蒸汽爆炸容易形成大量的熔融物小颗粒,直接加热堆坑的空气,与高压熔融物喷射那样,形成安全壳直接加热。

2. 碎片床及其可冷却性

若熔融物与水相互作用未发生蒸汽爆炸,那么碎片有可能在极短的时间内骤冷,形成碎片床。一方面,骤冷产生蒸汽,从而将增加安全壳内的压力,压力的上升量取决于蒸汽的产生速率。另一方面,碎片床有可能因无法冷却而再次变为熔融状态。碎片床的可冷却性取决于水的供给量及其方式、碎片的衰变功率和碎片床的结构特性(碎片颗粒的大小及其分布、空隙率及其分布)等。

由于堆芯碎片物质的最终冷却是终止严重事故的重要标准,碎片床的可冷却特性是目前学术界研究的热点。安全壳内碎片床的状态与结构取决于事故的过程,以及电厂对严重事故的管理方式。碎片床可能是液态的，也可能是由固态颗粒组成的，但空隙率很低，也有可能是由不同的多孔介质（颗粒大小、空隙率）组成的分层结构，也有可能是三维的堆状结构等。不同结构与状态的碎片的可冷却特性差异较大。

对液态的碎片床来说，国内外的相关试验研究结果表明，对碎片床采取顶端淹没不能最终冷却碎片床，原因是在碎片床的上表面形成了一层硬壳，阻碍冷却剂浸入碎片床的内部。若能从液态的碎片床的底部提供冷却剂、剧烈的熔融物与水的相互作用会形成多孔的固态碎片床，而且其空隙率可高达 60%，这样的碎片床非常容易被冷却。对于分层的多孔碎片床来说，若上层的碎片具有较小的颗粒和较低的空隙率，采用顶端淹没将难以冷却这样的碎片床，但若采用底部淹没，其最终冷却是可以达到的。

3. 堆芯熔融物与混凝土的相互作用

若堆坑中不存在水，或者掉入堆芯碎片将堆坑中的水蒸干，那么这些堆芯熔融物将直接与混凝土接触，并破坏混凝土。堆芯碎片造成的混凝土破坏取决于事故发展的序列、安全壳堆坑的几何形状以及水存在与否，其可能情形有以下几种：

（1）熔融堆芯落入安全壳的底部之后，它将与任何形式存在的水相互作用。如果碎片床具有可冷却特性，并且可以持续地提供冷却水，碎片床被冷却，事故终止。

（2）如果水被蒸干或者熔融物继续保持高温，它有可能侵蚀混凝土，产生气体并排出。在堆坑中的水被蒸发之后，碎片床将重新升温，并将产生较大的向上辐射热流。在这种情况下，混凝土将被加热、熔化、剥落、产生化学反应并释放出气体和蒸汽。

图 8.9 给出了熔融物熔穿混凝土地基的过程，研究表明可能存在两种不同的过程。

①在消融过程中，伴随钢的熔化。如果钢被氧化，熔坑中的物质能与混凝土/岩石地基熔混，形成如图 8.9（a）所示的那种坑；如果熔化的钢不能被氧化，那么钢/裂变产物的混合物将不会与熔化的燃料和混凝土/岩石熔混，而且该熔融物可能穿透地基岩石很深，甚至达到 10 m 以上。

②如果混凝土的消融过程主要是氧化过程，堆芯熔融物可能与混凝土和岩石相熔混，形成的熔混坑的深度约 3 m，直径约 13 m，如图 8.9（b）所示。这个坑可能保持熔混达几年以上的时间。图 8.9（b）表示了可能的熔混坑 1 年后的情况，并给出了围绕熔混坑和岩石/混凝土中的温度剖面图。坑内裂变产物的衰变热将通过导热而传给周围的岩石与混凝土。

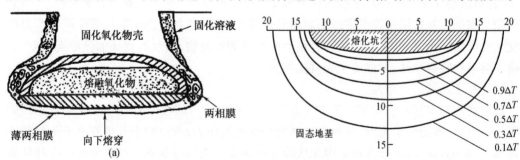

图 8.9　熔融物与混凝土的作用

（a）向下熔穿的熔坑；（b）横向发展的熔坑（ΔT 为熔坑与环境的温差）

4. 氢气产生及其燃烧

高温金属与水相互作用以及堆芯熔融物与混凝土相互作用产生大量氢气以及其他可燃性气体。这些可燃气体被释放至安全壳内后,理论上可以抵达安全壳内的任何位置,但是实际上氢气等可燃气体的分布将受初始释放的动量以及此后的扩散、因温度差引起的自然对流、因风扇和喷淋形成的强制对流等过程的影响。这些过程可能单独或者联合作用使氢气与蒸汽、空气混合。如果安全壳内局部区域内氢气集聚过多,氢气的燃烧和爆炸会威胁安全壳的完整性。蒸汽、空气和氢气混合燃烧和爆炸的极限如图 8.10 所示。

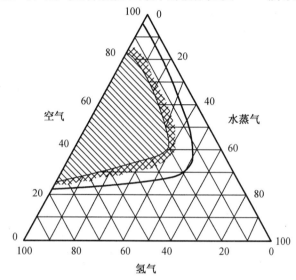

图 8.10　蒸汽、空气和氢气混合燃烧和爆炸极限

氢气在安全壳内的燃烧存在扩散燃烧、减压燃烧和燃爆三种不同的方式。

（1）扩散燃烧

它是由一个连续的氢气流供给的稳定燃烧,其特点在于生成的压力峰值较小而可忽略。但是,由于燃烧时间较长,引起的局部热流密度较高。在有点火器的情况下发生这种扩散燃烧的可能性较大。安装这种点火器的目的是降低氢气的扩散范围和降低氢气的浓度,从而降低事故的风险。

（2）减压燃烧

它是燃烧以相当慢的速度从点火处向氢气、蒸汽和空气的混合气体中蔓延。其特点在于压力的增加较适度和高热流密度持续的时间较短。氢气燃烧的速率和总量决定了由此而产生的对安全壳的附加压力和温度的影响。

（3）爆燃

它是燃烧以超声波的速度在氢气、蒸汽和空气的混合气体中扩散,其特点是在极短时间内形成较高峰值压力。爆燃形成的方式可分成两种:第一类是爆燃的直接形成;第二类是快速降压燃烧至爆燃的转变。在第二类的这种转变中,燃烧蔓延速度从次声波至声波逐步上升。

8.4 事故下放射性物质的释放

8.4.1 放射性物质的释放

在核反应堆中,有多种途径产生放射性物质,例如裂变、嬗变和活化。裂变反应产生的裂变产物常具有极强的放射性,而且种类繁多、性质复杂。非易裂变核素(如铀 −238)吸收中子后的嬗变过程会产生一系列的锕系元素。活化反应会使反应堆中的冷却剂及其携带的腐蚀产物或结构材料因吸收中子而具有放射性。由于锕系元素化学性质相对比较稳定且不易被携带,而大部分活化产物常具有很短的半衰期,因此在此仅对最复杂的裂变产物的释放性质做一个介绍。

1. 裂变产物的释放特性

按照裂变产物的挥发性和化学活泼程度,典型的裂变产物可分为三大类八组,如表 8.1 所示。

表 8.1　裂变产物挥发性分组

类别	分组	主要核素
气体	惰性气体	Xe,Kr
易挥发	卤素	I,Br
	碱金属	Cs,Rb
	碲	Te,Se,Sb
难挥发	碱土金属	Ba,Sr
	贵金属	Ru,Rb,Pd,Mo,Te
	稀土金属	Y,La,Ce,Pr,Nd,Pm,Sm,Eu,Np,Pu
	难熔氧化物	Zr,Nb

第一类为气态,如 Xe,Kr 等,在燃料包壳破损时具有很强的释放潜力。在稳定或长寿命裂变产物中,惰性气体 Xe 和 Kr 约占 30%。Xe 和 Kr 在燃料内的移动主要受到温度和燃耗的制约。1 300 K 以下,Xe 和 Kr 原子几乎不迁移;温度达到 1 300 K 以上,气体原子有明显移动,并在晶界处聚积形成气泡。当晶粒表面及其边缘饱和后,裂变气体开始从燃料中逸出。燃料的氧化会增强气体原子和气泡的运动。由于 Xe 和 Kr 的化学形态稳定,又是气态产物,因而几乎无法滞留在一回路系统内。

第二类是易挥发元素,如 I、Cs 等,在反应堆运行温度下部分或大部分处于挥发状态,在燃料熔化条件下具有很强的释放潜力。其中,I 不仅产额高、半衰期中等、挥发性强、释放份额大,而且化学性质活泼,形态复杂,较难去除,在环境中浓集系数也高,因此往往作为安全分析中的"紧要核素"而加以特别的关注。热力学数据和最新实验认为,堆芯毁损事故后蒸汽还原时,若无其他材料干扰,释放到一回路系统的碘,其主要形态是 CsI。

第三类是难挥发元素,包括碱土金属、稀土金属等几类。这几类物质即使在燃料元件熔化的温度下也不易挥发,但是在燃料汽化或发生某种化学反应时,它们会以气溶胶的形式向外扩散。

2. 放射性物质的释放机理

当核反应堆经历不同程度的事故时,燃料可能会经历包壳破损、燃料熔化、与混凝土或金属发生作用及蒸汽爆炸等不同的情况。相应地,正常条件下被保留在燃料芯块中的裂变产物可通过气隙释放、熔化释放、汽化释放和蒸汽爆炸释放这四种方式释放出来。

(1)气隙释放

在反应堆正常运行条件下,部分裂变产物以气体或蒸汽的形式由芯块进到芯块与包壳之间的气隙内。气隙内各种裂变产物的积存份额取决于各核素在二氧化铀芯块内的扩散系数及该核素的半衰期。虽然在反应堆正常运行时只有极少量包壳破损,但是,在失水事故时燃料元件温度升高很快,在几秒钟到几分钟的短时期内,包壳即可能破损。在包壳内外压差及外表面蒸汽流的作用下,气隙中积存的部分裂变产物被瞬时释出,出现喷放性的气隙释放。

由于惰性气体不与其他元素发生化学作用,气隙中的氙(Xe)、氪(Kr)在气隙释放中全部经破口进入一回路系统。在包壳破损的温度下,卤素碘(I)、溴(Br)是挥发性的气体,碱金属铯(Cs)、铷(Rb)也是部分挥发性的。但是,这些元素可能与其他裂变产物或包壳发生化学反应,例如碘(I)、锆(Zr)或铯(Cs),这从一定程度上妨碍了它们移至破口处。在气隙释放中,卤素、碱金属类只是部分经破口进入一回路系统,其他裂变产物挥发性很小,无论其处于元素态或氧化态,均很难由气隙逸出,因此气隙释放率可以忽略不计。

(2)熔化释放

在严重事故时,燃料在气隙释放后不久就开始熔化,这导致原来在芯块内部的裂变产物进一步释放出来,一直延续到燃料完全熔化,这称为熔化释放。在熔化释放中,惰性气体中90% 很快放出,高挥发性的卤素和碱土金属也大部分释出,但碲(Te)、锑(Sb)、硒(Se)及碱土金属的释放份额要小得多。虽然 Te 和 Sb 挥发性也很强,但在水堆中它们与锆包壳会发生化学反应,致使其释放份额大大下降。

(3)汽化释放

当熔融的堆芯熔穿压力容器和安全壳底部与混凝土接触时,会与混凝土发生剧烈反应使混凝土分解、汽化产生蒸汽和 CO_2。这些产物与熔融的堆芯相混,在熔融体内形成鼓泡、对流。这一过程促进了裂变产物通向熔融金属的自由表面,并生成大量含有裂变产物的气溶胶。裂变产物在这种条件下的释放称为汽化释放。

(4)蒸汽爆炸释放

当处于熔融状态的堆芯物质与压力容器中残存的水相互接触时,可能会发生蒸汽爆炸。UO_2 燃料在爆炸中将分散为很细小的颗粒,并被氧化生成 U_3O_8。这一放热反应将使 UO_2 中的裂变产物进一步挥发而释放。

3. 放射性物质在一回路系统内的迁移

当裂变产物从包壳中释放出来之后就进入了压力容器中,并随着一回路冷却剂的流动而在一回路系统内迁移。迁移过程不仅与事故进程有关,而且与反应堆压力容器内部的状况有关。

在一回路系统发生大破口的情况下,气隙释放是发生在系统喷放开始或开始后不久,此时堆芯被蒸汽覆盖,并有较大的蒸汽流量。如果应急堆芯冷却系统工作正常,在堆芯被再淹没前,气隙释放将基本结束。如果应急堆芯冷却系统失效,则堆芯将发生熔融,此时堆芯蒸汽流量可能随破口大小和应急冷却系统的失效过程而变化。但是与气隙释放一样,堆芯仍处于蒸汽的覆盖之中,蒸汽将把从包壳中释放出来的裂变产物排入安全壳。

在这两种事故释放情况下,阻止裂变产物向安全壳排放的主要机理是裂变产物在主回路内表面的沉积。在汽化释放和蒸汽爆炸释放中,一回路边界已不存在,所有释放出来的裂变产物将直接全部进入安全壳空间。

4. 放射性物质向安全壳的释放

一旦核反应堆发生事故而引起放射性物质从燃料包壳中释放出来,惰性气体一般很难被留在一回路系统内,它们将全部进入安全壳。卤素也很少沉积在一回路系统内。对于挥发性的碱金属和碲的情况较为复杂,当燃料元件的壁温小于 540 ℃ 时,它们中的一部分会发生沉积;当壁温高于 540 ℃,这些沉积的元素会再次释放并被气流带出一回路。如果发生堆芯熔化的严重事故,大部分裂变产物将从熔融的燃料中释放出来。若压力容器随之破裂,堆芯碎片和放射性就会进入安全壳。

从放射性分析来说,气溶胶是比较常见的放射性物质存在的形式。气溶胶指由固体或液体小质点分散并悬浮在气体介质中形成的胶体弥散系。气溶胶可因堆芯碎片材料的物理破碎而形成,也可因堆芯裂变产物蒸汽的凝结而形成。根据形成时的机理不同,气溶胶释放可以分为两类。一类是压力容器失效之前在其内部形成,并随着压力容器的失效而被释出的气溶胶;另一类是压力容器失效后在安全壳内生成的气溶胶。

放射性物质由一回路进入安全壳后,一般是以气体或悬浮的气溶胶形态存在于安全壳的空间中。放射性物质从安全壳向环境的释放率取决于安全壳的泄漏率和放射性物质在安全壳大气中的浓度。减少安全壳泄漏的方法是提高安全壳密封标准和建造质量。目前大型核电厂安全壳在事故压力下(例如,绝对压力为 0.45 MPa)泄漏率为 0.1%/d。安全壳内的放射性物质一方面由于自然衰减、气溶胶聚合及沉降、安全壳及设备壁面吸附而减少,另一方面靠采取积极的去除措施——例如安全壳内气体循环过滤系统和喷淋系统,进一步降低放射性浓度。而且,为了减少向环境排放的放射性,还往往采用多层或多舱室安全壳。

5. 放射性物质在大气中的扩散

放射性物质从安全壳释放到环境中时,与其在安全壳内的形态基本一致,呈气体和气溶胶形态。这些气载物进入大气后,在被风朝向下风向输送的同时,将受到大气湍流的影响,于水平方向和垂直方向迅速稀释扩散。在气载物输送和扩散的过程中,一般会受到烟气自身抬升效应的影响和建筑物的影响,并在此过程中不断地沉降。

在反应堆事故工况下,放射性物质的释放过程常常伴随着高温蒸汽喷放、氢气燃烧或爆炸等剧烈的能量释放过程,因此从安全壳释放出来的气体的温度要比周围大气的温度高。这时释放的气体因密度轻而浮升,这相当于在释放源真实高度上附加了一个高度,一般称之为"烟气抬升"。

气流在运动过程中会受到建筑物的扰动,尤其是在建筑物背风面会出现大量旋涡,它们将显著地增加气流的交混能力,这种现象在气象学上称为建筑物的"尾流效应"。即使在反应堆正常运行下,由于烟囱比主厂房高不了多少,从烟囱中排出的携带气态放射性的气流会受到建筑物尾流效应的影响。在事故条件下,由于气载物从安全壳通过各种可能的通道直接向环境泄漏,尾流效应影响更为显著。

放射性气载物在大气中不断地输送与扩散,受到各种因素的影响,放射性气载物的沉降也同时开始。放射性物质在大气中的沉降有干沉降和湿沉降两种方式。干沉降是在重力的作用下颗粒物下沉,或是因漏流扩散、分子扩散、静电引力等原因引起粒子与地面接触碰撞形成放射性物质向地面的沉积。然而,当粒子直径小于 15 μm 后,重力沉降的速度明显减弱,不再成为沉降的主要机制。湿沉降是指大气的降水过程将粒子洗涤冲至地面,形成地面放射性沉积。对于一般的天气条件,干沉降是造成地面污染的主要原因。

8.4.2　放射性对人体的影响

1. 电离辐射

从核反应堆中释放出来的放射性物质常发出各种粒子,如 α 射线、β 射线、γ 射线、X 射线、中子 n、质子 p,它们有的带电,有的不带电。高速运动的带电粒子,例如 α 射线、β 射线,遇到物质原子和原子核发生碰撞时,它们之间会进行能量的传递和交换。这样的碰撞使物质的原子发生电离或激发,形成了正离子和负电子或激发态原子。对于电中性粒子,例如,中子和 γ 射线等,由于它们没有电荷不能直接使介质原子发生电离作用,但可以通过与物质作用产生的次级带电粒子使介质原子发生电离或激发。带有电荷的核辐射粒子能够直接使原子电离或激发,故称作直接致电离粒子,而电中性粒子要通过次级带电粒子使原子电离或激发,故称作间接致电离粒子。能够直接或间接使介质原子电离或激发的核辐射均称作电离辐射。

2. 对人体形成照射的途径

在事故条件下,随着放射性物质的释放,核电厂的工作人员和普通的民众有可能面临电离辐射,尤其是核电厂周围的居民。研究电离辐射可能对人体造成的影响必须考虑放射性照射的途径。各类研究表明,人群接受放射性照射有烟云辐照、吸入内照射、地面照射和食入内照射四种可能的途径。图 8.11 给出了核电站放射性释出物对人辐照的主要途径示意图。

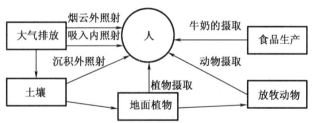

图 8.11　核电站放射性释出物对人辐照的主要途径

(1)烟云照射。当放射性烟云团经过时,其 γ 射线对人体所有器官的外照射。

(2)吸入内照射。由于呼吸,使放射性核素进入人体特定器官所造成的内照射。

(3)地面照射。沉降到地面的放射性核素的 γ 射线对人体所有器官的外照射。

(4)食入内照射。由于食入被污染的食物,使放射性核素进入人体特定器官所造成的内照射。

3. 电离辐射对人体的作用

一定量的电离辐射照射会引起人体组织器官的损伤,使生物发生结构的改变和功能的破坏,表现出各种类型的生物效应。从人体吸收核辐射能量开始到各种生物效应显现以及生物体病变,直至死亡,其间经过一系列的物理的、化学的和生物学的变化。电离辐射对生物大分子的电离作用是产生辐射生物效应的基础。电离辐射对人体细胞的作用主要分为直接作用和间接作用。

（1）直接作用　电离辐射直接同生物大分子（例如 DNA、RNA 等）发生电离作用，使这些大分子发生电离和激发，导致分子结构改变和生物活性的丧失。而且，电离和激发的分子是不稳定的，为了形成稳定的分子，分子中的电子结构在分子内或通过与其他分子相互作用而重新排列，在这一过程中可能使分子发生分解，改变结构以致生物功能的丧失。

（2）间接作用　由于人体的细胞中含有大量的水分子（大约 70%），因而在大多数情况下，电离辐射同人体中的水分子发生作用而使水分子发生电离或激发，然后经过一定的化学反应，形成各种产物。

4.生物效应的分类

人体内的细胞可分为躯体细胞和生殖细胞，它们对电离辐射的敏感性和受损后的效应是不同的。从临床症状来说，电离辐射的生物效应分为两类：出现在受照射者本身上的效应称作躯体效应；出现在受照者后裔身上的效应称作遗传效应。从性质上来说，这些电离辐射的生物学效应也可分为非随机效应和随机效应，如表 8.2 所示。

表8.2　生物效应的分类

类别	躯体效应	遗传效应
随机性效应	癌、白血病	各种遗传疾患
非随机性效应	白内障、皮肤良性损伤、骨髓中血细胞减少、生育力减退、血管或结缔组织的损伤等	—

（1）躯体效应　人体所有组织的器官（生殖器官除外）都是由躯体细胞组成的。电离辐射对机体的损伤其本质是对细胞的灭活作用。当被灭活的细胞达到一定数量时，躯体细胞的损伤会导致人体器官组织发生疾病，最终可能导致人体死亡。躯体细胞一旦死亡，损伤细胞也随之消失了，不会转移到下一代。

一个人急剧接受 1 Gy 以上的吸收剂量，由于肠内膜细胞受损伤，可能在几小时后就出现恶心和呕吐，也可能引起白细胞减少、血小板下降、肾功能下降、尿中氨基酸增多，严重时尿血，这就是中等程度的放射病。如果一次接受 2.5 Gy 剂量，皮肤会出现红斑和脱毛，有时造成死亡；5 Gy 的剂量造成死亡的概率大约 50%；8 Gy 以上的剂量几乎肯定造成死亡。

（2）遗传效应　生殖细胞中含有决定后代遗传特征的基因和染色体。所谓基因是指具有特定核苷酸顺序的 DNA 片段，它具有储存特殊遗传信息的功能。在电离辐射或其他外界因素的影响下，遗传基因可能发生突变。当生殖细胞中的 DNA 受到损伤时，后代继承母体改变了的基因，导致后代有缺陷。

5.电离辐射诱发基因突变率的估计

在大剂量条件下，大量的动物实验和对日本广岛、长崎原子弹爆炸幸存者（约 10 万人）中取样分析表明，要使一众多人群中的基因突变率达到自发突变率数值的 2 倍，每人平均至少需要接受大约 1 Sv 的剂量。显然，1 Sv 的剂量是相当大的，是公众剂量限值（5 mSv）的 200 倍。

美国三哩岛核事故 50 英里内的居民接受的剂量平均为 0.01 mSv，若每年大约有 30 000 人出生，那么其中由于反应堆事故核辐射引起的突变只有 0.0036 个，在事故后 50 年内也不会发现 1 人。显然,低剂量下的辐射遗传效应是微小的,没有必要过分的忧虑。实际上这种估计可能仍然偏高,因为机体组织活细胞中的修复酶对损伤的基因有明显的修复作用,可以避免一些突变的发生。

6.电离辐射诱发癌病概率的估计

癌病目前是人类最严重的疾病之一,现在已知约有 20 多种致癌物质,其中 80% ~90% 是化学物质,电离辐射仅是其中一种。根据癌病两阶段学说,肿瘤的发生是始动剂和促进剂共同作用的结果:始动剂牢固不可逆地作用于细胞,使之具有肿瘤特性,如果没有促进剂的作用,此细胞将无限期处于"休眠"状态,不发生分裂;癌病的发生主要取决于促进剂的作用。

电离辐射二者兼有之:它既是始动剂,又是促进剂。电离辐射照射人体会诱发癌病,已从受原子弹爆炸受照群体、电离辐射治疗照射的病人、受氡和氢的子体照射的铀矿工人以及早期从事夜光表盘涂放射性镭的女工的调查研究中得到证实。由于从受到照射到出现癌病可能有一个长的潜伏期(大约 5 ~30 年),加之辐射诱发的癌病与自然发生(其他原因)的癌病在症状上无法区分,人们现在还不知道是否存在一个电离辐射致癌剂量阈值,在这个剂量之下,没有辐射诱发癌病的危险。

为了说明电离辐射致癌的效应,人们引入了"癌剂量"这一概念。癌剂量定义为散布的人群受到总辐射照射使该人群额外增加一个癌病人的剂量。1990 年,根据日本广岛、长崎原子弹爆炸幸存者追踪调查分析和数学模型的估计,癌剂量值约为 20 Sv。这意味着假设有 1 000 人被照射相应的剂量当量 20 Sv,即每个平均 0.02 Sv,则这 1 000 人当中可能增加一人是由于核辐射诱发的癌病致死。以美国三哩岛核事故为例,每人平均接受剂量为 0.01 mSv,那么 100 万人受到的总剂量为 10 Sv。根据癌剂量标准,这 100 万人中不会有一个因辐射诱发癌病而死亡。所以,低剂量照射诱发癌病的概率也是很小的。

8.4.3　放射性辐射防护原则

虽然事故条件下核电厂释放出来的放射性物质可能造成的公众放射性危害并不严重,但是仍然有必要采取合理的辐射防护手段,以减少核电厂工作人员(甚至事故处理人员)、公众和环境暴露在这种风险下所造成的可能的危害。

对于辐射防护工作,国际辐射防护委员会、联合国原子辐射效应科学委员会和世界卫生组织共同认可三原则:

(1)辐射事业的正当化原则　除非对社会确有贡献,否则任何涉及辐射照射的活动都是不合适的。

(2)防护水平的合理最优化原则　辐射剂量必须同时考虑经济和社会因素,做到合理可行尽量低。

(3)个人所受剂量的限量原则　个人所受的最高剂量当量不得超过规定限值,并留有一定的余量。

根据国际辐射防护委员会公布的建议,个人全身照射剂量当量的限值推荐值如下:

(1)职业工作人员的剂量当量在 5 年内平均每年不超过 20 mSv,其中,剂量当量最高的一年不得超过 50 mSv;

(2)居民群体中的个人剂量当量每年不超过 1 mSv。针对特定的人体器官,国际辐射防护委员会建议利用器官权重因子折合成全身剂量当量(等效剂量当量)。

正常运行的辐射安全就是保证电厂工作人员和一般公众的照射量在规定的限值以内。只要根据设计技术规范,启用放射性去除系统,尽量减少气态和液态放射性物质的排放,仔细规划服役和维修操作,这一点是可以做到的。然而,仅仅满足于将辐照量控制在限值以内是不够的,还必须要求辐射剂量合理可行尽量低(As low as reasonably achievable,ALARA 原则)。这一原则根据风险定量评估技术的可行性,提出了辐射防护手段最佳化要求。

在实际执行 ALARA 原则时,根据成本 – 收益分析法,可以固定降低每一剂量值所付出代价的最高限额,凡代价低于这一限额的改进措施,都应当予以实施,而不管实际剂量当量有多少。然而,需要指出的是,安全措施不是无代价的。虽然辐射剂量理论上可以不断地减小下去,但是所需的代价会越来越大。因此,辐射防护必须有一个最佳水平,超过这一水平就不值得继续努力下去。

8.5　国际核和放射事件分级表

8.5.1　分级表概述

正如第 8.2 节至第 8.4 节介绍的那样,核电厂的事故过程涉及大量复杂的物理现象,其后果的评价也涉及大量放射性物质及其与生物机体的相互作用。未经受过专业训练的普通公众很难短时间内理解这些专门的知识而对其进行一个客观、公正的评判。另一方面,核反应堆事故因其发生频率低但后果严重,往往极易引起公众的广泛关注和讨论。

国际核和放射事件分级表(也称为核事件分级表)用于以统一的方式迅速向公众通报有关辐射源事件的安全重要性程度。它涵盖广泛的实践领域,包括射线照相等工业应用、辐射源在医院中的应用、核设施的活动,以及放射性物质的运输。通过利用核事件分级表适当分析所有这些实践中发生的事件,能够有利于在科技界、媒体和公众之间取得共同的理解。

本分级表是 1990 年由国际原子能机构和经济合作与发展组织核能机构召集的国际专家共同编制的。起初只是适用于对核电厂事件进行分级,后来经修改和扩展适用于与民用核工业有关的所有装置。近年来,对它进行了进一步的修改和扩展,以满足人们对通报有关放射性物质和辐射源运输、贮存和使用的所有事件及其安全意义的需求。

表 8.3 示出了最新一版(2008 版)的国际核与放射事件分级表,分级表将相关的事件由低到高分为 7 级。不具有安全意义的事件被归类为分级表外以下/0 级,1 级事件只是涉及纵深防御功能减退,2 级和 3 级涉及纵深防御功能较严重减退或给人或设施造成较低程度的实际后果,4 级至 7 级涉及给人、环境或设施造成越来越严重的实际后果。分级表中的事件每增加一级,严重程度将增加大约一个数量级。例如,2011 年发生的福岛核事故和 1986 年发生的切尔诺贝利核事故被分类为 7 级,1979 年发生的三哩岛核电厂事故被分类为 5 级。本表是为事件发生后即刻使用而设计,实际上,在有些情况下要求较长的时间对事件后果进行了解和最终的定级。在实际的使用中,也可对发生的事件先临时定级,待日后确认。而且,有些事件还可能因为得到进一步的信息而需要重新定级。

需要说明的是,国际核事件分级表不对核电厂内发生的工业事故或其他与核或放射作业无关的事件进行分级。这些事件通常被定为"分级表外"事件。例如,仅影响汽轮机或发电机的可用性的故障将被归类为分级表以外事件。同样,诸如失火等事件在不涉及任何可能的放射性危害并且不影响安全保护层的情况下,也将被归类为分级表以外事件。

表 8.3　核事件分级表事件及分级的一般准则

级别	名称	实例	人和环境	设施的放射屏障和控制	纵深防御
7	重大事故	1986 年切尔诺贝利事故 2011 年福岛核事故	(1)放射性物质大量释放,具有大范围健康和环境影响,要求实施所计划和长期的应对措施	—	
6	严重事故	1957 年基斯迪姆后处理厂事故	(1)放射性物质明显释放,可能要求实施所计划的应对措施	—	
5	影响范围较大的事故	1957 年温茨凯尔反应堆事故 1979 年三哩岛核电厂事故	(1)放射性物质有限释放,可能要求实施部分所计划的应对措施 (2)辐射造成多人死亡	(1)反应堆堆芯受到严重损坏 (2)放射性物质在设施范围内大量释放,公众受到明显照射的概率高,其发生原因可能是重大临界事故或火灾	
4	影响范围有限的事故	1973 年温茨凯尔后处理厂事故 1980 年圣洛朗核电厂事故 1983 年布宜诺斯艾利斯临界装置事故 1999 年东海村 JCO 临界事故	(1)放射性物质少量释放,除需要局部采取食物控制外,不太可能要求实施所计划的应对措施 (2)至少有 1 人死于辐射	(1)燃料熔化或损坏造成堆芯放射性总量释放超过 0.1% (2)放射性物质在设施范围内明显释放,公众受到明显照射的概率高	
3	严重事件	1989 年范德略斯核电厂事故	(1)受照剂量超过工作人员法定年限值的 10 倍 (2)辐射造成非致命确定性健康效应(如烧伤)	(1)工作区中的照射剂量率超过 1 Sv/h (2)设计预期之外的区域内严重污染,公众受到明显照射的概率低	(1)核电厂接近发生事故,安全措施全部失效 (2)高活度密封源丢失或被盗 (3)高活度密封源错误交付,且没有准备好适当的辐射程序来进行处理

表 8.3（续）

级别	名称	实例	人和环境	设施的放射屏障和控制	纵深防御
2	事件	—	（1）一名公众成员的受照射剂量超过 10 mSv （2）一名工作人员的受照射剂量超过法定年限值	（1）工作区中的辐射水平超过 50 mSv/h （2）设计中预期之外的区域内设施受到明显污染	（1）安全措施明显失效，但无实际后果 （2）发现高活度密封无看管源、器件或运输货包，但安全措施保持完好 （3）高活度密封源包装不恰当
1	异常	—	—	—	（1）一名公众成员受到过量辐照，超过法定限值 （2）安全部件发生少量问题，但纵深防御仍然有效 （3）低放放射源、装置或者运输包丢失或被盗

无安全意义（分级表以下/0 级）

从表 8.3 可以看出，2008 版对于事件的考虑包含其在三个不同方面的影响：对人和环境的影响、对设施的放射屏障和控制的影响，以及对纵深防御的影响。对人和环境的影响可以是局部性的（即事件场所附近的一个人或几个人受到辐射剂量，或者放射性物质从装置中大量释放）。对设施的放射屏障和控制的影响仅与处理大量放射性物质的设施（例如动力反应堆、后处理设施、大型研究反应堆或大型源生产设施）有关。它涵盖的事件包括反应堆堆芯熔化，因放射屏障失效而造成大量放射性物质泄漏，从而威胁人和环境的安全。纵深防御减退主要涉及没有实际后果的事件，但是在这些事件中，为预防或应对事故而采取的措施没有如期运作。

8.5.2 对人和环境的影响

1. 基于释放的放射性活度

7 级：导致与放射学上相当于向大气释放超过几万太贝可（即 10^{12} Bq）碘 – 131 的放射性量相应的环境释放的事件。这相当于一座动力堆堆芯放射性总量的大部分，一般涉及短寿命和长寿命放射性核素的混合。预计这种释放会在大范围地区产生急性健康效应，可能涉及一个以上国家，还可能有确定性健康效应。很可能还有长期的环境后果。为防止或限制对公众成员的健康效应，掩蔽和疏散之类的防护措施将被认为是必要的。

6 级：导致与放射学上相当于向大气释放几千到几万太贝可碘 – 131 的放射性量相应的环境释放的事件。在发生这种释放时，为防止或限制对公众成员的健康效应，掩蔽和疏散之类的防护措施将被判定是必要的。

5 级：导致与放射学上相当于向大气释放几百到几千太贝可碘 – 131 的放射性量相应的环境释放的事件。作为实际释放的结果，很可能需要采取一些防护措施（如局部掩蔽和（或）疏散，以防发生健康效应或将发生的可能性降到最低）。

4 级：导致与放射学上相当于向大气释放几十到几百太贝可碘 – 131 的放射性量相应的环境释放的事件。发生这种释放时，需要的可能不再是防护措施，而是当地的食品控制。

2. 基于个人剂量

4 级：发生致命的确定性效应，或由于全身受到照射导致吸收剂量达到几戈瑞，可能发生致命的确定性效应。

3 级：发生或可能发生非致命的确定性效应，或导致有效剂量超过工作人员的法定年全身剂量限值 10 倍的照射。

2 级：一名公众成员所受照射的有效剂量超过 10 mSv，或一名工作人员受到的照射超过法定年剂量限值。

1 级：一名公众成员受到的照射超过法定年剂量限值，一名工作人员受到的照射超过剂量约束值，一名工作人员或公众成员受到的累积照射超过法定年剂量限值。

8.5.3　对设施的放射屏障和控制的影响

5 级：对涉及反应堆（包括研究堆）燃料的事件而言，导致动力堆中有超过百分之几的燃料熔化或超过百分之几的堆芯放射性总量从燃料组件中释放出来的事件。对其他设施而言，导致设施发生放射性物质大量释放（与堆芯熔化产生的释放相当）的高概率明显过度照射的事件。

4 级：对涉及反应堆（包括研究堆）燃料的事件而言，由于燃料熔化和（或）燃料包壳破损而导致约 0.1% 以上的动力堆堆芯放射性总量从燃料组件中释放出来的事件。就其他设施而言，从一次包容结构中释放出几千太贝可活度的高概率显著公众过度照射的事件。

3 级：导致在设计未考虑的区域内发生几千太贝可活度的释放并要求采取纠正行动的事件，即使显著公众照射的概率极低，或导致在工作区内伽马剂量率与中子剂量率的总和大于 1 Sv/h 的事件（从距离放射源 1 m 处测量的剂量率）。

2 级：导致在工作区内伽马加中子剂量率之和大于 50 mSv/h（距放射源 1 m 处测量的剂量率）的事件，或导致在设计未考虑的区域内，设施内出现显著量放射性物质并且需要采取纠正行动的事件。

思考题

1. 核安全目标有哪些？
2. 什么是纵深防御，什么是多道屏障？
3. 什么叫反应堆的固有安全性？
4. 反应堆的运行工况一般分哪几类？
5. 大破口事故共分几个阶段，各是什么？
6. 反应堆严重事故的主要物理现象有哪些？

参 考 文 献

[1] 魏义祥,贾宝山.核能与核技术概论[M].哈尔滨:哈尔滨工程大学出版社,2011.

[2] 连培生.原子能工业[M].北京:原子能出版社,2002.

[3] 刘庆成,贾宝山,万骏.核科学概论[M].哈尔滨:哈尔滨工程大学出版社,2005.

[4] 罗上庚.走进核科学技术[M].北京:原子能出版社,2015.

[5] 刘建章.核结构材料[M].北京:化学工业出版社,2007.

[6] 邱励俭,王相綦,吴斌.核能物理与技术概论[M].合肥:中国科学技术大学出版社,2012.

[7] 周志伟.新型核能技术——概念、应用与前景[M].北京:化学工业出版社,2010.

[8] 阎昌琪.核反应堆工程[M].2版.哈尔滨:哈尔滨工程大学出版社,2014.

[9] 彭敏俊.船舶核动力装置[M].北京:原子能出版社,2009.

[10] 单建强.压水堆核电厂调试与运行[M].北京:中国电力出版社,2008.

[11] 朱继洲,单建强,奚树人,等.核反应堆安全分析[M].3版.西安:西安交通大学出版社,2018.

[12] 广东核电培训中心.900MW压水堆核电站系统与设备[M].北京:原子能出版社,2005.

[13] 阎昌琪,曹夏昕.核反应堆安全传热[M].哈尔滨:哈尔滨工程大学出版社,2010.

[14] 苏著亭,杨继材,柯国土.空间核动力[M].上海:上海交通大学出版社,2016.

[15] 臧希年,申世飞.核电厂系统及设备[M].北京:清华大学出版社,2003.